市场营销学

魏凤娟 编著

黄河水利出版社
·郑州·

内 容 提 要

本书以当代世界经济和国内经济的发展为背景,以市场分析为基础,以企业经营战略和营销战略为指导,以营销策略为主线,以提高营销人员的理论水平与实战能力为核心,对市场营销管理的基本理论与方法进行了比较系统和深入的阐释与分析,具有很强的针对性和实用性。

本书既可以作为营销专业人士用书和大专以上院校教学用书,也可以作为管理专业和营销专业教师、研究人员的参考用书或各类社会培训机构和企业市场营销人员的培训用书,还可以作为有志于从事营销工作人员的自学用书。

图书在版编目(CIP)数据

市场营销学/魏风娟主编. —郑州:黄河水利出版社,2011.8

ISBN 978-7-5509-0104-9

Ⅰ.①市… Ⅱ.①魏… Ⅲ.①市场营销学 Ⅳ.①F713.50

中国版本图书馆 CIP 数据核字(2011)第 174481 号

策划编辑:岳德军 电话:0371-66022217 邮箱:dejunyue@163.com

出 版 社:黄河水利出版社

地址:河南省郑州市顺河路黄委会综合楼14层 邮政编码:450003

发行单位:黄河水利出版社

发行部电话:0371-66026940、66020550、66028024、66022620(传真)

E-mail: hhslcbs@126.com

承印单位:河南地质彩色印刷厂

开本:787 mm×1092 mm 1/16

印张:15.25

字数:353 千字 印数:1—1 000

版次:2011 年 8 月第 1 版 印次:2011 年 8 月第 1 次印刷

定价:39.00 元

前　言

改革开放以来,中国经济得以迅速发展,产品供给也逐步从短缺时代过渡到过剩时代,从而也就为市场营销学的发展提供了殷实的生存土壤。也正是从此时起,市场营销这门学科就因其具有强大而旺盛的生命力,受到了人们的广泛关注。尤其是进入20世纪90年代以后,市场营销学的知识迅速传播开来,并被广泛地运用于企业的国内外经营活动之中,成为企业克敌致胜的强大武器。

当代市场竞争日益加剧,企业营销面临更严峻的挑战,表现为企业的营销环境越来越复杂,企业竞争的领域越来越宽阔,企业竞争的手段越来越多变。这就要求企业家既要有高瞻远瞩的战略视野、明察秋毫的市场洞察力,还要有营销管理与经营决策的能力和魄力。

在产品、服务和营销手段越来越同质化,技术和生产的竞争力都不断降低的经营背景下,社会对企业营销人员提出了更高的要求。为了满足社会对营销类专业人才的需要,造就更多的既具有战略视野,又具有经营管理技能的企业家和高级营销管理人员,作者编写了本书。

本书以当代世界经济和国内经济的发展为背景,以市场分析为基础,以企业经营战略和营销战略为指导,以营销策略为主线,以提高营销人员的理论水平与实战能力为核心,对市场营销管理的基本理论与方法进行了比较系统和深入的阐释与分析。在编写过程中,努力运用理论与实际相结合的方法,汲取和借鉴了当代市场营销学研究的优秀成果及经验。

本书共由十章组成,内容包括市场营销概论、市场营销环境、市场购买行为分析、市场调查与预测、目标市场营销战略、营销战略与营销计划、产品策略、定价策略、分销渠道策略和促销策略,既全面系统地介绍了理论知识,又分享了从实践中总结出来的适用经验和生动案例,内容丰富、通俗易懂,案例贴近实际,便于学习与借鉴。

本书特色鲜明,具体有以下几个方面:

(1)综合性。本书在内容安排上既借鉴国外成熟的市场营销理论体系,又充分考虑当代市场营销人才培养模式和教学内容体系建设与改革的需要,既注重全面系统地介绍市场营销原理、原则和方法,又结合我国的市场营销管理实践,对市场营销管理的理论与方法进行了归纳、整理、讨论和延伸,尽可能将近年来市场营销管理领域的最新研究成果融合到相关问题的论述之中,使本书具有体系完整、内容全面、信息充足的特点。

(2)系统性。本书在系统介绍市场营销基本知识的基础上,将企业市场营销的内容从基本概念、环境分析、行为分析、市场分析等环节出发,结合企业自身的优劣势分析,制定出企业的战略和具体的产品、定价、渠道、促销等营销组合策略,形成一个完整的市场营销管理体系。本书结构严谨、思路清晰,便于读者循序渐近、系统地掌握和运用营销理论与方法。

(3)实用性。市场营销是一门应用性很强的学科，本书在编写过程中注重理论与实践的有机结合，尽可能做到概念描述生动化、原理阐述具体化，适当插入源于现实的典型案例，把概念、原理融于案例之中。

本书不仅可以作为营销专业人士用书和大专以上院校教学用书，也可以作为管理专业和营销专业教师、研究人员的参考用书或者各类社会培训机构和企业市场营销人员的培训用书，还可以作为有志于从事营销工作人员的自学用书。

本书在编写过程中，得到了黄河水利出版社的大力支持，并广泛参阅吸收了中外专家学者的研究成果，在此一并表示衷心的感谢。由于作者水平所限，书中错漏与不妥之处在所难免，恳请国内同行和读者批评指证。我的联系信箱是 Puyangdxwfj@ sohu. com。

作　者

2011 年 6 月

目 录

第一章　市场营销概论

市场营销学是20世纪初发源于美国的一门新兴学科，是我国改革开放以来引进的热门学科之一。它受到我国学术界和企业界的极大关注。

市场营销学是资本主义商品经济发展到一定阶段的产物。它概括了20世纪以来西方发达资本主义国家工商企业市场营销实践的经验和教训，并使其理论化。市场营销学是一门应用性很强的学科，几十年来，已成为工商企业进行经营管理的重要理论和方法。随着科学技术和社会经济的发展，现代市场营销学已同经济科学、行为科学、心理学、社会学、统计学、现代管理学等学科密切结合，成为一门综合性的经营管理学科。本章将主要介绍市场营销的基本知识。

第一节　市场和市场营销

一、市场及其相关概念

市场营销在一般意义上可理解为与市场有关的人类活动。因此，我们首先要了解市场及其相关概念。

在日常生活中，人们习惯将市场看做是买卖的场所，如集市、商场、纺织品批发市场等。这是一个时空（时间和空间）市场概念。我国古代有关"日中为市，致天下之民，聚天下之货，交易而退，各得其所"的记载（见《易·系辞下》），就是对这种在一定时间和地点进行商品交易的市场的描述。

经济学家从揭示经济实质的角度提出市场概念。他们认为，市场是一个商品经济范畴，是商品内在矛盾的表现，是供求关系，是商品交换关系的总和，是通过交换反映出来的人与人之间的关系。经济学家指出，市场是社会分工和商品生产的产物。市场是为完成商品形态变化，在商品所有者之间进行商品交换的总体表现。这是抽象的市场概念。

管理学家则侧重从具体的交换活动及其运行规律去认识市场。在他们看来，市场是供需双方在共同认可的一定条件下所进行的商品或劳务的交换活动。如美国学者奥德森（W. Alderson）和科克斯（R. Cox）就认为："广义的市场概念，包括生产者和消费者之间实现商品和劳务的潜在交换的任何一种活动。"营销学家菲利普·科特勒（Philip Kotler）则进一步指出："市场是由一切具有特定欲望和需求并且愿意和能够以交换来满足这些需求的潜在顾客所组成。"因此，"市场规模的大小，由具有需求拥有他人所需要的资源，且愿意以这些资源交换其所需的人数而定"。美国通用汽车公司战略决策中心总经理文森特·巴拉巴（V. P. Barabba）则认为，市场除顾客一方外，还要"再加上拥有可售商品和服务的企业"另一方。不将买方和卖方放在一起，就不会有市场。"从企业立场看，市场是外在的、无法控制的（尽管是可以影响的）；它是交换的场所和发展增值关系的场所"。

可见,人们可以从不同角度来界定市场。将上述市场概念作简单综合和引申,我们可以对市场有较为完整的认识:

(1)市场是建立在社会分工和商品生产基础上的交换关系。这种交换关系由一系列交易活动构成,并由商品交换规律(其基本规律是价值规律)所决定,其实现过程是动态的、错综复杂的、充满挑战性和风险性的,但也是有规律的。

(2)现实市场的形成要有若干基本条件。这些条件包括:①消费者(用户)一方需要或欲望的存在,并拥有其可支配的交换资源;②存在由另一方提供的能够满足消费者(用户)需求的产品或服务;③要有促成交换双方达成交易的各种条件,如双方接受的价格、时间、空间、信息和服务方式等。

(3)市场是指某种产品的现实购买者需求与潜在购买者需求的总和。市场包含三个主要因素,即有某种需要的人、为满足这种需要的购买能力和购买欲望。用公式来表示就是:

市场=人口+购买力+购买欲望

构成市场的这三个要素是相互制约、缺一不可的,只有三者结合起来才能构成现实的市场,才能决定市场的规模和容量。所以,市场是上述三个因素的统一。

(4)市场的发展是一个由消费者(买方)决定,而由生产者(卖方)推动的动态过程。在组成市场的双方中,买方需求是决定性的。

站在经营者角度,人们常常把卖方称为行业,而将买方称为市场。他们之间的关系(即简单的市场营销系统)如图 1-1 所示。

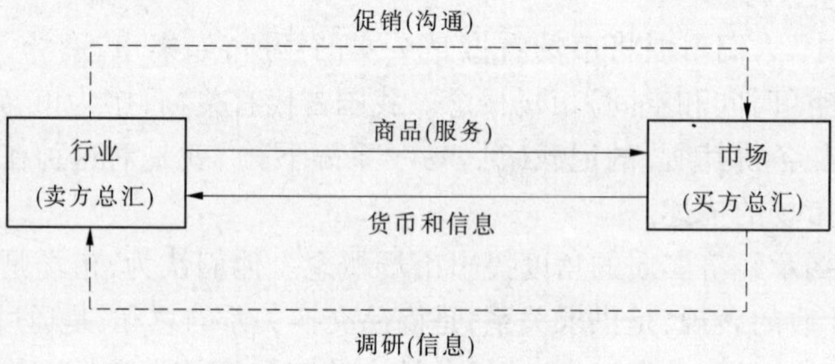

图 1-1　简单的市场营销系统

这里,买卖双方有四种流程相连:卖方将商品(服务)送达市场,并与市场沟通;买方把货币和信息送到行业。图 1-1 中,内环表示钱物交换,外环表示信息交换。

在现实经济中,基于劳动分工的各特定商品生产者之间的各类交换活动,市场已形成复杂的相互连结的体系(见图 1-2)。其中,生产者从资源市场(由原材料、劳动力、资金等市场组成)购买资源,转变为商品和服务后卖给中间商,中间商再出售给消费者。消费者出卖劳动力赚取金钱,再换取所需的产品或服务。政府是另一种市场,它为公众需要提供服务,对各市场征税,同时也从资源市场、生产者市场和中间商市场采购商品。

二、市场营销的含义

市场营销是由英语中"Marketing"一词翻译而来的。其原意:一是指市场上的买卖活动,二是指一门学科。

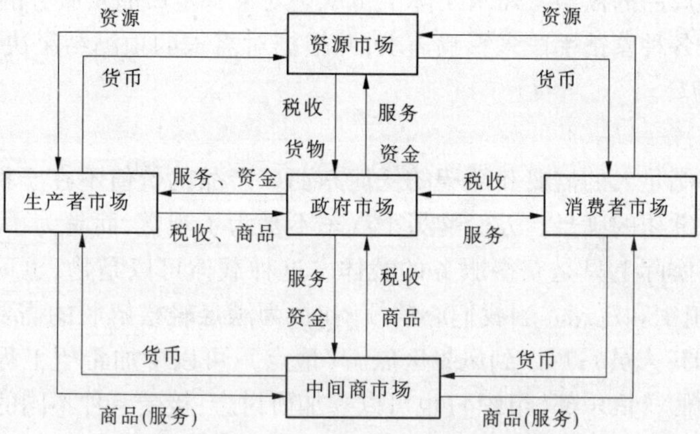

图 1-2　现代交换经济中的基本市场流程

美国市场营销协会对“市场营销”是这样定义的：“市场营销是计划和执行关于创意、商品和服务的观念、定价、促销和分销，以创造出符合个人和组织目标交换的一种过程。”

营销界的顶级大师菲利普·科特勒的定义：“市场营销是个人和群体通过创造并同他人交换产品和价值以满足需求和欲望的一种社会和管理过程。”

国内外学者对市场营销已下过上百种定义，企业界的理解更是各有千秋。美国学者基恩·凯洛斯曾将各种市场营销定义分为三类：“一是将市场营销看做是一种为消费者服务的理论；二是强调市场营销是对社会现象的一种认识；三是认为市场营销是通过销售渠道把生产企业同市场联系起来的过程。”

根据这一定义，可以将市场营销概念具体归纳为下列要点：

(1)市场营销的最终目标是满足需求和欲望。

(2)交换是市场营销的核心，交换过程是一个主动、积极寻找机会，满足双方需求和欲望的社会过程和管理过程。

(3)交换过程能否顺利进行，取决于营销者创造的产品和价值满足顾客需求的程度和交换过程管理的水平。

市场营销的实质是在市场研究的基础上，以消费者的需求为中心，在适当的时间、地点，以适当的价格、方式，把适合消费者需要的产品和服务提供给消费者。

本书采用著名营销学家菲利普·科特勒的定义。

三、市场营销的核心概念

(一)需要、欲望和需求

需要和欲望是市场营销活动的起点。需要是指没有得到某些基本满足的感受状态，是人类与生俱来的。如人们为了生存，对食品、衣服、住房、安全、归属、受人尊重等的需要。这些需要存在于人类自身生理和社会之中，市场营销者可以用不同方式去满足它，但不能凭空创造。欲望是指想得到上述基本需要的具体满足品的愿望，是个人受不同文化及社会环境影响表现出来的对基本需要的特定追求。如为满足解渴生理需要，人们可能选择(追求)喝开水、茶、汽水、果汁、绿豆汤或者蒸馏水。市场营销者无法创造需要，但可以影响欲望，开发及销售特定的产品和服务来满足欲望。需求是指人们有能力购买并愿意购买某个具体产品的欲望。需求实际上也就是对某特定产品及服务的市场需求。市场营销者总是通过各种营销手段来影响需求,并根据对需求的预测结果决定是否进入某一产品(服务)市场。

(二)产品

产品是能够满足人的需要和欲望的任何东西。产品的价值不在于拥有它,而在于它给我们带来的对欲望的满足。人们购买小汽车不是为了观赏,而是为了得到它所提供的交通服务。产品实际上只是获得服务的载体。这种载体可以是物,也可以是服务,如人员、地点、活动、组织和观念。当我们心情烦闷时,为满足轻松解脱的需要,可以去参加音乐会,听歌手演唱(人员);可以到风景区旅游(地点);可以参加希望工程百万行(活动);可以参加消费者假日俱乐部(组织);也可以参加研讨会,接受一种不同的价值观(观念)。市场营销者必须清醒地认识到,其创造的产品不管形态如何,如果不能满足人们的需要和欲望,就必然会失败。

(三)效用、费用和满足

效用是消费者对产品满足其需要的整体能力的评价。消费者通常根据这种对产品价值的主观评价和要支付的费用来作出购买决定。如某人为解决其每天上班的交通需要,他会对可能满足这种需要的产品选择组合(如自行车、摩托车、汽车、出租车等)和他的需要组合(如速度、安全、方便、舒适和节约等)进行综合评价,以决定哪一种产品能提供最大的总满足。假如,他主要对速度和舒适感兴趣,也许会考虑购买汽车。但是,汽车购买与使用的费用要比自行车高许多。若购买汽车,他必须放弃其有限收入可购置的许多其他产品(服务)。因此,他将全面衡量产品的费用和效用,选择购买能使每一元花费都带来最大效用的产品。

(四)交换、交易和关系

交换是指从他人处取得所需之物,而以其某种东西作为回报的行为。人们对满足需求或欲望之物的取得,可以通过各种方式,如自产自用、强取豪夺、乞讨和交换等方式。其中,只有交换方式才存在市场营销。要完成交换,必须具备一定的条件(如买卖双方当事人、交换对象、交换价格、信息、交换条件和原则等)才能实现。交换是一种活动过程,交易则是买卖双方价值交换的事件,是交换的基本组成部分。交换是一种过程,在这个过程中如果双方达成一项协议,我们就称为发生了交易。交易通常有两种方式:一是货币交易,如甲支付800元给商店而得到一台微波炉;二是非货币交易,包括以物易物、以服务易服务的交易等。一项交易通常要涉及几个方面:至少两件有价值的物品,双方同意的交易条件、时间、地点,有法律制度来维护和迫使交易双方执行承诺。

一些学者将建立在交易基础上的营销称为交易营销。为使企业获得较之交易营销所得到的更多,就需要关系营销。关系营销是市场营销者与顾客、分销商、经销商、供应商等建立、保持并加强合作关系,通过互利交换及共同履行诺言,使各方实现目的的营销方式。与顾客建立长期合作关系是关系营销的核心内容。与各方保持良好的关系要靠长期承诺和提供优质产品、良好服务和公平价格,以及加强经济、技术和社会各方面联系来实现。关系营销可以节约交易的时间和成本,使市场营销宗旨从追求每一笔交易利润最大化转向追求各方利益关系的最大化。

(五)市场营销与市场营销者

在交换双方中,如果一方比另一方更主动、积极地寻求交换,我们就将前者称为市场营销者,后者称为潜在顾客。换句话说,所谓市场营销者,是指希望从别人那里取得资源并愿意以某种有价值的东西作为交换的人。市场营销者可以是卖方,也可以是买方。当买卖双方都表现积极时,我们就把双方都称为市场营销者,并将这种情况称为相互市场营销。

四、市场营销的功能

迄今为止,市场营销的主要应用领域是企业。

"市场营销很重要!市场营销是根本!市场营销是关键!市场营销是经商的核心!市场营销是发展成长的唯一途径!市场营销是推进执行的发动机!"

这些宣言是克莱斯和克雷格(《违反直觉的市场营销》(Counterintuitive Marketing)一书的合著者)说的,但这些话也可以从任何一个其他市场营销专家那里找到。

在市场经济体系中,企业存在的价值在于它能否有效地提供满足他人(顾客)需要的商品。因此,管理大师彼得·德鲁克(Peter F. Drucker)指出,顾客是企业得以生存的基础,企业的目的是创造顾客,任何组织若没有营销或营销只是其业务的一部分,则不能称为企业。企业的基本职能只有两个,就是市场营销和创新。这是因为:

(1)企业作为交换体系中的一个成员,必须以对方(顾客)的存在为前提。没有顾客,就没有企业。

(2)顾客决定企业的本质。只有顾客愿意花钱购买产品和服务,才能使企业资源变成财富。企业生产什么产品并不是最重要的,顾客对他们所购物品的感觉及价值判断才是最重要的。顾客的这些感觉、判断及购买行为决定着企业的命运。

(3)企业最显著、最独特的职能是市场营销。企业的其他职能,如生产管理、财务管理、人力资源管理,只有在实现市场营销目的的情况下,才是有意义的。因此,市场营销不仅以其创造产品或服务的市场而将企业与其他人类组织区分开来,而且不断促进企业将市场营销观念贯彻于每一个部门,将市场营销作为企业首要的核心职能。

基于以上分析,可以得出市场营销的主要功能包括以下几个方面。

(一)了解市场消费需求

市场营销活动总是从了解市场需求开始的。企业首先应当了解顾客需求的特点和消费需求复杂的趋向,才能生产出满足消费需求的商品或服务,才能创造市场需求。

(二)指导企业生产

在市场经济条件下,企业必须实行以销定产。通过市场营销调研、了解消费需求信息和市场竞争信息,可以对企业生产起指导作用。

(三)开拓销售市场

企业通过营销调查,选择既能满足消费者需要,又能发挥企业优势的产品,通过市场营销,加强促销宣传,采取恰当的营销策略,扩大产品销售,提高自身的市场份额。

(四)满足顾客需求

企业通过营销活动建立合适的营销渠道,通过营销努力做好销售前后的各种服务,充分满足消费者的需求，如图1-3所示。

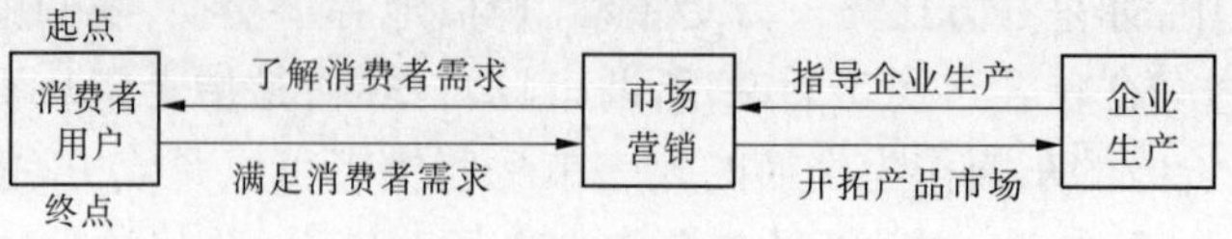

图1-3　市场营销的功能

五、市场营销学

市场营销学是适应市场经济高度发展和市场竞争的需要，在现代市场营销实践的基础上逐步形成和发展起来的，买方市场的出现是市场营销学产生的重要背景。市场营销学是一门研究市场营销活动及其规律性的应用型学科。

市场营销学于20世纪初诞生于美国。20世纪初，美国开始从自由资本主义向垄断资本主义过渡，社会环境发生了深刻变化。当时，市场开始由供不应求转为供过于求，导致企业销售问题突出，为解决产品销售，企业研究了各种推销方法、广告技巧，并对产品进行市场调查与分析，以刺激需求，扩大销路。一些大学正式开设了销售课程，美国哈佛大学的赫杰特齐教授于1912年出版了第一本以分销和广告为主要内容的市场营销学，被认为是市场营销学作为一门独立学科出现的标志，市场营销学开始萌芽。

第二次世界大战后，随着市场环境的变化，市场向供过于求的买方市场过渡，企业提出创造需求的口号，从购买者立场出发进行一些活动。在此背景下，市场营销学的研究活动大规模开展起来。人们的研究强调要重视买方的现实和潜在需求，企业要以消费者为中心，通过采取整体的营销活动来满足消费者需要，取得满意的利润。这种认识和实践形成了现代市场营销理论——顾客中心论，产生了现代市场营销学。

进入20世纪60年代，市场营销学与企业管理理论密切结合，市场营销学作为企业经营管理的一种指导而得到广泛应用。20世纪70年代以来，能源危机和环境污染的加剧，消费者权益保护运动高涨，贸易保护主义抬头，企业片面追求满足消费需求而忽视扬长避短，导致竞争能力的削弱等因素，促使人们不断加深对市场营销策略的研究，使市场营销步入新的发展时期，出现了大市场营销、绿色营销等新内容。在市场营销理论方面，出现了以企业为中心用4P（产品（Product）、价格（Price）、渠道（Place）、促销（Promotion））来研究营销策略向以消费者为中心用4C（顾客（Customer）、成本（Cost）、便利（Convenience）、沟通（Communication））来研究营销策略的转变。近年来，美国的Done Schultz提出了以竞争为导向，体现关系营销思想的4R（关联（Relance）、反应（Response）、关系（Relationship）、回报（Reward））营销新理论，阐述了一个全新的营销四要素。现代市场营销学成为消费经济学、管理学、心理学、社会学、统计学、电子计算机等学科密切结合的一门综合性经济应用学科。

进入21世纪，随着信息技术的发展，网络营销的出现使企业传统的营销模式发生了根本变化，追求价值和效率最大化，实现零距离互动式的直接沟通等新的营销观念产生并发展起来。

第二节　市场营销观念的形成与发展

一、市场营销观念

市场营销观念也称市场营销管理哲学,是指企业对其营销活动及管理的基本指导思想。它是一种观念、一种态度,或一种企业思维方式。任何企业的营销管理都是在特定的指导思想或观念指导下进行的。确立正确的营销观念对企业经营成败具有决定性意义。

市场营销观念的核心是正确处理企业、顾客和社会三者之间的利益关系。在许多情况下,这些利益是相互矛盾的,也是相辅相成的。企业必须在全面分析的基础上,正确处理三者关系,确定自己的原则和基本取向,并用于指导营销实践,才能有效地实现企业目标,保证企业的成功。

随着商品交换日益向深度和广度发展,经营观念也在不断地演变和充实。综观企业经营观念发展演变的历史,大致经历了生产观念、产品观念、推销观念、市场营销观念、生态营销观念、社会市场营销观念和大市场营销观念七个阶段。其中,前三种观念统称为传统(旧)市场营销观念,后四种观念统称为新市场营销观念。

(一)生产观念(Producting Concept)

生产观念是一种最古老的营销管理观念。生产观念认为,消费者总是喜爱可以随处买到价格低廉的产品,企业应当集中精力提高生产效率和扩大分销范围,增加产量,降低成本。以生产观念指导营销管理活动的企业,称为生产导向企业,其典型表现是我们生产什么就卖什么。

生产观念在西方盛行于 19 世纪末 20 世纪初。当时,资本主义国家处于工业化初期,市场需求旺盛,企业只要提高产量、降低成本,便可获得丰厚利润。因此,企业的中心问题是扩大生产价廉物美的产品,而不必过多地关注市场需求差异。在这种情况下,生产观念为众多企业所接受。如福特汽车公司 1914 年开始生产的 T 型汽车,就是在福特的"生产导向"经营哲学(使 T 型汽车生产效率趋于完善,降低成本,使更多人买得起)的指导下创出奇迹的。到 1921 年,福特 T 型汽车在美国汽车市场上的占有率达到 56%。

(二)产品观念(Product Concept)

产品观念认为消费者喜欢高质量、多功能和具有某些特色的产品。因此,企业管理的中心是致力于生产优质产品,并不断精益求精。

持产品观念的公司假设购买者欣赏精心制作的产品,相信他们能鉴别产品的质量和功能,并愿意出较高价格购买质量上乘的产品。这些公司的经理人员常迷恋自己的产品,而不太关注市场是否欢迎。他们在设计产品时只依赖工程技术人员,而极少让消费者介入。

产品观念和生产观念几乎在同一时期流行。与生产观念一样,也是典型的以产定销观念。由于过分重视产品而忽视顾客需求,这两种观念最终将导致"营销近视症"。

(三)推销观念(Selling Concept)

推销观念又称销售观念,认为消费者通常有一种购买惰性或抗衡心理,若听其自然,消费者就不会大量购买本企业的产品，因而企业管理的中心是积极推销和大力促销。执行推销观念的企业称为推销导向企业，其表现往往是我们卖什么就让人们买什么。

推销观念盛行于20世纪30~40年代。这一时期，由于科技进步，科学管理和大规模生产的推广，商品产量迅速增加，社会生产已经由商品不足进入商品过剩，卖主之间的市场竞争日益激烈，特别是1929年爆发的资本主义世界空前严重的经济危机，前后历时5年，堆积如山的货物卖不出去，许多工商企业纷纷倒闭，市场极度萧条。这种现实使许多企业家认识到，企业不能只集中力量发展生产，即使有物美价廉的产品，也必须保证这些产品能被人购买，企业才能生存和发展。

在推销观念指导下，企业相信产品是"卖出去的"，而不是"被买去的"。他们致力于产品的推广和广告活动，以求说服甚至强制消费者购买。他们收罗了大批推销专家，作了大量广告宣传，夸大产品的"好处"，对消费者进行无孔不入的促销信息"轰炸"，迫使人们不得不购买。

与前两种观念一样，推销观念也是建立在以企业为中心，以产定销，而不是满足消费者真正需要的基础上的。

（四）市场营销观念（Marketing Concept）

市场营销观念形成于20世纪50年代。要实现企业目标，关键取决于目标市场的需求或欲求，并且比竞争者更有效地满足消费者的要求。以市场为中心，以顾客为导向，协调"市场营销，强调赢利"。此观念有许多生动的说法，如"找出需求并满足之"、"顾客就是上帝"、"制造能够销售出去的东西，而不是销售制造出来的东西"等。在市场营销观念下，企业的中心任务是搞好市场调研，通过产品开发、市场开发来满足消费者的需求。

（五）生态营销观念

20世纪50年代，一些企业片面强调或迎合消费者的需求，而不顾自身条件，结果生产出来的商品因质量问题，反而无法满足消费者的需求，因此人们开始强调企业要同其外部环境相适应，既要满足消费者的需求，又要发挥企业的优势，使两者紧密结合在一起。在生态营销观念下，企业的中心任务是注重研究企业优势与市场需求相整合。

（六）社会市场营销观念

社会市场营销观念是对市场营销观念的修改和补充。社会市场营销观念认为，企业的任务是确定各个目标市场的需要、欲望和利益，并以保护或提高消费者和社会福利的方式，比竞争者更有效、更有利地向目标市场提供能够满足其需要、欲望和利益的物品或服务。社会市场营销观念要求市场营销者在制定市场营销政策时，要统筹兼顾三方面的利益，即企业利润、消费者需要的满足和社会利益。社会市场营销观念出现在20世纪70年代。

（七）大市场营销观念

20世纪70年代末，企业的经营环境发生了急剧变化：跨国公司得到很快发展，企业竞争已跨越国界涉及全球；世界各国贸易保护主义日益盛行，政府干预加强。在这种形势下，很多企业意识到，要有效开拓市场，必须重新调整自己的营销观念，不能消极被动地顺从和适应外部经营环境，而应促使外部环境朝企业有利的方面转化，并在一定程度上予以控制。菲利普·科特勒提出了大市场营销观念，提出企业为了成功地进入特定市场或者在特定市场经营，在策略上必须协调地使用经济、心理、政治和公共关系等手段，以取得政府、公众、社区的合作。与以前的营销观念相比，大市场营销观念有两个突出特点：一是十分重视企业与外部各方面的关系，以排除来自人为的障碍；二是提出了变被动营销为主动营销的思想，使企业营销具有更多的主动性和灵活性。

上述这七种营销观念中的前三种观念称为传统（旧）市场营销观念。传统（旧）市场营销观念总体上是以企业和生产为中心，以产定销，其背景在于产品供不应求，处于卖方市场。后四种观念称为新市场营销观念。新市场营销观念总体上是以消费者为中心，以销定产，其观念的产生就在于产品供过于求，买方市场的形成。

李维特（Theodore Levitt）曾以推销观念与市场营销观念为代表，比较了新旧观念的差别（见图1-4）。

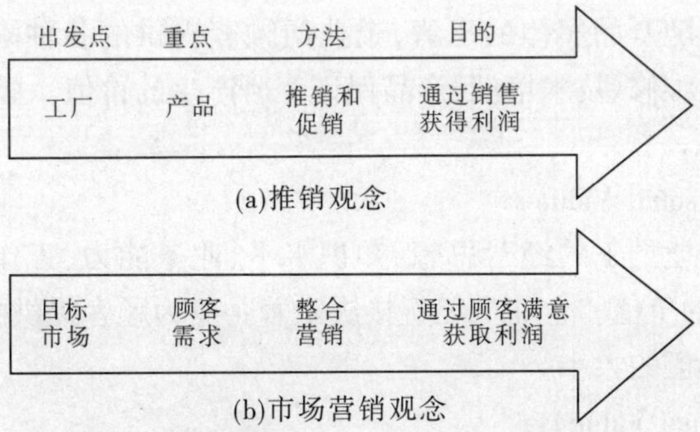

图1-4　推销观念和市场营销观念的对比

二、市场营销理论与方式的发展

进入20世纪80年代后，随着科技发展，社会进步，信息技术发展，人们对环境保护的重视，使人们对市场营销观念的认识进一步拓展，新的营销方式（如绿色营销、直销式营销、网络营销、合作营销和会议营销等）不断涌现，市场营销理论得到了新的发展。在这些新的理论与方式中，最具代表性的有以下几种。

（一）顾客让渡价值理论

顾客让渡价值是菲利普·科特勒在1994年提出的，他认为顾客将从那些他们认为提供最高顾客让渡价值的公司购买商品或服务。

顾客让渡价值是指顾客获得的总价值与顾客为之付出的总成本之间的差距（见图1-5）。顾客满意度是由其所获得的让渡价值大小决定的。

顾客让渡价值 = 顾客总价值 - 顾客总成本

1. 顾客总价值

顾客总价值是指顾客购买某一产品与服务所期望获得的全部利益，它包括产品价值、服务价值、人员价值和形象价值等。

1）产品价值（Product Value）

产品价值是由产品的功能、特性、品质、品种与式样等所产生的价值。它是顾客需要的中心内容，也是顾客选购产品的首要因素。因此，在一般情况下，它是决定顾客购买总

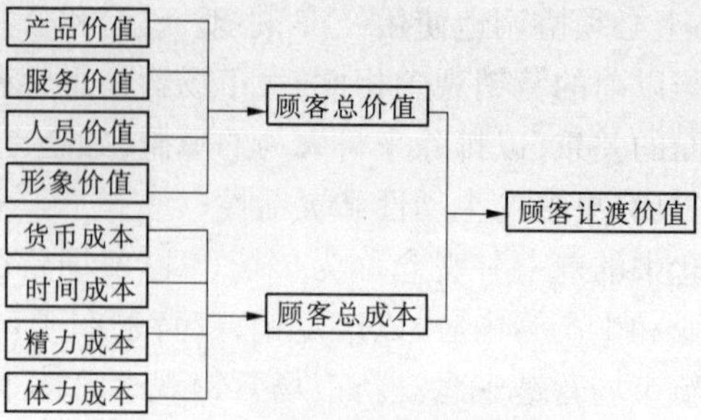

图 1-5　顾客让渡价值示意图

价值大小的关键和主要因素。产品价值是由顾客需要来决定的。

2)服务价值(Services Value)

服务价值是指伴随产品实体的出售,企业向顾客提供的各种附加服务,包括产品介绍、送货、安装、调试、维修、技术培训、产品保证等所产生的价值。服务价值是构成顾客总价值的重要因素之一。

3)人员价值(Personal Value)

人员价值是指企业员工的经营思想、知识水平、业务能力、工作效益和质量、经营作风、应变能力所产生的价值。企业员工直接决定着企业为顾客提供的产品与服务的质量,决定着顾客购买总价值的大小。

4)形象价值(Image Value)

形象价值是指企业及其产品在社会公众中形成的总体形象所产生的价值,包括企业的产品、技术、包装、商标、工作场所等所构成的有形形象所产生的价值,公司及其员工的职业道德、经营、服务态度、作风等行为形象所产生的价值,以及企业的价值观念、管理哲学等理念形象所产生的价值等。形象价值与产品价值、服务价值、人员价值密切相关,在很大程度上是上述三个方面价值综合作用的反映和结果,形象对于企业来说是宝贵的无形资产,良好的形象会对企业的产品产生巨大的支持作用,赋予产品较高的价值,从而带给顾客精神上和心理上的满足感、信任感,使顾客的需要获得更高层次和更大限度的满足,从而增加顾客购买的总价值。

2. 顾客总成本

顾客总成本是指顾客为购买某一特定产品或服务所耗费的时间、精神、体力以及所支付的货币资金等,它包括货币成本、时间成本、精神成本和体力成本等。

1)货币成本(Monetary Cost)

一般情况下,顾客购买产品时首先要考虑货币成本的大小,因此货币成本是构成顾客总成本大小的主要和基本因素。在货币成本相同的情况下,顾客在购买时还要考虑所花费的时间、精神、体力等,因此这些支出也是构成顾客总成本的重要因素。这里我们主要考察以下几种成本。

2)时间成本(Time Cost)

时间成本是指顾客购买或享受某种服务时所耗费的时间。在顾客总价值与其他成本一定的情况下,时间成本越低,顾客购买的总成本就越小,从而顾客让渡价值越大。

3）精力成本（Energy Cost）

精力成本（精神成本与体力成本）是指顾客购买产品时，在精神、体力方面的耗费与支出。在顾客总价值与其他成本一定的情况下，精神成本与体力成本越小，顾客为购买产品所支出的总成本就越低，从而顾客让渡价值越大。

（二）顾客让渡价值的意义

企业树立顾客让渡价值观念，对于加强市场营销管理，提高企业经济效益具有十分重要的意义。

（1）顾客让渡价值的多少受顾客总价值与顾客总成本两方面因素的影响。其中，顾客总价值是产品价值、服务价值、人员价值和形象价值等因素的函数，其中任何一项价值因素的变化都会影响顾客总价值。顾客总成本是包括货币成本、时间成本、精力成本等因素的函数，其中任何一项成本因素的变化均会影响顾客总成本，由此影响顾客让渡价值的大小。同时，顾客总价值与总成本的各个构成因素的变化及其影响作用不是各自独立的，而是相互作用、相互影响的。某一项价值因素的变化不仅影响其他相关价值因素的增减，从而影响顾客总成本的大小，而且影响顾客让渡价值的大小；反之亦然。因此，企业在制定各项市场营销决策时，应综合考虑构成顾客总价值与总成本的各项因素之间的这种相互关系，从而用较低的生产与市场营销费用为顾客提供具有更多的顾客让渡价值的产品。

（2）不同的顾客群对产品价值的期望与对各项成本的重视程度是不同的。企业应根据不同顾客的需求特点，有针对性地设计和增加顾客总价值，降低顾客总成本，以提高产品的实用价值。例如，对于工作繁忙的消费者而言，时间成本是最为重要的因素，企业应尽量缩短消费者从产生需求到具体实施购买，以及产品投入使用和产品维修的时间，最大限度地满足和适应其求速、求便的心理要求。

（3）企业为了争取顾客，战胜竞争对手，巩固或提高企业产品的市场占有率，往往采取顾客让渡价值最大化策略。追求顾客让渡价值最大化的结果却往往会导致成本增加，利润减少。因此，在市场营销实践中，企业应掌握一个合理的度，而不应片面地追求顾客让渡价值最大化，以确保实行顾客让渡价值所带来的利益超过因此而增加的成本费用。换言之，企业顾客让渡价值的大小应以能够实现企业的经营目标为原则。

（三）关系营销

关系营销是在社会学时代的大背景下，于20世纪90年代伴随着市场经营理念的发展而产生的。关系营销是把营销活动看成是一个企业与消费者、供应商、分销商、竞争者、政府机构及其他公众发生互动作用的过程，企业营销活动的核心是建立并发展这些公众的良好关系。在企业与客户的关系发生了本质性变化的市场环境中，抢占市场的关键已转变为与顾客建立长期而稳固的关系，从交易变成责任，从顾客变成拥趸，从管理营销组合变成管理和顾客的互动关系。与此相适应产生5个转向：第一，现代市场营销的一个重要思想和发展趋势是从交易营销转向关系营销，不仅强调赢得用户，而且强调长期地拥有用户；第二，从着眼于短期利益转向重视长期利益；第三，从单一销售转向建立友好合作关系；第四，从以产品性能为核心转向以产品或服务给客户带来的利益为核心；第五，从不重视客户服务转向高度承诺。所有这一切的核心是处理好与顾客的关系，把服务、质量和营销有机地结合起来，通过与顾客建立长期稳定的关系来实现长期拥有客户的目标，那种认为对顾客需求作出反应、为顾客解答问题、平息顾客的不满就尽到了责任的意识已经落后了。关系营销的指导思想是怎样使用户成为自己长期的顾客,并共同谋求长远战略发展,其核心在于消费者与企业间一种连续性的关系。查理斯·古德曼曾指出:"公司不是创造购买,它们要建立各种关系。"关系营销的目的在于同顾客结成长期的、相互依存的关系,发展顾客与企业产品之间的连续性的交往,以提高品牌忠诚度和巩固市场,促进产品持续销售。关系营销与其他交易营销所不同的特点表现在:关系营销注重保留顾客,以产品利益为导向,高度强调顾客服务,积极促进顾客的参与,发展高度的顾客关系,认为质量是所有方面都要考虑的问题,重视环境的影响及长期的积累。关系营销有以下几个方面的重要内容。

1. 关系营销的中心——顾客忠诚

在关系营销中,怎样才能获得顾客忠诚呢?发现正当需求—满足需求并保证顾客满意—营造顾客忠诚,构成了关系营销的三部曲。企业要分析顾客需求,顾客需求满足与否的衡量标准是顾客满意程度,满意的顾客会对企业带来有形的好处(如重复购买该企业的产品)和无形的好处(如宣传企业形象)。

有营销学者提出了导致顾客全面满意的七个因素及其相互间的关系:欲望、感知绩效、期望、欲望一致、期望一致、属性满意、信息满意;欲望和感知绩效生成欲望一致,期望和感知绩效生成期望一致,然后生成属性满意和信息满意,最后导致全面满意。从模式中可以看出,期望和欲望与感知绩效的差异程度是产生满意感的来源,所以企业可采取提供满意的产品和服务、提供附加利益、提供信息通道等方法来取得顾客的满意。

2. 顾客维系

市场竞争的实质是争夺顾客资源,维系原有顾客,减少顾客的叛离,这要比争取新顾客更为有效。维系顾客不仅仅需要维持顾客的满意程度,还必须分析顾客产生满意感的最终原因,从而有针对性地采取措施来维系顾客。

3. 关系营销的构成层次

关系营销分为三个层次:

(1)一级关系营销——财务层次营销。维持关系的重要手段是利用价格刺激对目标公众增加企业的财务利益。在一级关系营销中,具有代表性的是频繁市场营销计划。所谓频繁市场营销计划,指的是对那些频繁购买以及按稳定数量进行购买的顾客给予财务奖励的营销计划。美国航空公司是首批实行频繁市场营销计划的公司之一,20 世纪 80 年代,它决定对其顾客提供免费里程信用服务,接着旅馆也采用了这种计划,常住顾客在积累了一定的分数后,就可以享用上等客房或免费房。

(2)二级关系营销——社交层次营销。在建立关系方面优于价格刺激,增加社会利益,同时也附加财务利益。企业尽量了解到单个顾客的需要和愿望,提供并使服务个性化和人格化,来增加公司与顾客的社会联系。主要形式是建立顾客组织,以某种方式将顾客纳入企业的特定组织中,使企业与顾客保持更为紧密的联系,实现对顾客的有效控制。如针对常客的优惠活动,提供购物折扣、电子邮件回应客户的网上数据库系统,忠诚客户的客户杂志等。

（四）事件营销

事件营销就是借社会事件、新闻之势达到营销传播，增加企业产品销售，提高营销绩效的活动，但由于事件发展的不可预见性，以及企业对事件策划的掌控能力不同，事件营销有很大的风险。

1. 事件营销的特点

事件营销具有以下特点：

(1)突发性强，时间紧迫。

(2)潜在的机会大。

(3)有广泛的消费者受众面。

(4)高频率的媒体助阵。

(5)消息复杂，消费者很难分辨。

其成功的关键是实效和快速反应，面临的市场考验是对局势的把握与应变力。在实际运用过程中，事件营销应把握好两条：法律范畴之内和从消费者角度出发。

2. 事件营销的策略

事件营销是近年来国内外十分流行的一种公关传播与市场推广手段。事件营销通过借势和造势，以求提高企业或产品的知名度、美誉度，树立良好的品牌形象，并最终促成产品或服务的销售目的。事件营销在实际的运作中采取借势与造势两大类策略。

所谓借势，是指企业及时地抓住广受关注的社会新闻、事件以及人物的明星效应等，结合企业或产品在传播上欲达到的目的而展开的一系列相关活动。具体可以采取以下对策：

(1)明星策。明星是社会发展的需要与大众主观愿望相结合而产生的客观存在。根据马斯洛分析的人的心理需求学说：当购买者不再把价格、质量当做购买顾虑时，利用明星的知名度去加重产品的附加值，可以借此培养消费者对该产品的感情、联想，来赢得消费者对产品的追捧。比如世界杯期间炒得沸沸扬扬的"米卢现象"，名人轮番上场"补钙"、"补血"的保健风潮，还有影星、歌手忙不迭地更换保暖内衣等。

(2)体育策。主要就是借助赞助、冠名等手段，通过所赞助的体育活动来推广自己的品牌。体育活动已被越来越多的人所关注和参与，体育赛事是品牌最好的广告载体，体育背后蕴藏着无限商机，已被很多企业意识到并投入其间。

体育营销作为一种软广告，具有沟通对象量大、传播面广和针对性强等特点。多年来，金六福与中国体育紧密合作，通过体育营销不断提升品牌的知名度和美誉度，与中国奥委会建立了长期战略合作伙伴关系，不仅支持中国体育的奥运项目，还积极支持各种非奥运项目和群众体育项目。如相继成为中国奥委会合作伙伴，第二十八届奥运会、第二十一届大运会、第十九届冬奥会中国体育代表团唯一庆功白酒，获得"中国男足世界杯出线专用庆功酒"称号以及成为第十四届亚运会中国体育代表团唯一庆功白酒等。

(3)新闻策。企业利用社会上有价值、影响面广的新闻，不失时机地将其与自己的品牌联系在一起，以达到借力发力的传播效果。在这一点上，海尔集团的做法堪称国内典范。在"7·13"申奥成功的第一时间，海尔集团在中央电视台投入5 000万元的祝贺广告随后播出，据说当夜海尔集团的热线电话被消费者打爆，相信国人在多年后再回味这一历史喜悦时，肯定会同时想起曾经与他们一同分享成功的民族品牌——海尔。

所谓造势，是指企业通过策划、组织和制造具有新闻价值的事件，吸引媒体、社会团体和消费者的兴趣与关注。

(1)舆论策。企业通过与相关媒体合作，发表大量介绍和宣传企业的产品或服务的软性文章，以理性的手段传播自己。

关于这一点，国内很多企业都已重视到了它的威力，此类软性宣传文章如今已经大范围甚至大版面地出现在各种相应的媒体上。奥林匹克花园就是不断地在全国各大报刊媒体撰文来宣传其“运动就在家门口”的销售主张的。

(2)活动策。是指企业为推广自己的产品而组织策划的一系列宣传活动，吸引消费者和媒体的眼球，达到传播自己的目的。

从20世纪80年代中期的迈克尔·杰克逊到20世纪90年代的珍妮·杰克逊，商务通当年也是通过引领掌上电脑消费新潮流，而一举创造了销售神话。

(五)共生(合作)营销

何谓共生营销？美国管理学专家阿德勒提出：“通过两个或更多个相互独立的企业在资源或项目上的合作，达到增强市场竞争能力的目的。”

共生营销的兴起与当今市场激烈竞争和科技飞速发展有着密切的关系。一方面，由于世界经济一体化的发展，企业将处于全球范围复杂多变的国际环境中，面对众多水平更高、实力更强的对手，任何一个企业不可能在所有方面都处于优势；另一方面，随着科技的不断发展，新产品与多种科学技术结合趋势不断扩大，开发新一代产品的费用即使是大公司也是无法承受的。在这种形势下，具有优势互补关系的企业便纷纷联合起来，实施共生营销战略，集中各种企业的优势，共同进行新产品开发，共享人才和设备等资源，共同提供服务等，从而达到减少企业竞争风险、增强企业竞争能力的目的。

1. 共生营销的形式

(1)共享资源。包括设施、营销渠道、品牌或其他资源。如小天鹅公司与美国宝洁公司达成一项协议，在国内一些大专院校开办小天鹅洗衣房，在小天鹅销售时，分发宝洁公司的洗衣粉试用，并在包装盒上为其宣传，与此同时，宝洁公司在其包装袋上全部印上“推销一流产品小天鹅洗衣机”字样。如此，“小天鹅”随着宝洁公司洗衣粉更多地“飞入寻常百姓家”；而宝洁公司也随洗衣粉消费需求的增长，实现市场的快速扩张。

(2)共同促销。共生伙伴各方把单个企业的产品优势、营销技能和营销网络优势结合起来，发挥单个促销无法达到的规模效益，联合开发目标市场。例如，美国东方航空公司和环球航空公司联合进行促销，允许双方的乘客积累里程数，在航线上享有免费里程；格兰仕与深圳精时达表业进行捆绑销售，达到互利。

(3)共同提供产品和服务。在旅游业中，交通公司、旅馆、饭店、娱乐部门等联合提供“一揽子”服务，既能降低价格，又能方便顾客，合作使各公司的竞争实力也大大增强。

(4)共同销售。例如，美国的《华盛顿星报》及《波士顿环球报》等5家报社组成一个百万市场报业有限公司，由它来负责销售这5家报社的报纸；美国运通公司和MCI电信公司达成协议，运通卡用户在使用MCI长途电话时，可享受一定折扣；而MCI电信公司凭借运通公司所掌握的1 000万用户信息资料，大大增强自己的竞争能力。

（5）共同开发新产品。日益高涨的研究开发费用及随之而来的高风险，还有难以单独克服的技术障碍，使得高技术公司越来越倾向于合作开发与生产新产品。例如1992年初，IBM公司、西门子公司、日本东芝电器公司达成协议，联手开发256兆位超微芯片。

（6）共同创办新企业。这在国外教育界、化工业、新材料工业、计算机工业中已屡见不鲜。例如，美国时代公司和通用电报公司曾经合资创办通用学习公司来开拓电化教育市场。

2. 共生营销的特点

（1）降低营销成本。资源共享可降低资源成本，降低研发费用，两个企业合作开发新产品（如某项技术），各自都可以提高产品质量或创新卖点，从而提高市场竞争力；降低销售成本，两个企业分享销售渠道、销售队伍、仓储、运输等，达到事半功倍的效果；降低广告费用，两个企业通过合作发布广告，可以提高广告的效果，降低广告成本。

（2）提高营销效率。如分享销售渠道，可实现短时间内在更多地域推出产品，先入为主占据优势。

（3）吸引注意力，制造轰动效应。共生营销具有特别的形式，能引起人们的特别关注。

（4）有利于进入新市场。通过与所在国企业进行某种形式的共生合作，可以开辟出一条进入新市场的捷径。

（5）有助于多角化战略的展开。多角化战略要求企业向新的领域进军，但新的领域对企业来说是一个陌生的领域，要承担很大的市场风险，合作营销能减少这样的市场风险。

（6）减少无益竞争。同行业企业在激烈竞争中往往会产生负效应，增加生产成本，某种共生营销就可避免这种情况发生。例如，新加坡航空公司、瑞士航空公司和美国三角洲航空公司合作统筹时刻表；制定共同的订票系统、维护系统；建立统一的行李运送等地勤服务，这样就大大降低了企业成本，提高了工作效率。

3. 共生营销实施的条件

共生营销，一般来说由以下两类企业进行比较合适：

（1）由同类但不同细分市场产品的企业组成，如畜商品行业的兽药与饲料企业。

（2）由在生产、销售或使用上具有上下游或互补关系的不同产品的企业组成，如电脑配件和周边设备与整机生产，冰箱与冰箱除臭剂，洗涤剂与护手霜，微波炉与烹调器皿等的企业之间就可实行共生营销，因为这些产品在生产、销售或使用上具有一定的关联性，共生营销可起到很好的效果。

但是，随着共生营销的发展，完全相同的产品之间和完全不同的产品之间也出现了共生营销的现象。如生产同样产品的企业，抛开原来你死我活的竞争，建立新的双赢战略合作伙伴关系，共同开拓市场，把产品的开发、销售引向深入，共谋把“市场”这块饼做大，而不是在现有“市场”这块饼上争大小。在完全不同的产品之间建立共生营销关系，更具想象力，当然，要取得成功也要作出认真的策划和充分的准备。如格兰仕与深圳精时达表业之间的共生营销，凡购买一台格兰仕分体不锈钢空调，就可获赠一块价值高达2 880元的“米纳”牌高档手表。

这说明，共生营销实际上已经没有什么限制了，不一定要在产品销售与使用上有联系，只要在市场促销上具有相同或可互相利用的战略意图与价值就行了。

4. 共生营销实施中要注意的问题

(1)事先要做认真详细的预案。对合作双方的长、短处，市场将来可能出现的反应，今后可能的变故等要进行研究分析，充分考虑可能发生的不利情况，特别是在强弱不对等的情况下实行共生营销，弱势一方要注意保护自己的合法利益，不能受制于人，不要贪图一时利益而导致长远发展的损失。

(2)认真起草合作协议条款，明确双方的权利与义务，从法律上保护双方权益，但同时也要注意不要违反有关法律规定。

(3)及时了解合作对手的营销状况，对出现的问题及时沟通，对已经出现可能危及自身合法利益的问题，要通过合法有效的途径及时解决，包括解除合作关系，调整合作伙伴。

(4)注意共生营销策略应注重消费的相关性，切勿搞随便的“拉郎配”者。

5. 共生营销战略实现的途径

(1)要确定共生营销战略的领域或项目。并非所有的领域、项目都适合联合，只有那些市场信息多变、结构变革和竞争激烈的产业领域，那些能给企业带来高附加值的活动项目，才适合搞共生营销模式，同时企业还应考虑到企业间联合的成本费用情况，只有联合所增加的收益大于联合所产生的成本时才能考虑应用共生营销战略。

(2)要明确自己共生方核心优势，判定共生的可能性。并非所有企业都能结盟成功，只有那些在科研、生产、管理、营销、服务等方面拥有自己核心优势的企业，才能成为共生对象，有效实现优势互补，分工协作。如果企业在上述方面都无优势可言，即使暂时找到共生伙伴，也必然因缺乏独立性而使共生状态的稳定性和成效难以保证。

(3)注意不能随意选择共生伙伴。首先，企业应考查对方有无利用的互补性资源优势。对方的资源共享优势差异性越强，与之结成共生关系的利益就越大。其次，要看对方的合作诚意和资信状况，只有各方相互需求才能结盟共生，只有真诚合作才能成功共生，只有对方资信状况良好，才能保持共生的持久性。

(4)需签订联合协议。联合的目标、宗旨，各方的权利和义务划分，为防范合作一方的机会主义行为而规定的限制性、排他性条款，协议的约束力等，都关系到联合的成败。因此，都必须在协议中明确规定，形成法律效力，使各方为共同的目标、宗旨而努力。

(5)要严格监督协议执行情况。对于一方损人利己的机会主义倾向和行为，应按协议规定进行制裁，并要求其承担由此带来的相关损失；对于协议中未作规定而在合作过程中出现的新问题，各方应通过协商、谈判解决；对于协议目标已经实现或协议各方利益不再存在的情况，应及时终止协议，再寻找新的合作项目或新的合作伙伴，重新签订协议。

(六)定制市场营销

定制市场营销是指企业在营销活动中，针对每个消费者与众不同的个性化需求，为其量身定做产品，从而最大限度地满足消费者需要的一种营销模式。

定制市场营销具有以下优点。

1. 为企业提供了新的发展机会

(1)定制市场营销是针对每一个消费者的，能够利用最小规模的市场机会，为企业的发展提供更加广阔的空间。哪里存在未被满足的需求,哪里就有企业的发展机会。从这个意义上讲,市场的机会是无限的,但是联系到某个企业,机会却是有限的,并且在目标市场营销战略中,这种有限的市场机会还必须有足够的规模,能够实现企业的利润目标才被认为是有价值的,这就使一些市场机会因规模较小而不能被企业利用。

(2)实行定制市场营销有利于提高企业竞争力。在竞争激烈的市场上,谁的产品最能满足消费者需要,谁就能赢得消费者,而定制产品是消费者根据自己的个性需求自行改进、设计出来的产品,是消费者最满意的产品,因而也是竞争力最强的产品。

(3)定制市场营销减少了中间环节,缩短了供需双方的距离,企业不仅能够及时了解市场需求的变化,而且减少了流通费用。

(4)实行定制市场营销,企业不会有产品积压的危险。由于在产品生产之前就形成了一个契约,就是已经销售出去产品,所以不会造成产品积压,缩短了再生产周期。

(5)定制市场营销能够提高企业利润。一方面,高差别化的个性化产品使产品需求价格缺乏弹性,产品售价提高从而提高单位产品利润;另一方面,存货水平降低、生产周期的缩短加快了资金的周转,这都会提高企业利润。

2.使消费者得到了市场上不存在,但可以充分满足自己需要的完全个性化产品

在目标市场营销中,消费者所需商品只能从现有商品中选购,这样可能满足了消费者的需要,也可能满足不了消费者的需要,这时消费者只能选择和实际不存在的理想产品最接近的商品凑合一下。而在定制市场营销中,消费者选购商品时完全以"自我"为中心,对所购商品拥有除价格外的完全彻底的自由,消费者既可以从现有商品中自行确定,也可以寻找市场以外的商品,根据自身的实际需要向企业提出具体要求,并且能达到这一要求,买到自己的理想产品。

定制市场营销是企业市场营销战略由大批量市场营销跨越到目标市场营销后的又一次飞跃,也是构筑企业核心竞争的重要途径,企业要珍惜每一次定制市场营销的机会,并把需做的工作做好。

第三节　市场营销管理的任务与过程

市场营销管理是为创造达到个人和机构目标的交换而规划和实施的理念、产品、服务构思、定价、促销和配销的过程,它包括分析、计划、执行和控制几个环节,目标是满足各方面的需要。市场营销管理的实质是需求管理。

一、市场营销管理的任务

市场营销管理的任务会随着目标市场的不同需求状况而有所不同。企业通常都会对目标市场设定一个预期交易水平,即预期的需求水平。然而,期望往往与现实不一致,实际需求水平可能低于或高于期望。营销者必须善于应付各种不同的需求状况,调整相应的营销管理任务。

根据需求水平、时间和性质的不同,可归纳出八种不同的需求状况,在不同的需求状况下,市场营销管理的任务有所不同。

（一）负需求

负需求是指全部或大部分顾客对某种产品或劳务不仅不喜欢，没有需求，甚至有厌恶情绪。在此情况下，市场营销的任务是分析市场为何不喜欢这种产品，研究如何经由产品再设计、改变产品的性能或功能、降低价格和正面促销的市场营销方案来改变市场的看法和态度，即扭转人们的抵制态度，实行扭转性营销措施，使负需求变为正需求。

（二）无需求

无需求是指目标市场对产品毫无兴趣或漠不关心的需求状况。如对某些陌生的新产品，与消费者传统观念、习惯相抵触的产品，被认为无价值的废旧物资等。面对无需求市场，营销管理的任务是刺激市场营销，设法把产品的好处和人的自然需要、兴趣联系起来。

（三）潜伏需求

潜伏需求是指现有产品或劳务尚不能满足的、隐而不现的需求状况。如人们对无害香烟、节能汽车和癌症特效药品的需求。在潜伏需求情况下，营销管理的任务是开发市场营销，将潜伏需求变为现实需求。

（四）下降需求

下降需求是指市场对一个或几个产品的需求呈下降趋势的情况。营销管理者的任务是重振市场营销，扭转需求下降的趋势。要分析需求衰退的原因，决定能否通过开辟新的目标市场、改变产品特色，或采用更有效的促销手段来重新刺激需求，扭转其下降趋势。

（五）不规则需求

不规则需求是指市场对某些产品（服务）的需求在不同季节、不同日期，甚至一天的不同时刻呈现出很大波动的状况。如对旅游宾馆、公园、公共汽车、博物馆等服务需求，就是不规则需求。市场营销管理的任务是协调市场营销，通过灵活定价、大力促销及其他刺激手段来改变需求的时间模式，努力使供需在时间上协调一致。

（六）充分需求

充分需求是指某种产品或服务的需求水平和时间与预期相一致的需求状况。这时，营销管理的任务是维持市场营销，密切注视消费者偏好的变化和竞争状况，经常测量顾客满意程度，不断提高产品质量，设法保持现有的需求水平。

（七）过量需求

过量需求是指某产品（服务）的市场需求超过企业所能供给或愿意供给水平的需求状况。在过量需求的情况下，营销管理的任务是降低市场营销，即通过提高价格，合理分销产品，减少服务和促销等手段，暂时或永久地降低市场需求水平。

（八）有害需求

有害需求是指市场对某些有害物品或服务（如烟、酒、毒品、色情电影和黄色书刊）等的需求。对此类需求，营销管理的任务是反市场营销，宣传其危害性，劝说消费者放弃这种爱好和需求。对烟、酒等商品，大幅度提高价格，以减少购买机会；而对毒品、黄色书刊，则应杜绝生产经营，采取适当措施来消灭需求。

二、市场营销管理的过程

市场营销过程是企业为实现企业任务和目标而发现、分析、选择和利用市场机会的过程。它包括如下步骤:分析营销机会、设计营销战略、选择目标市场、制定营销组合策略、营销整合的实施等。学习和应用市场营销知识的实质是把握市场营销思想的精髓,按照市场营销过程去开展营销运作。因此,市场营销过程是市场营销学内容体系和结构安排的主要依据。

(一)分析营销机会

正确的营销指导思想是在满足顾客需求的基础上取得利润。既然如此,就要分析需求、分析市场。营销机会分析包括建立市场营销信息系统、环境分析、市场分析、竞争者分析等内容。

1. 建立市场营销信息系统

市场营销信息系统是由人、设备和程序所构成的持续与相互作用的机构,由内部报告系统、市场营销情报系统、市场营销研究系统、市场营销决策支持系统等四个子系统构成,任务是收集、区分、分析、评估和分配那些适用、及时而准确的信息,以供市场营销决策者用来制定和改善市场营销计划。

2. 环境分析

企业总是运行在不断变化的社会环境之中,营销人员应当采取适当措施监视和预测环境变化,识别机会和威胁,趋利避害地制定正确的市场营销决策。市场营销环境是指影响企业市场营销活动的不可控制的参与者和影响力。参与者由企业、供应商、中间商、顾客、竞争者和公众构成。影响力是指影响市场环境参与者的各种社会力量,如人口环境、经济环境、自然环境、技术环境、政治法律环境和社会文化环境等。

3. 市场分析

按照顾客购买用途的不同,企业的市场可分为消费者市场和组织市场两大类。

(1)消费者市场是指由购买产品或服务供自己消费或赠送他人的人或家庭所构成的市场。

(2)组织市场是指由企业或某种团体机构所构成的市场,包括工业市场、中间商市场、政府市场和非营利组织市场。工业市场由购买产品和服务用于进一步加工或制造产品和服务以供出售或租赁的个人和组织所构成,包括工业、农业、林业、渔业、采矿业、建筑业、运输业、邮电通信业、金融业、保险业和公用事业等。中间商市场是指购买商品用于销售或租赁给他人以获取利润的单位和个人,分为批发商和零售商两类。政府市场是指为了执行政府职能而购买或租赁产品的各级政府。非营利组织市场也可称为非营利市场,是指由非营利组织所构成的市场。非营利组织指不以营利为目的的各种组织,如公立学校、医院、疗养院、博物馆、图书馆、监狱等。

(二)设计营销战略

营销机会分析为企业制定营销战略提供依据。营销战略是企业在营销活动系统中根据企业内部条件和外部市场机会及限制因素,在企业发展目标、业务范围、竞争方式和资源分配等关系全局的重大问题上采取的决策,是企业选择目标市场和制定营销组合策略的指导。营销战略内容包括以下几个方面。

1. 明确企业的任务或目的

何为企业的任务或目的?例如,本公司的业务是什么,本公司的顾客是谁,本公司能为顾客提供什么价值,本公司的未来业务是什么……

2. 制定企业市场营销战略目标

目标是企业任务或目的的具体化。市场营销战略目标通常包括社会贡献目标、企业发展目标和经济效益目标等。

3. 确定战略性业务单位

一个企业并不仅仅经营一项业务,当它为不同的顾客生产经营各类不同的产品时,就形成了多项不同的业务。公司在制定经营战略时要分清自己的各项业务,把每项业务作为一个战略单位来管理。

4. 评估目前的业务投资组合

采用科学的方法对公司目前的各项业务进行分析和评价,以便决定哪些业务单位应当发展,哪些应当维持,哪些应当缩减或淘汰,把有限的资源和资金用到效益最好的业务上。

5. 确定企业的新业务计划

在公司的业务投资组合计划中,有些效益低下的业务要淘汰。这就要求公司发展新业务以代替旧业务,当现有业务投资组合计划中的销售额和利润达不到公司预期水平时,必须发展一些新业务来弥补这一差距。公司的新业务发展计划有密集式发展、整体式发展和多元化发展三种。

(三)选择目标市场

企业划分了战略业务单位并明确了发展方向后,就要研究和选择目标市场。目标市场是企业决定要进入的市场,或者说,是企业决定为之服务的顾客群体。市场需求是复杂多变的,企业不可能全部都满足。只有在深刻了解市场需求的基础上把市场分为不同类型,结合企业自身资源和市场环境条件确定目标市场,才能充分发挥企业优势,增强竞争能力,在充分满足目标市场需求的条件下获得最大限度利润。目标市场选择包括市场细分方法、市场细分依据、目标市场策略类型、市场定位策略和影响目标市场策略选择的因素等。

(四)制定营销整合策略

1. 营销因素

企业确定了目标市场以后,必须运用一切能够运用的因素去占领它。市场营销因素是企业在市场营销活动中可以控制的因素,分为产品(Product)因素、价格(Price)因素、渠道(Place)因素、促销(Promotion)因素等四大类。由于四类因素英文单词的开头字母都是P,所以简称4P。

这种把市场营销因素分为四大类的方法称为麦卡锡分类法,由美国营销学家麦卡锡于1960年提出,是目前市场营销学中通用的分类法,既完整、科学地概括了所有营销因素的内容,同时又便于记忆。

2. 营销整合

营销整合是指企业为满足目标市场顾客的需要,对产品、价格、渠道、促销等可控营销因素的综合运用,使他们协调配合发生作用,实现企业战略目标。企业通过有效的市场营销整合来吸引顾客,赢得竞争。

应该说明的是,营销整合决不是对上述营销因素的简单叠加和重复,而是通过科学的调配,使它们相互影响、相互作用,达到 1 +1 >2 的作用,收到最大的经济效果。

营销整合有以下特点。

1)可控性

企业可以根据灵活搭配组合的原则,对市场营销整合加以控制,以取得最佳效益。

2)复合性

营销因素是4P 的组合,每一因素又包含许多次因素,形成一个次组合,营销因素就由许多次组合复合而成。为便于说明问题,从每一因素中选择 4 个次因素组成各个因素的次组合,如图 1-6 所示。

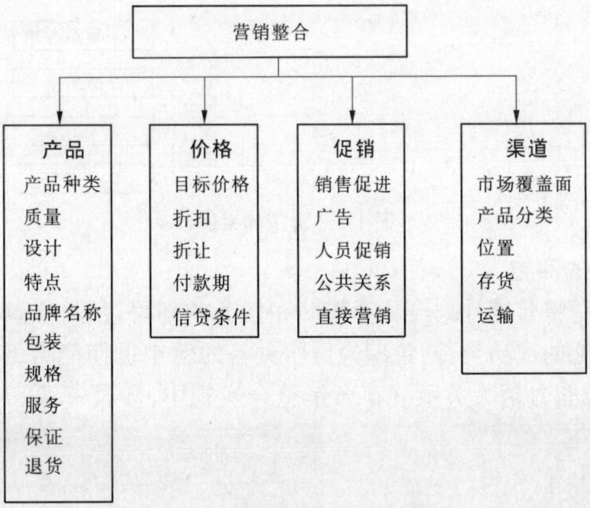

图 1-6　营销整合中的 4P 因素

营销整合的概念强调将市场营销中各种要素组合起来的重要性,但更强调各种要素之间的关联性,要求它们成为统一的有机体。在此基础上,市场营销更要求各种要素的作用力统一方向,形成合力,共同为企业的营销目标服务。营销整合过程如图 1-7 所示。

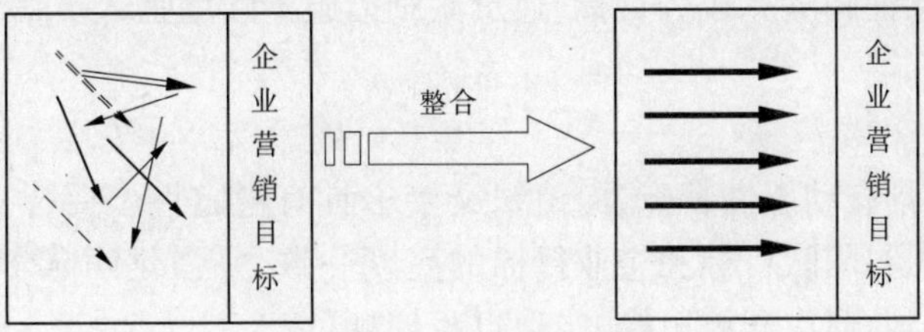

图 1-7　营销整合过程

3)统一性

营销整合中的各因素必须协调统一、紧密配合,为实现企业利润服务。在以生产为中心的旧观念下,企业的各个职能部门都从自己的业务出发,强调各自的重要性并独立开展活动。例如,生产部门负责人只考虑如何降低生产成本、提高质量;采购部门只考虑如何节约开支;销售部门只考虑如何以高价销售商品。虽然各职能部门力求实现自己的目标,但是企业不能从整体上考虑满足消费需求和开展竞争。而在现代营销观念下,企业的市场营销部门负责引导和协调各部门的活动,通过完善营销体系和利用营销整合保证营销活动的有效性,如图 1-8 所示。

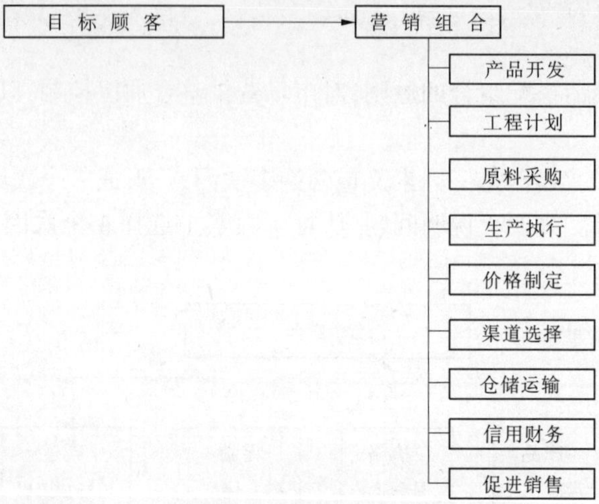

图 1-8　营销体系图

(五)营销整合的实施

营销整合实施是将营销计划转化为行动和任务的部署过程,在这一过程中整合的思想需贯穿始终。实施的成功与否,管理人员所具备的营销贯彻能力、营销诊断能力、问题评估能力、结果评价能力至关关键。在营销整合实施中,涉及资源、人员、组织与管理等方面。

1. 资源的最佳配置

实现资源的最佳配置,既要利用内部资源运用主体的竞争,力求实现资源使用的最佳效益,又要利用最高管理层和各职能部门,组织资源共享,避免资源浪费。

2. 人员的选择、激励

人是实现营销整合目标的最能动、最活跃的因素,要组成有较高的能力和综合素质的非长期团队小组,保证圆满完成分目标,通过激励措施不断增强人员信心,调动积极性,促使创造性变革产生。

3. 学习型组织

营销整合团队具有动态性特点,而组织又要求具有稳定性。要建立组织中人们所持有的意愿,保持个人与团队目标和企业目标的高度一致,并强化团队学习,创造出比个人能力总和更高的团队,形成开放思维,实现自我超越。

4. 监督管理机制

高层管理务求使各种监管目标内在化,如通过共同意愿培养各成员、各团队自觉服务精神,通过激励措施培养、塑造企业文化,通过团队中人员、职能设置强化团队自我管理能力。团队自身也承担了原有监管应承担的大量工作,在高层的终端控制下,自觉地为实现企业营销目标而努力协调工作。

复习思考题

1. 什么是市场营销?

2. 试述市场营销管理的任务与过程。

3. 简述市场营销观念的演变。

第二章　市场营销环境

市场营销环境是指会给企业造成环境威胁和市场机会的主要力量与因素。现代营销学认为,企业营销成败的关键在于能否适应不断变化着的营销环境。关注并研究企业内外营销环境的变化,把握环境变化的趋势,识别由于环境变动而造成的机会和威胁,相应制定并不断调整营销策略,自觉地利用市场机会,防范可能出现的威胁,扬长避短,才能确保在竞争中立于不败之地。企业营销管理过程可以说是不断调整内部可控因素去适应外部不断变化的不可控因素的过程。在不确定性越来越大的商业世界里,企业营销对环境的适应性在很大程度上决定了企业的成功程度。

第一节　市场营销环境的含义及特点

企业市场营销环境的内容既广泛又复杂。不同的因素对营销活动各个方面的影响和制约也不尽相同,同样的环境因素对不同的企业所产生的影响和形成的制约也会大小不一。

一、市场营销环境的含义

市场营销环境是作用于企业营销活动的一切外部因素和力量的总和。按照美国市场营销学家菲利普·科特勒的解释,市场营销环境是影响企业的市场营销活动的不可控制的参与者和影响力。因此,市场营销环境是指与企业营销活动有潜在关系的所有外部力量和相关因素的集合,它是影响企业生存和发展的各种外部条件。

任何企业都如同生物有机体一样,总是生存于一定的环境之中,企业的营销活动不可能脱离周围环境而孤立地进行。环境是企业不可控制的因素,营销活动要以环境为依据,企业要主动地去适应环境。但是,企业可以了解和预测环境因素,不仅可以主动地适应和利用环境,而且通过营销努力,可以去影响外部环境,使环境有利于企业的生存和发展,有利于提高企业营销活动的有效性。因此,重视研究市场营销环境及其变化是企业营销活动的最基本课题。

市场营销环境包括微观环境和宏观环境。微观环境是指与企业紧密相联,直接影响企业营销能力的各种参与者,包括企业本身、市场营销渠道企业、顾客、竞争者以及社会公众。宏观环境是指影响微观环境的一系列巨大的社会力量,主要是人口、经济、政治法律、科学技术、社会文化及自然生态等因素。微观环境直接影响与制约企业的营销活动,多半与企业具有或多或少的经济联系,也称直接营销环境,又称作业环境。宏观环境一般以微观环境为媒介去影响和制约企业的营销活动,在特定场合,也可直接影响企业的营销活动。宏观环境被称做间接营销环境。宏观环境因素与微观环境因素共同构成多因素、多层次、多变的企业市场营销环境的综合体(见图2-1)。

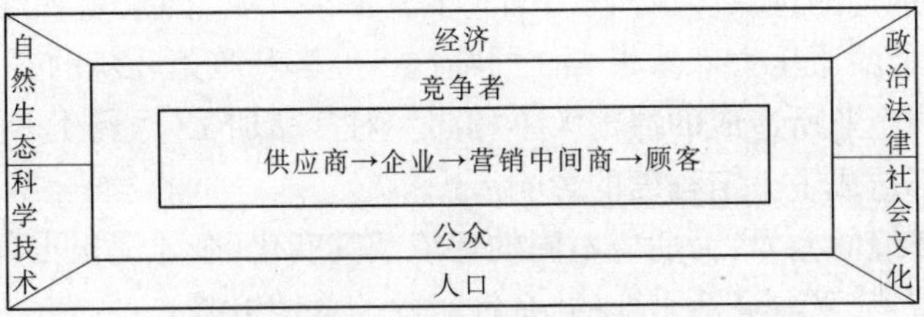

图 2-1　市场营销环境

营销环境按其对企业营销活动影响时间的长短,可分为企业的长期环境与短期环境,前者持续时间较长或相当长,后者对企业市场营销的影响则比较短暂。

营销环境的内容比较广泛,可以根据不同标志加以分类。基于不同观点,营销学者提出了各具特色的对环境分析的方法,菲利普·科特勒则采用划分为微观环境和宏观环境的方法。微观环境与宏观环境之间不是并列关系,而是主从关系,微观营销环境受制于宏观营销环境,微观环境中所有的分子都要受宏观环境中各种力量的影响(见图 2-2)。

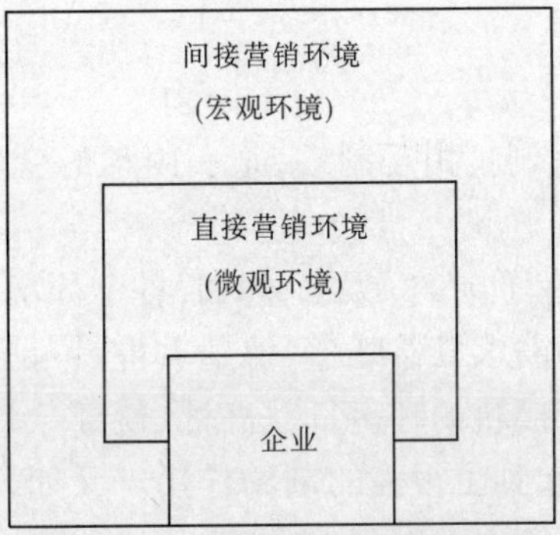

图 2-2　营销环境对企业的作用

二、市场营销环境的特征

(一)客观性

环境作为营销部门外在的不以营销者意志为转移的因素,对企业营销活动的影响具有强制性和不可控性的特点。一般来说,营销部门无法摆脱和控制营销环境,特别是宏观环境,企业难以按自身的要求和意愿随意改变它。如企业不能改变人口、政治法律、社会文化因素等,但企业可以主动适应环境的变化和要求,制定并不断调整市场营销策略。事物发展与环境变化的关系,适者生存,不适者淘汰,就企业与环境的关系而言,也完全适用。有的企业善于适应环境就能生存和发展,有的企业不能适应环境的变化,就难免被淘汰。

(二)差异性

不同的国家或地区之间,宏观环境存在着广泛的差异;不同的企业,微观环境也千差万别;环境的差异性也表现为同一环境的变化对不同企业的影响也不尽相同。例如,2011年7月19日,国家统计局发布的数据显示,上半年,居民消费价格(CPI)总水平上涨5.4%,工业品出厂价格同比上涨7.0%。其中,工业品出厂价格(PPI)从2011年1月到6月,涨幅分别为6.6%、7.2%、7.3%、6.8%、6.8%和7.1%,连续6个月创3年以来的新高，并且有进一步加速的迹象。虽然从2011年上半年开始，国家宏观经济政策实行从紧的货币政策，但通货膨胀压力依然很大。面临这一经济和政策环境的变化，对不同行业和同一行业内的不同企业所造成的冲击大不相同。对食品加工、医药生产企业、服装加工企业以及零售企业都造成了一定程度的影响。

正因为营销环境的差异，为适应不同的环境及其变化，企业应根据环境变化的趋势和行业以及自身的特点，采取灵活多变的、有针对性的营销策略。

（三）多变性

市场营销环境是一个动态系统。构成营销环境的诸因素都受众多因素的影响，每一环境因素都随着社会经济的发展而不断变化。20世纪60年代，中国处于短缺经济状态，短缺几乎成为社会经济的常态。改革开放20年后，中国已遭遇"过剩"经济，不论这种"过剩"的性质如何，仅就卖方市场向买方市场转变而言，市场营销环境已产生了重大变化。营销环境的变化，既会给企业提供机会，也会给企业带来威胁，虽然企业难以准确无误地预见未来环境的变化，但可以通过设立预警系统，追踪不断变化的环境，及时调整营销策略。

（四）相关性

营销环境诸因素间相互影响、相互制约，某一因素的变化会带动其他因素的相互变化，形成新的营销环境。

营销环境的相关性表现在不同的方面。例如，各个环境因素之间往往相互制约。目前，中国消费者对家庭轿车的需求日益旺盛，但随着世界范围内能源危机的爆发，原油价格居高不下，国内油价与国际接轨的呼声日益高涨，使部分打算购车的消费者顾虑重重，这无疑对扩展家庭轿车市场起到了很强的制约作用。又如，市场需求不仅受消费者收入水平、个人爱好以及社会文化等方面因素的影响，政治法律因素的变化，往往也会对其产生决定性的影响。再如，竞争者是企业重要的微观环境因素之一，而宏观环境中的政治法律因素或经济政策的变动，均能影响一个行业竞争者加入的多少，从而形成不同的竞争格局。

三、市场营销活动与市场营销环境

市场营销环境通过其内容的不断扩大及其自身各因素的不断变化，对企业营销活动产生影响。首先，市场营销环境的内容随着市场经济的发展而不断变化。20世纪初，西方企业仅将销售市场作为营销环境；30年代后，将政府、工会、竞争者等与企业有利害关系者也看做环境因素；进入60年代，又把自然生态、科学技术、社会文化等作为重要的环境因素；90年代以来，随着政府对经济干预力度的加强，愈加重视对政治法律环境的研究。环境因素由内向外的扩展，国外营销学者称为外界环境化。其次，市场环境因素经常处于不断变化之中。环境的变化既有环境因素主次地位的互换，也有可控性质的变化，还有矛盾关系的协调。随着我国社会主义市场经济体制的建立与完善，市场营销宏观环境的变化也将日益显著。

营销环境是企业营销活动的制约因素，营销活动依赖于这些环境才得以正常进行。这表现在：营销管理者虽可控制企业的大部分营销活动，但必须注意营销决策对环境的影响,不得超越环境的限制;营销管理者虽能分析、认识营销环境提供的机会,但无法控制所有有利因素的变化,更无法有效地控制竞争对手;由于营销决策与环境之间的关系复杂多变,营销管理者无法直接把握企业营销决策实施的最终结果。此外,企业营销活动所需的各种资源,需要从环境许可的条件下取得,企业生产与经营的各种产品,也需要获得消费者或用户的认可与接纳。

虽然企业营销活动必须与其所处的外部和内部环境相适应,但营销活动决非只能被动地接受环境的影响,营销管理者应采取积极主动的态度能动地去适应营销环境。就宏观环境而言,企业可以以不同的方式增强适应环境的能力,避免来自环境的威胁,有效地把握市场机会。在一定条件下,也可运用自身的资源,积极影响和改变环境因素,创造更有利于企业营销活动的空间。菲利普·科特勒的"大市场营销"理论即认为,企业为成功地进入特定的市场,在策略上应协调地使用经济的、心理的、政治的和公共关系等手段,以博得外国的或地方的各有关方面的合作与支持,消除壁垒很高的封闭型或保护型的市场存在的障碍,为企业从事营销活动创造一个宽松的外部环境。就微观环境而言,直接影响企业营销能力的各种参与者,事实上都是企业营销部门的利益共同体。企业内部其他部门与营销部门利益的一致性自不待言,按市场营销的双赢原则,企业营销活动的成功,应为顾客、供应商和营销中间商带来利益,并造福于社会公众。即使是竞争者,也存在互相学习、互相促进的因素,在竞争中,有时也会采取联合行动,甚至成为合作者。

第二节　市场营销环境的构成

市场营销环境的内容比较广泛,可以根据不同标志加以分类。基于不同观点,营销学者提出了各具特色的环境分析方法。这里采用菲利普·科特勒的微观环境和宏观环境划分方法,即市场营销环境包括微观环境和宏观环境。微观环境是指与企业紧密相连、直接影响企业营销能力的各种力量。宏观环境是指直接影响微观环境的一系列巨大的社会力量。其中,微观环境与宏观环境之间并不是并列关系,而是主从关系,即微观环境因素受制于宏观环境,微观环境因素受宏观环境因素中各种力量的影响。

一、微观市场营销环境

企业的微观营销环境是指与企业紧密相连、直接影响企业营销能力的各种力量,包括企业本身、市场营销渠道企业、顾客、竞争者和社会公众(见图2-3)。营销活动能否成功,除营销部门本身的因素外,还要受这些因素的直接影响。

(一)企业内部

企业为开展营销活动,必须设立某种形式的营销部门,而且营销部门不是孤立存在的,它还面对着其他职能部门以及高层管理部门(见图2-4)。企业营销部门与财务、采购、制造、研究与开发等部门之间既有多方面的合作,也存在争取资源方面的矛盾。这些部门的业务状况如何,它们与营销部门的合作以及它们之间是否协调发展,对营销决策的制定与实施影响极大。高层管理部门由董事会、总经理及其办事机构组成,负责确定企业的任务、目标、方针政策和发展战略。营销部门在高层管理部门规定的职责范围内作出营

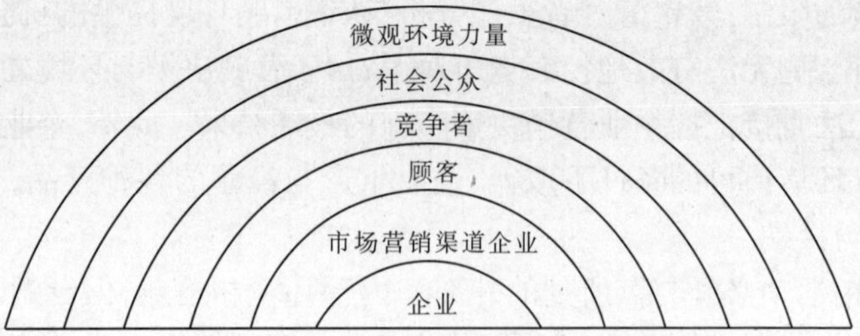

图 2-3　微观环境因素

销决策，市场营销目标是从属于企业总目标，并为总目标服务的次级目标，营销部门所制定的计划也必须在高层管理部门批准后实施。

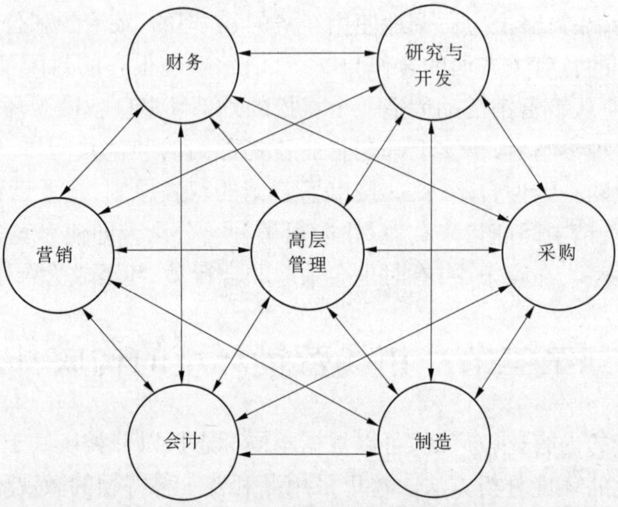

图 2-4　企业内部环境

市场营销部门一般由企业主管市场营销的副总经理、销售经理、推销人员、广告经理、营销研究与计划以及定价专家等组成。营销部门在制定和实施营销目标与计划时，不仅要考虑企业外部环境力量，而且要充分考虑企业内部环境力量，争取高层管理部门和其他职能部门的理解与支持。

（二）市场营销渠道企业

1. 供应商

供应商是向企业及其竞争者提供生产经营所需资源的企业或个人，包括提供原材料、零配件、设备、能源、劳务及其他用品等。供应商对企业营销业务有实质性的影响，其所供应的原材料数量和质量将直接影响产品的数量和质量，所提供的资源价格会直接影响产品的成本、价格和利润。在物资供应紧张时，供应商更起着决定性的作用。如企业开发新产品，若无开发新产品所需的原材料或设备的及时供应，就不可能成功；有些比较特殊的原材料和生产设备，还需供应商为其单独研制和生产。企业对供应商的影响力要有足够的认识，尽可能与其保持良好的关系，开拓更多的供货渠道，甚至采取逆向发展战略，兼并或收购供应者企业。为了保持与供应商的良好合作关系，企业必须和供货商保持密切联系，及时了解供货商的变化与动态，使货源供应在时间和连续性上能得到切实保证；除保证商品本身的内在质量外,还要有各种售前和售后服务;对主要原材料和零部件的价格水平及变化趋势,要做到心中有数,应变自如。根据不同供应商所供货物在营销活动中的重要性,企业对为数较多的供货人可进行等级归类,以便合理协调,抓住重点,兼顾一般。

2. 营销中间商

营销中间商主要是指协助企业促销、销售和经销其产品给最终购买者的机构,它包括商人中间商和代理中间商。

(1)商人中间商。即从事商品购销活动,并对所经营的商品拥有所有权的批发商、零售商等。

(2)代理中间商。即专门介绍客户或协助签订合同但不取得商品所有权的中间商,主要职能在于促成商品的交易,借此取得佣金。代理中间商包括专门代理购销收取佣金的商品经纪人,根据契约为制造商或委托人销售商品的代理商,专为委托人寻找国外货源或向国外推销产品的进出口代理商等。

3. 辅助商

(1)物流公司。主要职能是协助厂商储存并把货物运送至目的地的仓储公司。实体分配的要素包括包装、运输、仓储、装卸、搬运、库存控制和订单处理六个方面,其基本功能是调节生产与消费之间的矛盾,弥合产销时空上的背离,提供商品的时间效用和空间效用,以便于适时、适地和适量地把商品供给消费者。

(2)营销服务机构。即协助厂商推出并促销其产品到恰当的市场的机构,如营销研究公司、广告公司、传播公司等。企业可自设营销服务机构,也可委托外部营销服务机构代理有关业务,并定期评估其绩效,促进提高创造力、质量和服务水平。

(3)财务中介机构。即协助厂商融资或保障货物购销储运风险的机构,如银行、保险公司等。财务中介机构不直接从事商业活动,但对工商企业的经营发展至关重要。在市场经济中,企业与金融机构关系密切,企业间的财务往来要通过银行结算,企业财产和货物要通过保险取得风险保障,而贷款利率与保险费率的变动也会直接影响企业成本,信贷来源受到限制,更会使企业处于困境。

(三)市场

市场就是企业的目标顾客,是企业服务的对象,也是营销活动的出发点和归宿。企业的一切营销活动都应以满足顾客的需要为中心。因此,市场是企业最重要的环境因素。

为便于深入研究各类市场的特点,国内顾客市场按购买动机可分为四种类型,连同国际市场,企业面对的市场类型如图 2-5 所示。

(1)消费者市场。购买商品和服务供自己消费的个人与家庭。

(2)生产者市场。购买商品及劳务投入生产经营活动过程以赚取利润的组织。

(3)中间商市场。为转售牟利而购买商品和劳务的组织。

(4)非营利组织市场。为提供公共服务或转赠需要者而购买商品和服务的政府机构及非营利组织。

(5)国际市场。国外购买者(包括消费者、生产者、中间商和非营利组织)所构成的市场。

上述各类市场都有其独特的顾客,他们不同的、变化着的需求,要求企业以不同的方

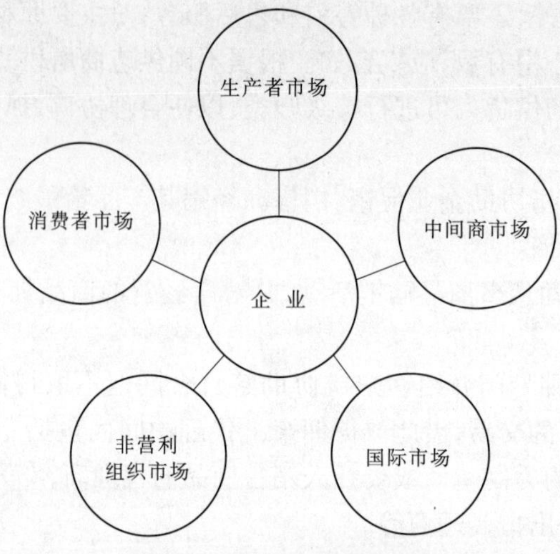

图 2-5　企业面对的市场类型

式提供相应的产品和服务，从而影响企业营销决策的制定和服务能力的形成。

（四）竞争者

企业不能独占市场，都会面对形形色色的竞争对手。企业要成功，必须在满足消费者需求和欲望方面比竞争对手做得更好。企业的营销系统总是被一群竞争者包围和影响着，必须识别和战胜竞争对手，才能在顾客心目中强有力地确定其所提供产品的地位，以获取战略优势。从顾客作出购买决策的过程分析，企业在市场上所面对的竞争者，大体上可分为以下四种类型：

（1）愿望竞争者。指提供不同产品以满足不同需求的竞争者。消费者的需求是多方面的，但很难同时满足，在某一时刻可能只能满足其中的一个需求。消费者经过慎重考虑作出购买决策，往往是提供不同产品的厂商为争取该消费者成为现实顾客竞相努力的结果。

（2）属类竞争者。指提供不同产品以满足同一种需求的竞争者。属类竞争是决定需求的类型之后的次一级竞争，也称平行竞争。例如，消费者为锻炼身体准备购买体育用品，他要根据年龄、身体状况和爱好选择一种锻炼的方法，是买羽毛球拍和羽毛球，还是买游泳衣，或是买钓鱼竿，这些产品的生产经营者的竞争，将影响消费者的选择。

（3）产品形式竞争者。指满足同一需要的产品的各种形式间的竞争。同一产品，规格、型号不同，性能、质量、价格各异，消费者将在充分收集信息后作出选择。如购买彩电的消费者，要对规格、性能、质量、价格等进行比较后再作出决策。

（4）品牌竞争者。指满足同一需要的同种形式产品不同品牌之间的竞争。如购买彩电的顾客，可在同一规格进口各品牌彩电以及国产的长虹、海尔、康佳、TCL 等品牌之间作出选择。

产品形式竞争者和品牌竞争者是同行业的竞争者。在同行业竞争中，卖方密度、产品差异、进入难度都需要特别重视。卖方密度指同一行业或同类产品生产经营者的数目，直接影响企业市场份额的大小和竞争的激烈程度。产品差异指不同企业生产同类产品的差异程度，这种差异使产品各具特色而互相区别。进入难度指企业试图进入某行业时所遇困难的程度，不同的行业，所要求的技术与资金、规模等有差别，将决定能否进入。

在竞争性的市场上，除来自本行业的竞争外，还有来自代用品生产者、潜在加入者、原材料供应者和购买者等多种力量的竞争。加强对竞争者的研究，了解对本企业形成威胁的主要竞争对手及其策略，力量对比如何，知己知彼，扬长避短，才能立于不败之地。

（五）公众

公众指对企业实现营销目标的能力有实际或潜在利害关系和影响力的团体或个人。企业面对的广大公众的态度，会协助或妨碍企业营销活动的正常开展。所有的企业都必须采取积极措施，树立良好的企业形象，力求保持和主要公众之间的良好关系。企业所面临的公众主要有以下几种（见图 2-6）：

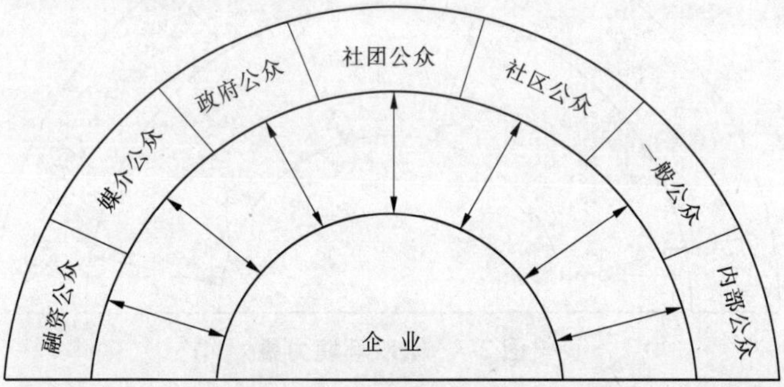

图 2-6　企业所面临的公众

（1）融资公众。指影响企业融资能力的金融机构，如银行、投资公司、证券经纪公司、保险公司等。企业可以通过发布乐观的年度财务报告，回答关于财务问题的询问，稳健地运用资金，在融资公众中树立信誉。

（2）媒介公众。主要是报纸、杂志、广播电台、电视台和互联网等大众传播媒体。企业必须与媒体组织建立友善关系，争取有更多更好的有利于本企业的新闻、特写以至社论。

（3）政府公众。指负责管理企业营销业务的有关政府机构。企业的发展战略与营销计划，必须和政府的发展计划、产业政策、法律法规保持一致，注意咨询有关产品安全卫生、广告真实性等法律问题，倡导同业者遵纪守法，向有关部门反映行业的实情，争取立法有利于产业的发展。

（4）社团公众。包括保护消费者权益的组织、环保组织及其他群众团体等。企业营销活动关系到社会各方面的切身利益，必须密切注意来自社团公众的批评和意见。

（5）社区公众。指企业所在地邻近的居民和社区组织。企业必须重视保持与当地公众的良好关系，积极支持社区的重大活动，为社区的发展贡献力量，争取社区公众理解和支持企业的营销活动。

（6）一般公众。指上述各种关系公众之外的社会公众。一般公众虽未有组织地对企业采取行动，但企业形象会影响他们的惠顾。

（7）内部公众。企业的员工，包括高层管理人员和一般职工，都属于内部公众。企业的营销计划，需要全体职工的充分理解、支持和具体执行。应经常向员工通报有关情况，介绍企业发展计划，发动员工出谋献策，关心职工福利，奖励有功人员，增强内部凝聚力、员工的责任感和满意度，必然传播并影响外部公众，从而有利于塑造良好的企业形象。

二、宏观市场营销环境

宏观营销环境指对企业营销活动造成市场机会和环境威胁的主要社会力量，包括人口、经济、自然、政治法律、科学技术以及社会文化等因素（见图2-7）。这些主要社会力量代表企业不可控制的变量，企业及其微观环境的参与者，无不处于宏观环境力量的影响与制约之中。

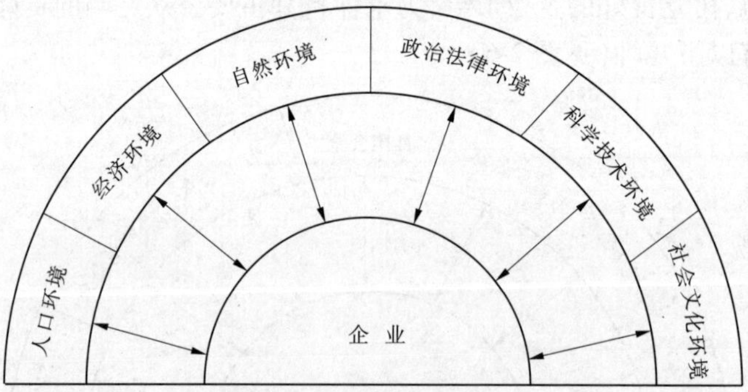

图2-7 宏观环境力量

（一）人口环境

人口是构成市场的第一位因素。市场是由有购买欲望同时又有支付能力的人构成的，人口的多少直接影响市场的潜在容量。从影响消费需求的角度，对人口因素可作如下分析。

1. 人口总量

一个国家或地区的总人口数量多少，是衡量市场潜在容量的重要因素。中国现有13亿多人口，相当于欧洲和北美洲人口的总和。随着社会主义市场经济的发展，人民收入不断提高，中国已被视做世界最大的潜在市场。

目前，世界人口环境正发生明显的变化，主要趋势表现在以下两个方面：

(1)全球人口持续增长。截至2011年7月11日——第21个世界人口日，全球总人口近70亿人，并且世界人口仍然以每年1.33%的速度增长。联合国人口基金会在《1999年世界人口状况》报告中预测，到2050年，全球人口将增长到73亿~107亿人。人口增长首先意味着人民生活必需品的需求增加，这给全球带来了极大的压力。

(2)美国等发达国家人口出生率下降，而发展中国家人口出生率上升，90%的新增人口在发展中国家，使得这些国家人均所得的增加以及需求层次的升级受到影响。

2. 年龄结构

随着社会经济的发展，科学技术的进步，生活条件和医疗条件的改善，人口的平均寿命大大延长。人口年龄结构的变化趋势表现在以下两个方面：

(1)许多国家人口老龄化加速。人类寿命延长，死亡率下降，人口老龄化是当今世界发展的必然趋势。我国自1999年进入老龄社会，目前全国60岁以上人口已占总人口的13.26%，65岁以上人口占8.87%。预计到2020年，中国的老年人口将达到2.48亿人，老龄化水平将达到17.17%；到2050年，中国的老年人口总量将超过4亿人，老龄化水平将超过30%以上。随着老年人口的绝对数和相对数的增加，银色市场日渐形成并扩大。

(2)出生率下降引起市场需求变化。美国等发达国家人口出生率下降，出生婴儿数和学龄前儿童减少，给儿童食品、童装、玩具等生产经营者带来威胁，但同时也使年轻夫妇有更多的闲暇时间用于旅游、娱乐和在外用餐。

3. 地理分布

人口在地区上的分布关系市场需求的异同。居住不同地区的人群，由于地理环境、气候条件、自然资源、风俗习惯的不同，消费需求的内容和数量也存在差异。人口的城市化和区域性转移，会引起社会消费结构的变化。我国乡镇城市化的趋势日益加快，农村市场需求将有大的变化。

4. 家庭组成

家庭组成是指一个以家长为代表的家庭生活的全过程，也称家庭生命周期，按年龄、婚姻、子女等状况，可划分为七个阶段：

(1)未婚期。年轻的单身者。

(2)新婚期。年轻夫妻，没有孩子。

(3)满巢期一。年轻夫妻，有六岁以下的幼童。

(4)满巢期二。年轻夫妻，有六岁和六岁以上的儿童。

(5)满巢期三。年纪较大的夫妻，有已能自立的子女。

(6)空巢期。身边没有孩子的老年夫妻。

(7)孤独期。单身老人独居。

与家庭组成相关的是家庭人数，而家庭平均成员的多少又决定了家庭单位数，即家庭户数的多少。

家庭是社会的细胞，也是商品采购和消费的基本单位。一个市场拥有家庭单位和家庭平均成员的多少，以及家庭组成状况等，对市场消费需求的潜量和需求结构，都有十分重要的影响。随着计划生育、晚婚、晚育的倡导和实施，职业妇女的增多，单亲家庭和独身者的涌现，家庭消费需求的变化甚大。

5. 人口性别

性别差异给消费需求带来差异，购买习惯与购买行为也有差别。一般来说，在一个国家或地区，男女人口总数相差并不大。但在一个较小的地区，如矿区、林区、较大的工地，往往是男性占较大比重，而在某些女职工占极大比重的行业集中区，则女性人口又可能较多。由于女性多操持家务，大多数日用消费品由女性采购，因此不仅妇女用品可设专业商店销售，很多家庭用品和儿童用品也都纳入妇女市场。

(二)经济环境

经济环境一般是指影响企业市场营销方式与规模的经济因素，如消费者收入与支出状况、经济发展状况等。

1. 收入与支出状况

1)收入

市场消费需求指人们有支付能力的需求。仅仅有消费欲望，没有绝对消费力，并不能创造市场。只有既有消费欲望,又有购买力,才具有现实意义。因为只有既想买,又买得起,才能产生购买行为。

在研究收入对消费需求的影响时,常应用以下概念:

(1)人均国内生产总值。一般指价值形态的人均 GDP。它是一个国家或地区,所有常住单位在一定时期内(如一年),按人口平均所生产的全部货物和服务的价值,超过同期投入的全部非固定资产货物和服务价值的差额。国家的 GDP 总额反映了全国市场的总容量、总规模。人均 GDP 则从总体上影响和决定了消费结构与消费水平。我国 2010 年的 GDP 总额,按世界银行汇率法估算为 58 786 亿美元,位列美国之后、日本之前,居世界第 2 位,而人均 GDP 仅 4 283 美元,在全球 224 个国家和地区中排名第 95 位。这虽比改革开放前的 1978 年翻三番以上,但在国际比较中仍属于中等水平。

(2)个人收入。指城乡居民从各种来源所得到的收入。各地区居民收入总额,可用以衡量当地消费市场的容量,人均收入多少,反映了购买力水平的高低。我国统计部门每年采用抽样调查的方法,取得城镇居民家庭平均每人全部年收入、农村居民家庭平均每人全年总收入和纯收入等数据。

(3)个人可支配收入。从个人收入中,减除缴纳税收和其他经常性转移支出后,所余下的实际收入,即能够作为个人消费或储蓄的数额。

(4)可任意支配收入。在个人可支配收入中,有相当一部分要用来维持个人或家庭的生活以及支付必不可少的费用。只有在可支配收入中减去这部分维持生活的必需支出,才是个人可任意支配收入,这是影响消费需求变化的最活跃的因素。

2)支出

支出主要指消费者支出模式和消费结构。收入在很大程度上影响着消费者支出模式与消费结构。随着消费者收入的变化,支出模式与消费结构也会发生相应变化。

1853~1880 年,德国统计学家恩斯特·恩格尔(Ernst Engel)曾对比利时不同收入水平的家庭进行调查,并于 1895 年发表了《比利时工人家庭的日常支出:过去和现在》一文,分析收入增加影响消费支出构成的状况,指出收入的分配与收入水平相适应形成一定比例,此比例依照收入的增加而变化。在将支出项目按食物、衣服、房租、燃料、教育、卫生、娱乐等费用分类后,发现收入增加时各项支出比例的变化情况为:食物费所占比例趋向减少,教育、卫生与休闲支出比例迅速上升。这便是恩格尔定律。食物费占总支出的比例,称为恩格尔系数。一般认为,恩格尔系数越大,生活水平越低;反之,恩格尔系数越小,生活水平越高。

研究表明,消费者支出模式与消费结构,不仅与消费者收入有关,而且受以下因素影响:①家庭生命周期所处的阶段;②家庭所在地址与消费品生产、供应状况;③城市化水平;④商品化水平;⑤劳务社会化水平;⑥食物价格指数与消费品价格指数变动是否一致等。中国近年来推进住房、医疗、教育等改革,个人在这些方面的支出增加,无疑影响恩格尔系数的变化。

3)消费者的储蓄与信贷

(1)储蓄指城乡居民将可任意支配收入的一部分储存待用。储蓄的形式可以是银行存款,可以是购买债券,也可以是手持现金。较高储蓄率会推迟现实的消费支出,加大潜在的购买力。我国人均收入水平虽不高，但储蓄率相当高，从银行储蓄存款余额的增长趋势看，国内市场潜量规模甚大。

(2)信贷。指金融或商业机构向有一定支付能力的消费者融通资金的行为。主要形式有短期赊销、分期付款、信用卡结算等。消费信贷使消费者可凭信用卡取得商品使用权，再按约定期限归还贷款。消费信贷的规模与期限在一定程度上影响着某一时限内现实购买力的大小，也影响着提供信贷的商品的销售量，如购买住宅、汽车及其他昂贵消费品，消费信贷可提前实现这些商品的销售。

2. 经济发展状况

企业的市场营销活动要受到一个国家或地区经济发展状况的制约，在经济全球化的条件下，国际经济形势也是企业营销活动的重要影响因素。

(1)经济发展阶段。经济发展阶段的高低直接影响企业市场营销活动。经济发展阶段高的国家和地区，着重投资于较大的，精密、自动化程度高，性能好的生产设备；在重视产品基本功能的同时，比较强调款式、性能及特色；大量进行广告宣传及营业推广活动，非价格竞争较占优势；分销途径复杂且广泛，制造商、批发商与零售商的职能逐渐独立，小型商店的数目下降。美国学者罗斯托(W. W. Rostow)的经济成长阶段理论，把世界各国的经济发展归纳为五种类型：①传统经济社会；②经济起飞前的准备阶段；③经济起飞阶段；④迈向经济成熟阶段；⑤大量消费阶段。凡属前三个阶段的国家称为发展中国家，而处于后两个阶段的国家称为发达国家。

(2)经济形势。就国际经济形势来说，1997 年 7 月起发生在中国周边国家的金融风暴，席卷东南亚各国，并东进中国的香港特别行政区和台湾省，北上韩国，以至撼动世界第二经济强国——日本。这场金融危机影响到全世界，也给中国经济带来若干负面影响。由于我国金融市场尚未完全开放，人民币不能自由买卖，外汇储备丰富，短期外债较少，加之政府采取了有效的扩大内需的措施，因而保持了人民币币值的稳定，使亚洲国家的货币免于新一轮的竞相贬值，对世界金融体系的稳定以及东南亚国家早日走出困境作出了积极的贡献。就国内经济形势讲，我国 1978 ~ 1997 年的 20 年间，GDP 年均增长 9.8%，人均 GDP 年均增长 8.4%。2000 ~ 2007 年，我国 GDP 始终保持两位数的增长，并且持续 7 年连年递增，2007 年增长率更是高达 11.9%。经济的高速发展，极大地增强了中国的综合国力，显著地改善了人民生活。同时，国内经济生活中还存在一些困难和问题，如经济发展不平衡、产业结构不尽合理、就业问题压力很大等。所有这些国际、国内的经济形势，国家、地区乃至全球的经济繁荣与萧条，对企业市场营销都有重要的影响。问题还在于，国际或国内经济形势都是复杂多变的，机遇与挑战并存，企业必须认真研究，力求正确认识与判断，相应制定营销战略和计划。

(三)自然环境

自然环境主要指营销者所需要或受营销活动所影响的自然资源。营销活动要受自然环境的影响，也对自然环境的变化负有责任。营销管理者当前应注意自然环境面临的难题和趋势，如很多资源短缺、环境污染严重、能源成本上升等，因此从长期的观点来看，自然环境应包括资源状况、生态环境和环境保护等方面，许多国家政府对自然资源管理的干预也日益加强。人类只有一个地球，自然环境的破坏往往是不可弥补的，企业营销战略中实行生态营销、绿色营销等,都是维护全社会的长期福利所必然要求的。

(四)政治法律环境

1. 政治环境

政治环境指企业市场营销的外部政治形势。在国内,安定团结的政治局面,不仅有利于经济发展和人民收入的增加,而且影响群众心理状况,导致市场需求的变化。党和政府的方针、政策规定了国民经济的发展方向和速度,也直接关系到社会购买力的提高和市场消费需求的增长变化。对国际政治环境的分析,应了解"政治权力"与"政治冲突"对企业营销活动的影响。政治权力影响市场营销,往往表现为由政府机构通过采取某种措施约束外来企业,如进口限制、外汇控制、劳工限制、绿色壁垒等。政治冲突指国际上的重大事件与突发性事件,这类事件在和平与发展为主流的时代从未绝迹,对企业市场营销工作影响或大或小,有时带来机会,有时带来威胁。

2. 法律环境

法律环境指国家或地方政府颁布的各项法规、法令和条例等。法律环境对市场消费需求的形成和实现具有一定的调节作用。企业研究并熟悉法律环境,既保证自身严格依法管理和经营,也可运用法律手段保障自身的权益。

各个国家的社会制度不同,经济发展阶段和国情不同,体现统治阶级意志的法制也不同,从事国际市场营销的企业,必须对有关国家的法律制度和有关的国际法规、国际惯例和准则进行学习研究并在实践中遵循。

(五)科学技术环境

科学技术是第一生产力,科技的发展对经济发展有巨大的影响,不仅直接影响企业内部的生产和经营,同时还与其他环境因素互相依赖、互相作用,给企业营销活动带来有利与不利的影响。例如,一种新技术的应用,可以为企业创造一个明星产品,产生巨大的经济效益;也可以迫使企业的一种成功的传统产品不得不退出市场。新技术的应用,会引起企业市场营销策略的变化,也会引起企业经营管理的变化,还会改变零售商业业态结构和消费者购物习惯。

当前,世界新科技革命正在兴起,生产的增长越来越多地依赖科技进步,产品从进入市场到市场成熟的时距不断缩短,高新技术不断改造传统产业,加速了新兴产业的建立和发展。值得注意的是,高新技术的发展,促进了产业结构趋向尖端化、软性化、服务化,营销管理者必须更多地考虑应用尖端技术,重视软件开发,加强对用户的服务,适应知识经济时代的要求。

(六)社会文化环境

社会文化主要指一个国家、地区的民族特征、价值观念、生活方式、风俗习惯、宗教信仰、伦理道德、教育水平、语言文字等的总和。文化对企业营销的影响是多层次、全方位、渗透性的。主体文化是占据支配地位的,起凝聚整个国家和民族的作用,是由千百年的历史所形成的文化,包括价值观、人生观等;次级文化是在主体文化支配下所形成的文化分支,包括种族、地域、宗教等。文化对市场营销的影响是多方面的,对所有营销的参与者都有着重大影响。它不仅影响企业营销组合,而且影响消费心理、消费习惯等,这些影响多半是通过间接的、潜移默化的方式来进行的。这里择要分析以下几方面:

(1)教育水平。教育程度不仅影响劳动者收入水平,而且影响着消费者对商品的鉴别力,影响消费者心理、购买的理性程度和消费结构,从而影响着企业营销策略的制定和实施。

(2)宗教信仰。人类的生存活动充满了对幸福、安全的向往和追求。在生产力低下,人们对自然现象和社会现象迷惑不解的时期,这种追求容易带着盲目崇拜的宗教色彩。沿袭下来的宗教色彩,逐渐形成一种模式,影响人们的消费行为。

(3)价值观念。指人们对社会生活中各种事物的态度和看法。不同的文化背景下,价值观念差异很大,影响着消费需求和购买行为。对于不同的价值观念,营销管理者应研究并采取不同的营销策略。

(4)消费习俗。指历代传递下来的一种消费方式,是风俗习惯的一项重要内容。消费习俗在饮食、服饰、居住、婚丧、节日、人情往来等方面都表现出独特的心理特征和行为方式。

(5)消费时潮。由于社会文化多方面的影响,使消费者产生共同的审美观念、生活方式和情趣爱好,从而导致社会需求的一致性,这就是消费时潮。消费时潮在服饰、家电以及某些保健品方面表现最为突出。消费时潮在时间上有一定的稳定性,但有长有短,有的可能几年,有的则可能是几个月;在空间上还有一定的地域性,同一时间内,不同地区时潮的商品品种、款式、型号、颜色可能不尽相同。

第三节　市场营销环境综合分析

通过对企业营销的微观环境和宏观环境的分析与研究,对企业营销环境有了初步认识,在此基础上,还应对企业市场营销环境进行综合分析,以便对营销环境作出总体评价,为营销战略的制定提供可靠的依据。

一、环境扫描

所谓环境扫描,就是从市场营销环境中辨别出对企业营销有影响的、能反映环境因素变化趋势的某些事件。市场营销环境总是处于动态变化之中,但并不是所有的环境变化都会对企业产生影响;即使对企业可能产生影响的环境变化,其影响的性质和程度也不尽相同,这就需要通过环境扫描对其进行识别。因此,环境扫描是企业进行环境分析的第一步。

环境扫描工作通常由企业高层领导召集或聘请企业内外熟悉市场环境的专家进行,由若干专家组成环境分析小组,通过科学系统的调查研究,将所有可能影响企业营销的环境因素及其变化一一罗列,逐一评审;然后通过分析、预测,从中筛选出分析小组一致认定的将对企业营销有较大影响的环境变化趋势及其相关事件,作为企业重点关注和跟踪监测的对象。

二、环境分析与评价

经过环境扫描,甄别出环境中对企业可能产生影响的各种市场因素后,需要对这些影响因素和力量的影响方向、影响程度与影响方式进行评价，以便为后续的决策作参考依据。常用的评价方法有列表评价法、机会威胁评价法和SWOT评价法等，这里采用机会威胁评价法进行分析。

（一）环境威胁与市场机会

市场营销环境的变化一方面可能对企业构成环境威胁，另一方面也可能给企业带来市场机会，从而影响企业营销活动。

1. 环境威胁

环境威胁是指环境中不利于企业营销的因素和发展趋势，对企业形成挑战，对企业的市场地位构成威胁。这种挑战可能来自于国际经济形势的变化，如2008年爆发的国际金融危机，给世界多数国家的经济和贸易带来负面影响；也可能来自于社会文化环境的变化，如近年来国内外对环境保护要求的提高，一些国家实施“绿色壁垒”，这些对某些生产不完全符合环保要求的产品的企业而言，无疑是一种严峻的挑战。

2. 市场机会

市场机会是指对企业营销活动富有吸引力、企业拥有竞争优势的领域。这些机会可以按其吸引力大小以及每一个机会可能获得成功的概率来加以分类。

（二）机会－威胁分析

面对威胁程度不同和市场机会不同的营销环境，企业需要通过环境分析来评估环境机会与环境威胁。企业最高管理层可采用机会分析矩阵图和威胁分析矩阵图来分析、评价营销环境。

1. 机会分析

机会分析主要考虑其潜在的吸引力（盈利性）和成功的可能性（企业优势）大小。其分析矩阵如图2-8所示。

成功的可能性

潜在的吸引力	大	小
大	3　　7	4　　2
小	6	1　5　8

图2-8　机会分析矩阵

在图2-8中，处于3、7位置的机会，潜在的吸引力和成功的可能性都大，有极大可能为企业带来巨额利润，企业应把握战机，全力发展；而处于1、5、8位置的机会，不仅潜在利益小，成功的概率也小，企业应改善自身条件，注意机会的发展变化，审慎而适时地开展营销活动。

需要强调的是，对市场机会的分析，还必须深入分析机会的性质，以便企业寻找对自身发展最有利的市场机会。下面简要分析各种机会的性质及其相互关系，以便决策者能更好地认识和把握相关机会。

(1)环境市场机会与企业市场机会。市场机会实质上是未满足的需求。伴随着需求的变化和产品生命周期的演变，会不断出现新的市场机会。但对不同企业而言，环境机会并非都是最佳机会，只有理想业务和成熟业务才是最适宜的机会。

(2)行业市场机会与边缘市场机会。企业通常都有其特定的经营领域，出现在本企业经营领域内的市场机会，即行业市场机会，出现于不同行业之间的交叉与结合部分的市场机会，则称为边缘市场机会。一般来说，边缘市场机会的业务，进入难度要大于行业市场机会的业务，但行业与行业之间的边缘地带，有时会存在市场空隙，企业在发展中也可用以发挥自身的优势。

(3)目前市场机会与未来市场机会。从环境变化的动态性来分析，企业既要注意发现目前环境变化中的市场机会，也要面对未来，预测未来可能出现的大量需求或大多数人的消费倾向，发现和把握未来的市场机会。

(4)全面的机会与局部的机会。市场从其范围来说，有全面的、大范围的市场和局部的、小范围的市场之分。全面的机会是在大范围市场，如国际市场、全国性市场上出现的机会；局部的机会则是在局部市场，如某个特定地区出现的尚待满足的需求。全面的机会对各个企业都有普遍意义，因为它反映环境变化的一种普遍趋势；局部的机会对进入特定市场的企业有特殊意义，因为它意味着这个市场的变化有别于其他市场的趋势。

2. 威胁分析

对环境威胁的分析，一般着眼于两个方面：一是分析威胁的潜在严重性，即影响程度；二是分析威胁出现的可能性，即出现概率。其分析矩阵如图 2-9 所示。

影响程度 \ 出现概率	高	低
大	3　5	1　6
小	2　4　8	7

图 2-9　威胁分析矩阵

在图 2-9 中，处于 3、5 位置的威胁出现的概率和影响程度都大，必须特别重视，制定相应对策；处于 7 位置的威胁出现的概率和影响程度均小，企业不必过于担心，但应注意其发展变化；处于 1、6 位置的威胁出现概率虽小，但影响程度较大，必须密切注意监视其出现与发展；处于 2、4、8 位置的威胁影响程度较小，但出现的概率大，也必须充分重视。

用上述矩阵法分析、评价营销环境，可以界定企业所经营的业务，从而可能出现四种不同的结果，即理想业务、冒险业务、成熟业务和困难业务（见图 2-10）。

机会水平 \ 威胁水平	低	高
高	理想业务	冒险业务
低	成熟业务	困难业务

图 2-10　环境分析综合评价

三、企业市场营销对策

企业通过对环境的分析，找出重大的发展机会和避开重大的威胁来改进企业的营销，谋求企业的发展。那么，最高管理层应作出什么反应或采取什么对策？

首先，对企业所面临的市场机会，最高管理层必须慎重地评价其质量。

有需要未必有市场，有市场未必有顾客，或者虽然有市场也有顾客，但这一切未必是某一企业的机会。环境机会对不同企业有不同的影响力，企业在每一特定的市场机会中成功的概率，取决于其业务实力是否与该行业所需要的成功条件相符合。面对市场机会，一方面，要考察本企业是否具备利用该机会实现营销目标所必需的资源和条件；另一方面，还要比较本企业是否能比竞争者利用同一市场机会获得较大的差别利益。只有同时具备以上两条，企业才可能把市场机会变成企业机会。

营销者在面临市场机会时特别要防止"误舍"和"误取"两种错误。"误舍"会使企业失去一次绝好的发展机遇，给企业带来机会损失；而"误取"则会使企业掉入"机会陷阱"，因为企业在研究开发上要作必要的投资，从而给企业带来现实损失。机会陷阱经常出现，因为机会是建立在预见、预测的基础上的，总带有不同程度的不确定性而具有风险。因此，不仅开发研究人员对重大机会的估计要持慎重态度，企业高层决策者尤其要慎重决策，谨防掉入"机会陷阱"。

其次，当企业面临重大威胁时，最高管理层尤其要慎重决策、小心应对。这里有三种可供选择的对策。

（一）对抗

对抗即试图限制或扭转不利因素的发展。例如，西方国家的烟草公司可以疏通议员通过一个法令，允许人们在公共场所随意吸烟。再如，长期以来，日本的汽车、家用电器等工业品源源不断地流入美国市场，而美国的农产品却遭到日本贸易保护政策的威胁。美国政府为了对付这一严重的环境威胁：一方面，在舆论上提出美国的消费者愿意购买日本优质的汽车、电视、电子产品，为何不让日本的消费者购买便宜的美国产品；另一方面，美国向有关国际组织提出了起诉，要求仲裁。同时提出，如果日本政府不改变农产品贸易保护政策，美国对日本工业品的进口也要采取相应的措施。结果，扭转了不利的环境因素。

（二）缓解

缓解即通过调整市场营销组合等来改善环境适应，以缓解环境威胁的严重性。例如，当可口可乐的年销售量达300亿瓶时，在美国的饮料市场上突然杀出了百事可乐。它不仅在广告费用的增长速度上紧跟可口可乐，而且在广告方式上也针锋相对："百事可乐是年轻人的恩赐，青年人无不喝百事可乐。"其潜在台词很清楚，即"可口可乐是老年人的，是旧时代的东西"。可口可乐面对这种威胁，及时调整市场营销组合，来缓解环境威胁的严重性。一方面，聘请社会上的名人，对市场购买行为新趋势进行分析，采用更加灵活的宣传方式，向百事可乐展开了宣传攻势；另一方面，花费比百事可乐多50%的广告费用，与之展开了一场广告战，力求将广大消费者吸引过来。经过上述努力，收到了一定的效果。

（三）转移

转移即决定转移到其他赢利更多的行业或市场。例如，烟草公司可以适当减少香烟业务，增加其他业务，实行多元化经营。

复习思考题

1. 企业的营销环境由哪些方面构成？各自有何特点？
2. 为什么要进行营销环境分析？它对整体营销活动有何影响？
3. 试用某一环境因素对某一企业进行营销环境分析。
4. 试选一个营销实例，对其进行市场营销环境综合分析。
5. 还有什么工具可以用于企业营销环境分析？试举例说明。

第三章　市场购买行为分析

市场购买行为研究是市场营销管理的一个重要任务。市场是企业营销活动的出发点和归宿,整个市场通常可以分为两个大的细分子市场:消费者市场和组织市场。而组织市场又由产业市场、中间商市场和政府市场构成。无论对于哪种产品的生产经营者而言,只有深刻认识市场的特点,准确把握购买者的购买行为,才能科学地确定产品的销售对象,有针对性地制定产品、价格、渠道和促销策略,从而充分满足购买者的需求,实现企业的营销目标。

第一节　消费者市场购买行为分析

消费者市场是现代营销理论研究的主要对象。成功的市场营销者是那些能够有效地发展对消费者有价值的产品,并运用有吸引力和说服力的方法将产品有效地呈现给消费者的企业和个人。因此,分析、研究消费者市场可以使经营者全面、动态地了解消费者的市场需求,掌握消费者市场的特征和一般规律,从而作出合适的营销决策,尽可能地满足消费者的需求,实现企业的营销目标。

一、消费者市场的特点

消费者市场又称消费品市场或生活资料市场,是指个人或家庭为了生活消费而购买产品或服务的市场。生活消费是产品和服务流通的终点,因而消费者市场也称为最终产品市场。

消费者市场与其他市场相比较,具有如下特点:

(1)广泛性。生活中的每一个人都不可避免地发生消费行为或消费品购买行为,从而成为消费者市场的一员,因此消费者市场人数众多,范围广泛。

(2)分散性。消费者的购买单位是个人或家庭,一般而言,家庭商品储藏地点小、设备少,买大量商品不易存放;家庭人口较少,商品消耗量不大;再者,现代市场商品供应丰富,购买方便,随时需要,随时购买,不必大量储存,导致消费者每次购买数量零星,购买次数频繁,易耗的非耐用消费品更是如此。

(3)复杂性。消费者受到年龄、性别、身体状况、性格、习惯、文化、职业、收入、教育程度和市场环境等多种因素的影响而具有不同的消费需求和消费行为,所购商品的品种、规格、质量、花色和价格千差万别。

(4)易变性。消费需求具有求新求异的特性,要求商品的品种、款式不断翻新,有新奇感,不喜爱一成不变的老面孔。许多消费者对某个新品种、新款式的共同偏好就形成了消费风潮,这与科学技术的进步并无必然联系,只是反映消费心理的变化。商品的更新并不表示质量和性能有所改进,只是反映结构和款式等形式上的变化。随着市场商品供应的丰富和企业竞争的加剧,消费者对商品的挑选性增强,消费风潮的变化速度加快,商品的流行周期缩短,千变万化,往往令人难以把握。

(5)发展性。人类社会的生产力和科学技术总是在不断进步,新产品不断出现,消费者收入水平不断提高,消费需求也就呈现出由少到多、由粗到精、由低级到高级的发展趋势。发展性与易变性都说明消费需求的变化,区别在于易变性说明变化的偶然性和短期现象,发展性说明变化的必然性和长期趋势;易变性说明与科技进步无必然联系的变化,发展性说明与科技进步有关的变化。

(6)情感性。消费品有千千万万,消费者对所购买的商品大多缺乏专门的甚至是必要的知识,对质量、性能、使用、维修、保管、价格乃至市场行情都不太了解,只能根据个人好恶和感觉作出购买决策,多属非专家购买,受情感因素影响大,受企业广告宣传和推销活动的影响大。

(7)伸缩性。消费需求受消费者收入、生活方式、商品价格和储蓄利率影响较大,在购买数量和品种选择上表现出较大的需求弹性或伸缩性。收入多则增加购买,收入少则减少购买。商品价格高或储蓄利率高的时候减少消费,商品价格低或储蓄利率低的时候增加消费。

(8)替代性。消费品种类繁多,不同品牌甚至不同品种之间往往可以互相替代。如"矛盾"牌洗衣粉和"雕"牌洗衣粉可互相替代,羽绒服与皮衣虽属不同种类也可互相替代。由于消费品具有替代性,消费者在有限购买力的约束下对满足哪些需要以及选择哪些品牌来满足需要必然慎重地作出决策且经常变换,导致购买力在不同产品、品牌和企业之间流动。

(9)地区性。同一地区的消费者在生活习惯、收入水平、购买特点和商品需求等方面有较大的相似之处,而不同地区消费者的消费行为则表现出较大的差异性。

(10)季节性。可分为三种情况:一是季节性气候变化引起的季节性消费,如冬天穿棉衣、夏天穿单衣,热天买冰箱、冷天买电热毯等;二是季节性生产而引起的季节性消费,如春夏季是蔬菜集中生产的季节,也是蔬菜集中消费的季节;三是风俗习惯和传统节日引起的季节性消费,如端午节吃粽子、中秋节吃月饼等。

由于消费者购买行为具有以上特点,这一方面给企业营销带来了挑战,使得营销管理变得复杂和难以确定;另一方面也给企业营销带来了机会,使得企业可以通过营销影响甚至改变消费者的消费决策,从而加大了企业营销的空间。关键是要根据不同消费者的不同特点,制定有针对性的营销措施。比如,针对分散性和频繁性购买的特点,要求企业广设销售网点,方便消费者购买;针对易变性和伸缩性特点,要求市场营销者进行正确的、有技巧的引导和沟通,从而影响、说服消费者作出有利于自己的选择。

二、消费者购买行为模式

消费者的消费行为是一种满足需要的行为。消费者行为研究是研究消费者究竟如何选择、购买、使用和处置商品或服务,以满足他们的需求和欲望的。早期,营销人员能够通过日常销售的经验很好地了解消费者。但是,企业和市场规模的扩大使许多营销决策者难以与消费者直接接触,营销管理者不得不越来越多地借助于消费者调研,借以了解消费者的购买行为。然而,消费者行为涉及的内容千头万绪,从哪里入手进行分析?随着实践的日益丰富和发展,市场营销学者逐渐归纳出以下一般的认识框架(见表 3-1)。

表 3-1　消费者行为内容

消费者市场由谁构成?(Who)	购买者(Occupants)
消费者市场购买什么?(What)	购买对象(Objects)
消费者市场为何购买?(Why)	购买目的(Objectives)
消费者市场的购买活动有谁参与?(Who)	购买组织(Organizations)
消费者市场怎样购买?(How)	购买方式(Operations)
消费者市场何时购买?(When)	购买时间(Occasions)
消费者市场何地购买?(Where)	购买地点(Outlets)

表 3-1 所包含的内容,即营销人员在制定营销策略时,所要研究的消费者购买行为的主要方面,由以下七个问题组成:

(1)本企业的市场由哪些人构成?

(2)目前消费者市场需要什么样的产品?

(3)消费者为什么购买这种产品?

(4)哪些人会参与该产品的购买?

(5)消费者怎样购买这种产品?

(6)消费者何时购买这种产品?

(7)消费者在何处购买这种产品?

只有准确地回答以上七个问题,才能全面了解消费者的购买行为,从而为制定正确的、有针对性的营销策略提供前提和保障。

研究消费者购买行为的理论中最有代表性的是刺激 – 反应模式,见图 3-1。市场营销因素和市场环境因素的刺激进入购买者的意识,购买者根据自己的特性处理这些信息,经过一定的决策过程,从而产生了购买决定。

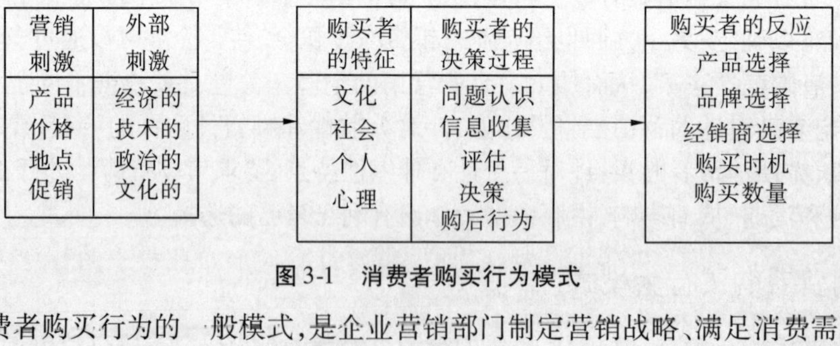

图 3-1　消费者购买行为模式

消费者购买行为的 般模式,是企业营销部门制定营销战略、满足消费需求、实现营销目标的依据。它能帮助营销者认真研究和把握购买者的内心世界,认识消费者的购买行为规律,并根据企业特点,向消费者进行适当的刺激,使外在的刺激因素与消费者的内在因素整合,从而影响购买行为,并使之产生有利于企业的购买决策。

三、影响消费者购买行为的主要因素

消费者生活在纷繁复杂的社会之中,购买行为受到诸多因素的影响。要透彻地把握消费者购买行为,有效地开展市场营销活动,必须分析影响消费者购买行为的有关因素(见表3-2)。

表3-2　影响消费者购买行为的有关因素

文化因素	社会因素	个人因素	心理因素
文化 亚文化 社会阶层	相关群体 家庭 身份和地位	经济因素 生理因素 个性 生活方式	动机 知觉 学习 信念与态度

(一)文化因素

1. 文化

文化指人类从生活实践中建立起来的价值观念、道德、理想和其他有意义的、象征的综合体。每一个人都在一定的社会文化环境中成长,通过家庭和其他主要机构的社会化过程学到和形成了基本的文化观念。文化是决定人类欲望和行为的基本因素,文化的差异引起消费行为的差异,表现为婚丧、服饰、饮食起居、建筑风格、节日、礼仪等物质和文化生活等各个方面的不同特点。比如,中国的文化传统是仁爱、信义、礼貌、智慧、诚实、忠孝、上进、尊老爱幼、尊师重教等。

2. 亚文化

每一个国家的文化中又包含若干不同的亚文化群,主要有以下几个方面:

(1)民族亚文化群。每个国家都存在不同的民族,每个民族都在漫长的历史发展过程中形成了独特的风俗习惯和文化传统。

(2)宗教亚文化群。每个国家都存在不同的宗教,每种宗教都有自己的教规或戒律。

(3)种族亚文化群。一个国家可能有不同的种族,不同的种族有不同的生活习惯和文化传统。比如,美国的黑人与白人相比,购买的衣服、个人用品、家具和香水较多,食品、运输和娱乐较少。虽然他们更重视价格,但是也会被商品的质量所吸引并进行挑选,不会随便购买。他们更重视商品的品牌,更具有品牌忠诚性。美国的许多大公司(如西尔斯公司、麦当劳公司、宝洁公司和可口可乐公司等)非常重视通过多种途径开发黑人市场。有的公司还专门为黑人开发特殊的产品和包装。

(4)地理亚文化群。世界上处于不同地理位置的各个国家,同一国家内处于不同地理位置的各个省份和市县都有着不同的文化与生活习惯。

3. 社会阶层

社会阶层是社会学家根据职业、收入来源、教育水平、价值观和居住区域对人们进行的一种社会分类,是按层次排列的、具有同质性和持久性的社会群体。社会阶层具有以下特点:

(1)同一阶层的成员具有类似的价值观、兴趣和行为,在消费行为上相互影响并趋于一致。

(2)人们以自己所处的社会阶层来判断各自在社会中占有的高低地位。

(3)一个人的社会阶层归属不仅仅由某一变量决定,而是受到职业、收入、教育、价值观和居住区域等多种因素的制约。

(4)人们能够在一生中改变自己的社会阶层归属,既可以迈向高阶层,也可以跌至低阶层,这种升降变化的程度随着所处社会的社会层次森严程度的不同而不同。

(二)社会因素

1. 相关群体

相关群体指能够影响消费者购买行为的个人或集体。换言之,只要某一群人在消费行为上存在相互影响,就构成一个相关群体,不论他们是否相识或有无组织。某种相关群体的有影响力的人物称为意见领袖或意见领导者,他们的行为会引起群体内追随者、崇拜者的仿效。

相关群体对消费行为的影响,体现在以下三个方面:

(1)示范性。即相关群体的消费行为和生活方式为消费者提供了可供选择的模式。

(2)仿效性。即相关群体的消费行为引起人们仿效的欲望,影响消费者个人的态度和自我观念及具体商品和品牌的选择。

(3)一致性。即由于仿效而使消费行为趋于一致。

相关群体对购买行为的影响程度视产品类别而定。据研究,相关群体对汽车、摩托车、服装、香烟、啤酒、食品和药品等产品的购买行为影响较大,对家具、冰箱、杂志等影响较弱,对洗衣粉、收音机等几乎没有影响。

2. 家庭

消费者以个人或家庭为单位购买产品,家庭成员和其他有关人员在购买活动中往往起着不同作用并且相互影响,构成了消费者的购买组织。分析这个问题,有助于企业抓住关键人物开展营销活动,提高营销效率。家庭不同成员对购买决策的影响往往由家庭特点决定,家庭特点可以从家庭权威中心点、家庭成员的文化与社会阶层等方面分析。

1)家庭权威中心点

社会学家根据家庭权威中心点不同,把所有家庭分为4种类型:

(1)各自做主型。亦称自治型,指每个家庭成员对自己所需的商品可独立作出购买决策,其他人不加干涉。

(2)丈夫支配型。指家庭购买决策权掌握在丈夫手中。

(3)妻子支配型。指家庭购买决策权掌握在妻子手中。

(4)共同支配型。指大部分购买决策由家庭成员共同协商作出。

家庭权威中心点会随着社会政治经济状况的变化而变化。由于社会教育水平增高和妇女就业增多,妻子在购买决策中的作用越来越大,许多家庭由丈夫支配型转变为妻子支配型或共同支配型。

2)家庭成员的文化与社会阶层

家庭主要成员的职业、文化及家庭分工不同,在购买决策中的作用也不同。据国外学者调查,在教育程度较低的蓝领家庭,日用品的购买决策一般由妻子作出,耐用消费品的购买决策由丈夫作出。在科学家和教授的家庭,贵重商品的购买决策由妻子作出,日用品的购买普通家庭成员就能决定。

3. 身份和地位

每个人的一生会参加许多群体,如家庭、公司、俱乐部及各类组织。一个人在群体中的位置可用身份和地位来确定。身份是周围的人对一个人的要求或一个人在各种不同场合应起的作用。比如,某人在女儿面前是父亲,在妻子面前是丈夫,在公司是经理。每种身份都伴随着一种地位,反映了社会对他的总评价。消费者作出购买选择时往往会考虑自己的身份和地位,企业把自己的产品或品牌变成某种身份或地位的标志或象征,将会吸引特定目标市场的顾客。当然,人们以何种产品或品牌来表明身份和地位会因社会阶层和地理区域的不同而不同。

(三)个人因素

个人因素指消费者的经济因素、生理因素、个性、生活方式等对购买行为的影响。

1. 经济因素

经济因素指消费者可支配收入、储蓄、资产和借贷的能力。经济因素是决定购买行为的首要因素,决定着能否发生购买行为以及发生何种规模的购买行为,决定着购买商品的种类和档次。比如,我国中等收入的家庭不会选择购买汽车,低收入家庭只能购买基本生活必需品,以维持温饱。

世界各国消费者的储蓄、债务和信贷倾向不同。比如,日本人的储蓄倾向强,储蓄率为18%,而美国仅为6%,结果日本银行有更多的钱和更低的利息贷给日本企业,日本企业有较便宜的资本以加快发展。美国人的消费倾向强,债务－收入比率高,贷款利率高。营销人员应密切注意居民收入、支出、利息、储蓄和借款的变化,这对价格敏感型产品更为重要。

2. 生理因素

生理因素指年龄、性别、体征(高矮胖瘦)、健康状况和嗜好(如饮食口味)等生理特征的差别。生理因素决定着对产品款式、构造和细微功能有不同需求。比如,儿童和老人的服装要宽松,穿脱方便;身材高大的人要穿特大号鞋;江浙人嗜甜食,四川人嗜麻辣;病人需要药品和易于吸收的食物。

3. 个性

个性指一个人的心理特征。个性导致对自身所处环境相对一致和连续不断的反应。个性特征有若干类型,如外向与内向、细腻与粗犷、谨慎与急躁、乐观与悲观、领导与追随、独立性与依赖性等。一个人的个性影响着消费需求和对市场营销因素的反应。比如,外向的人爱穿浅色和时髦的衣服,内向的人爱穿深色和庄重的衣服;追随性或依赖性强的人对市场营销因素敏感度高,易于相信广告宣传,易于建立品牌信赖和渠道忠诚,独立性强的人对市场营销因素敏感度低,不轻信广告宣传;家用电器的早期购买者大都具有极强的自信心、控制欲和自主意识。

4. 生活方式

生活方式指一个人在生活中表现出来的活动、兴趣和看法的模式。不同的生活方式群体对产品和品牌有不同的需求。营销人员应设法从多种角度区分不同生活方式的群体，如节俭者、奢华者、守旧者、革新者、高成就者、自我主义者、有社会意识者等，在设计产品和广告时应明确针对某一生活方式群体。比如，保龄球馆不会向节俭者群体推广保龄球运动，名贵手表制造商应研究高成就者群体的特点以及如何开展有效的营销活动，环保产品的目标市场是社会意识强的消费者。西方国家的妇女服装制造商为俭朴的妇女、时髦的妇女、有男子气的妇女分别设计不同的服装。

(四)心理因素

消费者的购买行为还受到动机、知觉、学习以及信念和态度等主要心理因素的影响。

1. 动机

消费者购买某种商品的原因十分复杂，难以一一分析，这里着重了解关于人们行为和动机的一些基本理论。

1)需要层次论

第二次世界大战后，美国行为科学家马斯洛(A. H. Maslow)提出了需要层次论，将人类的需要分为由低到高的5个层次，即生理需要、安全需要、社交需要、尊重需要和自我实现需要，如图3-2所示。

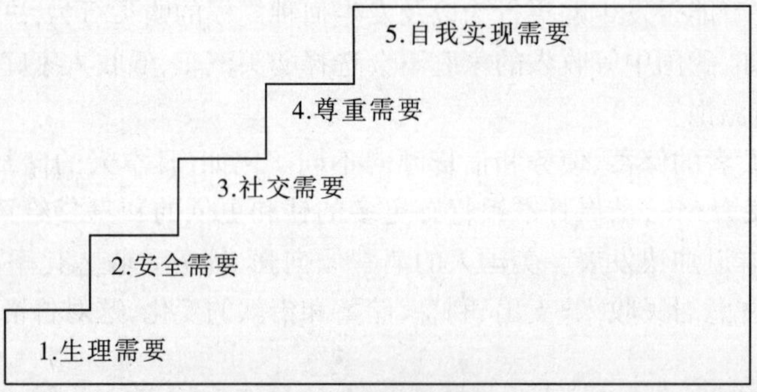

图3-2　需要层次图

(1)生理需要。指为了生存而对必不可少的基本生活条件产生需要。如由于饥渴冷暖而对吃、穿、住产生需要，它保证一个人作为生物体而存活下来。

(2)安全需要。指维护人身安全与健康的需要。如为了人身安全和财产安全而对防盗设备、保安用品、人寿保险和财产保险产生需要；为了维护健康而对医药和保健用品产生需要等。

(3)社会需要。指参与社会交往，取得社会承认和归属感的需要。在这种需要的推动下，人们会设法增进与他人的感情交流和建立各种社会联系。消费行为必然会反映这种需要，如为了参加社交活动和取得社会承认而对得体的服装和用品产生需要；为了获得友谊而对礼品产生需要等。

(4)尊敬需要。指在社交活动中受人尊敬，取得一定社会地位、荣誉和权力的需要。如为了在社交中表现自己的能力而对教育和知识产生需要，为了表明自己的身份和地位而对某些高级消费品产生需要等。

(5)自我实现需要。指发挥个人的最大能力，实现理想与抱负的需要。这是人类的最高需要，满足这种需要的产品主要是思想产品，如教育与知识等。

马斯洛需要层次论可进一步概括为两大类:第一大类是生理的、物质的需要,包括生理需要和安全需要;第二大类是心理的、精神的需要,包括社交需要、尊重需要和自我实现需要。马斯洛认为,一个人同时存在多种需要,但在某一特定时期每种需要的重要性并不相同。人们首先追求满足最重要的需要,即需要结构中的主导需要,它作为一种动力推动着人们的行为。当主导需要被满足后就会失去对人的激励作用,人们就会转而注意另一个相对重要的需要。一般而言,人类的需要由低层次向高层次发展,低层次需要满足以后才追求高层次需要的满足。例如,一个食不果腹、衣不蔽体的人可能会铤而走险而不考虑安全需要,可能会向人乞讨而不考虑社会需要和尊重需要。

马斯洛的需要层次论最初应用于美国的企业管理中,分析如何满足企业员工的多层次需要,以调动其工作积极性,以后被用于市场营销中分析多层次的消费需要并提供相应的产品来予以满足。例如,对于满足低层次需要的购买者要提供经济实惠的商品,对于满足高层次需要的购买者应提供能显示其身份地位的高档消费品,还要注意需要层次随着经济发展而由低级向高级的发展变化。

马斯洛需要层次论在一定程度上分析了人类的需要结构及需要变化的一般规律,但是在探讨需要从一个范畴到另一个范畴的运动时有不足之处,可用美国另一位心理学家克莱顿·奥尔德弗(Clayton Alderfer)的 ERG 理论加以补充。奥尔德弗认为,人同时存在三种需要,即存在的需要(Existence)、关系的需要(Relationship)和成长的需要(Growth)。他同时还提出了以下三个概念:

(1)需要满足。在同一层次的需要中,某个需要只得到少量的满足时,会强烈地希望得到更多的满足。这时,消费需要不会指向更高层次,而是停留在原有的层次,向量和质的方面发展。

(2)需要加强。低层次需要满足得越充分,高层次的需要就越强烈,消费需要将指向更高层次。

(3)需要受挫。高层次需要满足得越少,越会导致低层次需要的膨胀,消费支出会更多地用于满足低层次需要。奥尔德弗指出了这样一个事实:需要的变化不仅是"满足—前进",也有可能是"受挫—倒退"。

2)精神分析论

精神分析论的创立者为弗洛伊德,他把人的心理比做冰山,露在水面上的小部分为意识领域,水下的大部分为无意识领域,造成人类行为的真正心理力量大部分是无意识的,这个无意识由冲动、热情、被压抑的愿望和情感构成。无意识动机理论建立在三个体系基础之上,即本我、自我和超我。

(1)本我。是心理体系中最原始的、与生俱来的、无意识的结构部分,由遗传的本能、冲动、欲望等组成,是所有行为后面心理动力的来源。机体内部和外部的刺激使机体产生高度的紧张状态,本我的唯一机能就是直接释放心理能量和降低紧张。因而,本我完全按照快乐的原则运转,尽可能地把紧张降低到最低限度,寻求快乐,避免痛苦,一味地满足生来就有的本能的需要。本我是人的心理本质,是最原始的主观实在,是个体在获得外界经验之前就存在的内部世界,是无理性、无逻辑、无意识的,也不具有任何价值、伦理和道德的因素。任何本我的活动只能出现两种情况:或者得到满足把能量释放出来,或者屈从于自我的调节。处于后一种情况时,能量处于约束状态,未能释放出来。

(2)自我。是从本我中分化出来并得到发展的那一部分,处于本我和外部世界之间,是与外界接触的体系,统管个人的行为。自我按照现实原则行事,现实原则是推迟能量的释放,直到真正满足需要的对象被发现和产生出来。自我遵循现实原则,并不废除快乐原则,只是迫于现实而暂缓实行快乐原则,最终还是避苦趋乐。自我必须实行本我的意图,找出能够实现本我意图的条件,最终完成任务。健康的自我能够靠压抑或升华作用把本我的盲目冲动引入社会认可的轨道。自我占据着人格的中心部分进行知觉、学习、记忆和推理等。

(3)超我。是在人格诸领域中最后形成的,反映社会的各项准则,由理想、道德、良心等组成。它的运转是反对本我的不可接受的冲动,而不会同自我一样寻求延长或保持他们。超我追求至善至美,不考虑现实原则和快乐原则。超我主要也是无意识的,代表理想而不是行动。

本我、自我和超我的关系是:本我是生长进化的产物,是生理遗传的心理表现;自我是客观现实相互作用的产物,是较高级精神活动过程;超我是社会化的产物,是文化传统的运载工具。自我由本我的一部分分离出来,代表外界要求,同时使本我和超我协调一致。人类由意识压抑自己的冲动,通过合理化和升华作用等防御机制否定这些冲动,或者用社会上承认的做法去行动。但是这些冲动并未消除,也未能完全加以控制,有时在梦中显现,有时在不经意中脱口而出,有时表现在神经质的行为中。因此,人类的行为是复杂的。弗洛伊德用释梦、自由联想等方法探索无意识。精神分析学说把被传统心理学忽视的无意识心理过程作为理论核心,扩大了心理学研究领域,促进了人类对自身精神世界的认识,具有积极的意义,但是用无意识的本能和欲望来解释社会现象是不可取的。

把弗洛伊德精神分析学说用于购买行为研究的主要代表人物是恩纳斯特·狄希特(Ernest Dichter),他认为研究消费者购买行为必须深入到无意识水平,并设计了多种投射调查法(如语言联想法、语句完成法、图画故事法和角色扮演法等)调查无意识动机与购买情景和产品选择的关系。狄希特认为,物内有“精神”存在,消费者把自己投射在各个商品上,购买商品实际是买进自己人格的延伸部分。比如,皮大衣是地位的象征,树木是生命的象征等。根据无意识动机理论,人们并不完全了解自己的动机。比如,某人要购买一台家用电脑,自述其动机为爱好或扩展事业,若深究一步,可能是用购买电脑来加深他人印象;再深究下去,可能是电脑有助于显示他的社会归属。消费者购买产品时,不仅会对产品功能和质量有所反应,对于与产品有关的其他事项也都有反应,如产品的大小、形态、重量、材料、颜色和购物环境都能引发某些情绪。生产企业设计产品时应了解视觉、听觉和触觉对激发消费者情绪的影响,以刺激或抑制消费者购买行为。

3)双因素理论

弗雷德里克·赫茨伯格(F. Herzberg)于1959年创立了双因素理论,也称为动机保健理论,首先应用于行为科学。其要点是把动机与工作满足联系起来。提出工作满足与不满足两类因素,前者称为动机需要,后者称为保健需要。动机需要包括成绩、承认、工作本身、个人发展和提升,这些可推动职工努力工作,从工作中获得满足。保健需要包括与工作性质无关的一些因素,如工作条件、福利待遇、管理条例、公司的经营和政策等。二者的区别在于：如果保健需要得不到满足，就会导致工作不满足，但是仅仅满足保健需要却不能产生工作满足，只有动机需要得到满足时才能产生工作满足。

赫茨伯格双因素理论也可用于分析消费者行为。企业用于吸引消费者购买商品的市场营销诸因素可分为保健因素和动机因素两类，保健因素是消费者购买的必要条件，动机因素是魅力条件，在有选择余地的情况下，如果消费者对保健因素不满意，就肯定不会购买；但是仅仅对保健因素满意，也不一定购买，只有对动机因素也满意才会购买。必要条件和魅力条件随着时代、消费动向和产品寿命周期的不同而变化。在电冰箱问世的初期，制冷功能和耐用性是必要条件，而耗电少是魅力条件。随着产品的普及和更新，耗电少成为必要条件，款式成为魅力条件。分析消费者购买动机必须注意分析特定时期的保健因素和动机因素，一般来说，质量、性能和价格等属于保健因素，情感和设计等大多属于动机因素。

2. 知觉

营销实践中往往有这种情况，企业的产品质量和性能优于同类品牌却未受到消费者注意，企业花费大量广告资金传达的品牌信息却被消费者曲解，令营销人员十分困惑。要剖析这种现象产生的原因，必须了解知觉与知觉的选择性。

知觉指个人选择、组织并解释信息的投入，以便创造一个有意义的外界事物图像的过程。不同的人对同一刺激物会产生不同的知觉，是因为知觉会经历三种过程，即选择性注意、选择性扭曲和选择性保留。

(1)选择性注意。指在众多信息中，人们易于接受对自己有意义的信息以及与其他信息相比有明显差别的信息。比如，一个打算购买摩托车的人会十分留意摩托车信息而对电视机信息并不在意，消费者会注意构思新奇的广告而忽视那些平淡的广告。

(2)选择性扭曲。指人们将信息加以扭曲使之符合自己原有的认识，然后加以接受。由于存在选择性扭曲，消费者所接受的信息不一定与信息的本来面貌相一致。比如，某人偏爱长虹电视机，当别人向他介绍其他品牌电视机的优点时，他总是设法挑出毛病或加以贬低，以维持自己固有的长虹电视机最好的这种认识。

(3)选择性保留。指人们易于记住与自己的态度和信念一致的信息，忘记与自己的态度和信念不一致的信息。比如，某人对自己家中使用的荣事达洗衣机非常欣赏，听到别人谈论荣事达洗衣机的优点时会记得很清楚，而当别人谈论他不欣赏的其他品牌洗衣机优点时则容易忘记。

3. 学习

学习指内在需要引起购买某种商品的动机，这种动机可能在多次购买之后仍然重复产生，也可能在一次购买之后即行消失。为何会重复或消失，心理学家认为来自后天经验，可用学习的模式来表述(见图3-3)。

(1)驱使力。指存在于人体内驱使人们产生行动的内在刺激力，即内在需要。心理学家把驱使力分为原始驱使力和学习驱使力两种。原始驱使力指先天形成的内在刺激力，如饥、渴、逃避痛苦等。新生婴儿也知道饿了要吃，渴了要喝，疼了要哭等。学习驱使力指后天形成的内在刺激力，如恐惧、骄傲、贪婪等。成人会担心财产安全、交通安全，希望工作取得成就等，都是从后天环境中学习得到的。

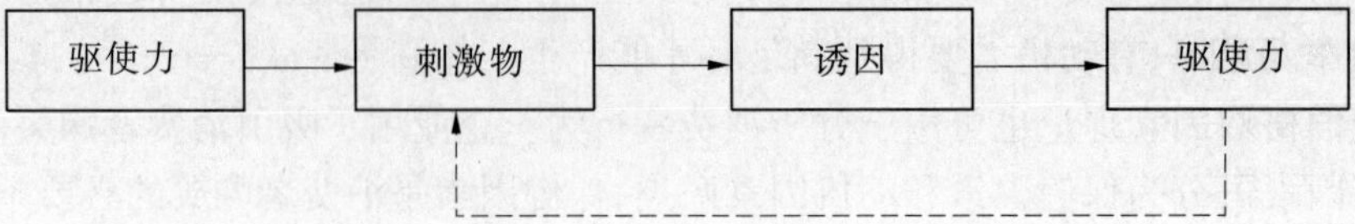

图 3-3　学习的模式

(2)刺激物。指可以满足内在驱使力的物品。比如,人们感到饥渴时,饮料和食物就是刺激物。如果内在驱使力得不到满足,就会处于紧张情绪中,只有相应刺激物可使之恢复平静。当驱使力发生作用并寻找相应刺激物时,就成为动机。

(3)诱因。指刺激物所具有的能吸引消费者购买的因素。所有营销因素均可成为诱因,如刺激物的品种、性能、质量、商标、包装、服务、价格、销售渠道、销售时间、人员推销、展销、广告等。

(4)反应。指驱使力对具有一定诱因的刺激物所发生的反射行为。比如,是否购买某商品以及如何购买等。

(5)增强或减弱。指驱使力对具有一定诱因的刺激物发生反应后的效果。若效果良好,则反应被增强,以后对具有相同诱因的刺激物就会发生相同的反应;若效果不佳,则反应被削弱,以后对具有相同诱因的刺激物不会发生反应。

4. 信念与态度

(1)信念。指一个人对某些事物所持有的描述性思想。例如,某顾客可能认为当地百货公司信誉卓著,商品货真价实,服务热情周到。信念的形成可以基于知识,也可以基于信仰或情感等。顾客的信念决定了企业和产品在顾客心目中的形象,决定了顾客的购买行为。营销人员应当高度重视顾客对本企业或本品牌的信念,如果发现顾客的信念是错误的并阻碍了他的购买行为,就应运用有效的促销活动去予以纠正,以促进产品销售。

(2)态度。指一个人对某些事物或观念长期持有的好与坏的认识评价、情感感受和行动倾向。态度导致人们对某一事物产生或好或坏、或亲近或疏远的感情。态度使人对相似的事物产生相当一致的行为,因为人们通常不会对每一事物都建立新的态度或作出新的解释和反应,按照已有态度对所接触到的事物作出反应和解释能够节省时间和精力。例如,某人对服装的态度是:生活严谨和有事业心的人都穿庄重的服装,不穿花里胡哨的服装,“伟健”牌服装是庄重的服装,“新洋”牌服装是花里胡哨的服装。基于这种态度,他总是购买“伟健”牌而拒绝“新洋”牌。由于人们的态度呈现为稳定一致的模式,所以改变一种态度是十分困难的,需要在其他态度方面作重大调整。企业最好使自己的产品、服务和营销策略符合消费者的既有态度,而不是试图去改变。如果改变一种态度带来的利润大于为此而耗费的成本,则值得尝试。

四、消费者购买决策过程

消费者购买决策过程是消费者购买动机转化为购买活动的过程。不同消费者的购买过程有特殊性,也有一般性,对此加以研究可以更有针对性地开展营销活动,满足需求,扩大销售。

(一)参与购买的角色

消费者在购买活动中可能扮演下列5种角色中的一种或几种:

(1)发起者。第一个提议或想到去购买某种产品的人。

(2)影响者。有形或无形地影响最后购买决策的人。

(3)决定者。最后决定整个购买意向的人。比如买不买,买什么,买多少,怎么买,何时与何地买等。

(4)购买者。实际执行购买决策的人。比如与卖方商谈交易条件,带上现金去商店选购等。

(5)使用者。实际使用或消费商品的人。

消费者以个人为单位购买时,5种角色可能同时由一人担任;以家庭为购买单位时,5种角色往往由家庭不同成员分别担任。例如,一个家庭要购买一台笔记本电脑,发起者可能是孩子,他认为笔记本电脑有助于提高自己学习的效率;影响者可能是爷爷,他表示赞成;决定者可能是母亲,她认为孩子确实需要,根据家庭目前经济状况也有能力购买;购买者可能是父亲,他有些电器知识,带上现金去各商店选购;使用者是孩子。

在以上5种角色中,营销人员最关心决定者是谁。某些产品和服务很容易辨认购买决定者,比如男性一般是烟酒的购买决定者,女性一般是化妆品的购买决定者,高档耐用消费品的购买决定往往由多人协商作出。国外学者曾提出按购买决定者将产品分为几种类型,如男主人决定购买为主的产品、女主人决定购买为主的产品以及夫妻共同决定购买为主的产品等,各类产品涵盖的内容则因时因地而异。有些产品不易找出购买决定者,则要分析家庭不同成员的影响力,而这种影响力有时很微妙。美国学者曾对家庭购买新轿车的情况进行研究,发现在买与不买的问题上,主要由夫妻双方共同决定。但在不同的决策阶段,角色扮演有所变化。何时买车的决策,68%的家庭由男主人决定,只有3%的家庭由女主人决定,29%的家庭是共同决定的。买什么颜色的车,夫妻一方单独决定的各占25%,50%的家庭共同决定。许多产品的购买还存在着名义决定者和实际决定者之分。例如,一位男士以为购买空调是自己作出的决策,实际上却是他的妻子起了决定作用。妻子可能是用直接的命令、要求、劝告或威胁,也可能是用含蓄的语言、表情或体态语言表达了自己的要求,操纵了购买决策,丈夫只是名义决定者。辨认购买决定者有助于将营销活动有效地指向目标顾客,制定正确的促销战略。

识别谁是商品的实际购买者也很重要,因为他往往有权部分更改购买决策,如买什么品牌,买多少,何时与何地购买等,企业应据此开展商品陈列和广告宣传活动。

(二)消费者购买行为类型

消费者在购买过程中,会因商品价格、购买数量、频率等的不同,而投入购买的复杂程度不同,究其原因,是受诸多因素影响,其中最主要的是购买介入程度和品牌差异大小。

购买介入程度指消费者购买风险大小或消费者对购买活动的关注程度。如果产品价格昂贵,消费者缺乏产品知识和购买经验,购买具有较大的风险性和高度自我表现性,则这类购买行为称为高度介入购买行为,这类消费者称为高度介入购买者;如果产品价格低或消费者有产品知识和购买经验,购买无风险或无自我表现性,则称为低度介入购买行为，这类消费者称为低度介入购买者。同类产品不同品牌之间的差异大小也决定着消费者购买行为的复杂性，差异小，无须在不同品牌之间精心选择，购买行为就简单。因此，同类产品不同品牌之间的差异越大，产品价格越昂贵，消费者越是缺乏产品知识和购买经验，感受到的风险越大，购买过程就越复杂。比如，牙膏、火柴与电脑、轿车之间的购买复杂程度显然是不同的。阿萨尔（Assael）根据购买者的购买介入程度和产品品牌差异程度区分出 4 种复杂程度不同的购买类型，见表 3-3。

表 3-3　购买行为的 4 种类型

品牌差异程度	购买介入程度	
	高	低
大	复杂的购买行为	多样性的购买行为
小	减少失调感的购买行为	习惯性的购买行为

1. 复杂的购买行为

如果消费者属于高度介入，并且了解现有各品牌、品种和规格之间具有显著差异，则会产生复杂的购买行为。复杂的购买行为指消费者购买过程完整，要经历大量的信息收集、全面的产品评估、慎重的购买决策和认真的购后评价等各个阶段。比如，家用电脑价格昂贵，不同品牌之间差异大，某人想购买家用电脑，但又不知硬盘、内存、主板、中央处理器、分辨率、Windows 等为何物，对于不同品牌之间的性能、质量、价格等无法判断，贸然购买有极大的风险。他要广泛收集资料，弄清很多问题，解决很多难题，逐步建立对此产品的信念，然后转变成态度，最后才会作出谨慎的购买决定。

对于复杂的购买行为，营销者应制定策略帮助购买者掌握产品知识，运用印刷媒体、电波媒体和销售人员来宣传本品牌的优点，发动商店营业员和购买者的亲友影响最终购买决定，简化购买过程。

2. 减少失调感的购买行为

如果消费者属于高度介入，但是并不认为各品牌之间有显著差异，则会产生减少失调感的购买行为。减少失调感的购买行为指消费者并不广泛收集产品信息，不精心挑选品牌，购买过程迅速而简单，但是在购买以后会认为自己所买产品具有某些缺陷或其他同类产品有更多的优点而产生失调感，怀疑原先购买决策的正确性。地毯、房内装饰材料、服装、首饰、家具和某些家用电器等商品的购买大多属于减少失调感的购买行为。此类产品价值高，不常购买，但是消费者看不出或不认为某一价格范围内的不同品牌有什么差别，不需在不同品牌之间精心比较和选择，购买过程迅速，可能会受到与产品质量和功能无关的其他因素的影响，如因价格便宜、销售地点近而决定购买。购买之后，会因使用过程中发现产品的缺陷或听到其他同类产品的优点而产生失调感。

对于这类购买行为，营销者要提供完善的售后服务，通过各种途径经常提供有利于本企业和产品的信息，使顾客相信自己的购买决定是正确的。

3. 习惯性的购买行为

如果消费者属于低度介入，并认为各品牌之间没有什么显著差异，就会产生习惯性购买行为。习惯性购买行为指消费者并未深入收集信息和评估品牌,没有经过信念—态度—行为的过程,只是习惯于购买自己熟悉的品牌,在购买后可能评价也可能不评价产品。

对习惯性购买行为的主要营销策略包括以下几个方面:

(1)利用价格与销售促进吸引消费者试用。由于产品本身与同类其他品牌相比难以找出独特优点以引起顾客的兴趣,就只能依靠合理价格与优惠、展销、示范、赠送、有奖销售等销售促进手段吸引顾客试用。一旦顾客了解和熟悉产品,就可能经常购买以至形成购买习惯。

(2)开展大量重复性广告加深消费者印象。在低度介入和品牌差异小的情况下,消费者并不主动收集品牌信息,也不评估品牌,只是被动地接受包括广告在内的各种途径传播的信息,根据这些信息所形成的对不同品牌的熟悉程度来决定选择。消费者选购某种品牌,不一定是被广告所打动或对该品牌有忠诚的态度,只是熟悉而已。购买之后甚至不去评估它,因为并不介意它。购买过程是由被动的学习形成品牌信念,然后是购买行为,接着可能有也可能没有评估过程。因此,企业必须开展大量广告使顾客通过被动地接受广告信息而产生对品牌的熟悉。为了提高效果,广告信息应简短有力且不断重复,只强调少数几个重要论点,突出视觉符号与视觉形象。根据古典控制理论,不断重复代表某产品的符号,购买者就能从众多的同类产品中认出该产品。

(3)增加购买介入程度和品牌差异。在习惯性购买行为中,消费者只购买自己熟悉的品牌而较少考虑品牌转换,如果竞争者通过技术进步和产品更新将低度介入的产品转换为高度介入并扩大与同类产品的差距,将促使消费者改变原先的习惯性购买行为,寻求新的品牌。提高介入程度的主要途径是在不重要的产品中增加较为重要的功能和用途,并在价格和档次上与同类竞争性产品拉开差距。比如,洗发水若仅仅有去除头发污渍的作用,则属于低度介入产品,与同类产品也没有什么差别,只能以低价展开竞争;若增加去除头皮屑的功能,则介入程度提高,提高价格也能吸引购买,扩大销售;若再增加营养头发的功能,则介入程度和品牌差异都进一步提高。

4. 多样性的购买行为

如果消费者属于低度介入并了解现有各品牌和品种之间具有显著差异,则会产生多样性的购买行为。多样性的购买行为指消费者购买产品有很大的随意性,并不深入收集信息和评估比较就决定购买某一品牌,在消费时才加以评估,但是在下次购买时又转换其他品牌。转换的原因是厌倦原口味或想试试新口味,是寻求产品的多样性,而不一定有不满意之处。

对于寻求多样性的购买行为,市场领导者和挑战者的营销策略是不同的。市场领导者力图通过占有货架、避免脱销和提醒购买的广告来鼓励消费者形成习惯性购买行为。而挑战者则以较低的价格、折扣、赠券、免费赠送样品和强调试用新品牌的广告来鼓励消费者改变原习惯性购买行为。

(三)消费者购买决策过程

不同购买类型反映了消费者购买过程的差异性或特殊性,但是消费者的购买过程也有其共同性或一般性,西方营销学者对消费者购买决策的一般过程作了深入研究,提出若干模式，采用较多的是5阶段模式（见图3-4）。

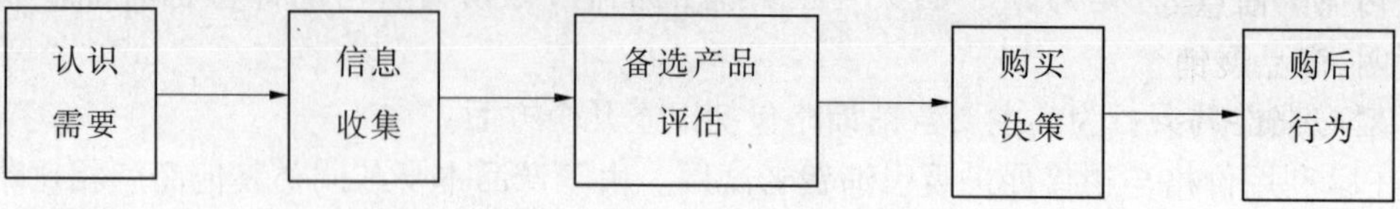

图3-4　购买过程的5阶段模式

这个购买过程模式适用于分析复杂的购买行为，因为复杂的购买行为是最完整、最有代表性的购买类型，其他几种购买类型是越过其中某些阶段后形成的，是复杂购买行为的简化形式。图3-4的模式表明，消费者的购买过程早在实际购买以前就已开始，并延伸到实际购买以后，这就要求营销人员注意购买过程的各个阶段，而不是仅仅注意销售。

1. 认识需要

认识需要指消费者确认自己的需要是什么。需要是购买活动的起点，升高到一定限度时就变成一种驱使力，驱使人们采取行动去予以满足。需要可由内在刺激或外在刺激唤起。内在刺激是人体内的驱使力，如饥、渴、冷等。人们由从前的经验学会如何应付这种驱使力，并受到激励去寻找能满足这种驱使力的物品，如食品、饮料和服装。外在刺激是外界的触发诱因。食物的香味、衣服的款式等都可以成为触发诱因，形成刺激，导致对某种需要的确认。但是需要被唤起后可能逐步增强，最终驱使人们采取购买行动，也可能逐步减弱以至消失。

营销人员在这个阶段的任务包括以下两个方面：

(1)了解与本企业产品有关的现实的和潜在的需要。在价格和质量等因素既定的条件下，一种产品如果能够满足消费者多种需要或多层次需要就能吸引更多的购买。

(2)了解消费者需要随时间推移以及外界刺激强弱而波动的规律性，以便设计诱因，增强刺激，唤起需要，最终唤起人们采取购买行动。

2. 信息收集

被唤起的需要立即得到满足须具备以下3个条件：

(1)这个需要很强烈。

(2)满足需要的物品很明显。

(3)该物品可立即得到。

这3个条件具备时，消费者满足被唤起的需要无须经过信息收集阶段，也可理解为这个阶段很短、很快、接近于零。在很多情况下，被唤起的需要不是马上得到满足，而是先存入记忆中作为未满足的项目，称为累积需要。随着累积需要由弱变强，可分为两种情况：一是高亢的注意力，指消费者对能够满足需要的商品信息敏感起来。虽然并不有意识地收集信息，但是留心接受信息，比平时更加关注该商品的广告、别人对该商品的使用和评价等。二是积极的信息收集，指主动、广泛地收集该产品的信息。所需信息量取决于购买行为的复杂性。

营销人员在这一阶段的任务包括以下几个方面：

(1)了解消费者信息来源。消费者信息来源有四个：①经验来源，指直接使用产品得到的信息；②个人来源，指家庭成员、朋友、邻居、同事和其他熟人所提供的信息；

③公共来源，指社会公众传播的信息，如消费者权益组织、政府部门、新闻媒介、消费者和大众传播的信息等；④商业来源，指营销企业提供的信息，如广告、推销员介绍、商品包装的说明、商品展销会等。

(2)了解不同信息来源对消费者的影响程度。一般来说，消费者经由商业来源获得的信息最多，其次为公共来源和个人来源，最后是经验来源。但是从消费者对信息的信任程度看，经验来源和个人来源最高，其次是公共来源，最后是商业来源。研究认为，商业来源的信息在影响消费者购买决定时只起告知作用，而个人来源则起评价作用。比如，消费者购买空调，他从广告中得知有哪些品牌，而评价不同品牌优劣时，就向朋友和熟人打听。营销人员应通过市场调查了解消费者的信息来源以及何种来源的信息最有决定作用。

(3)设计信息传播策略。除利用商业来源传播信息外，还要设法利用和刺激公共来源、个人来源和经验来源，也可多种渠道同时使用，以加强信息的影响力或有效性。

3. 备选产品评估

消费者在获得全面的信息后就会根据这些信息和一定的评价方法对同类产品的不同品牌加以评价并决定选择。一般而言，消费者的评价行为涉及 3 个方面：

(1)产品属性。指产品所具有的能够满足消费者需要的特性。产品在消费者心中表现为一系列基本属性的集合。例如，下列产品应具备的属性是：

冰箱：制冷效率高，耗电少，噪声低，经久耐用。

电脑：信息储存量大，运行速度快，图像清晰，软件适用性强。

药品：迅速消除病痛，安全可靠，无副作用，价格低。

宾馆：洁净，舒适，用品齐全，服务周到，交通方便，收费合理。

在价格不变的条件下，一个产品有更多的属性将更能吸引顾客购买，但是会增加企业的成本。营销人员应了解顾客主要对哪些属性感兴趣，以确定本企业产品应具备的属性。

(2)品牌信念。指消费者对某品牌优劣程度的总的看法。每一品牌都有一些属性，消费者对每一属性实际达到了何种水准给予评价，然后将这些评价连贯起来，就构成他对该品牌优劣程度的总的看法，即他对该品牌的信念。

(3)效用要求。指消费者对该品牌每一属性的效用功能应当达到何种水准的要求。或者说，该品牌每一属性的效用功能必须达到何种水准消费者才会接受。

明确了上述 3 个问题以后，消费者会有意或无意地运用一些评价方法对不同的品牌进行评价和选择。比如，某人打算购买电视机，收集了 A，B，C，…，I 等 9 种品牌的资料，他要求价格不超过 3 000 元，则 A、C、E 等 3 种超过此价的品牌被淘汰；他要求画面清晰度要超过 9 分(按主观标准打分)，B、D、F、G 等 4 种未达到 9 分的品牌被淘汰，还剩下 2 种品牌可供选择。

4. 购买决策

消费者经过产品评估后会形成一种购买意向，但是不一定导致实际购买，从购买意向到实际购买还有一些因素介入其间：

(1)他人态度。比如，某人决定购买 A 牌摩托车，但是家人不同意，他的购买意向就会降低。他人态度的影响力取决于 3 个因素：①他人否定态度的强度。否定态度越强烈，影响力越大。②他人与消费者的关系。关系越密切，影响力越大。③他人的权威性。他人对此类产品的专业水准越高，则影响力越大。

（2）意外因素。消费者购买意向是以一些预期条件为基础形成的，如预期收入、预期价格、预期质量、预期服务等，如果这些预期条件受到一些意外因素的影响而发生变化，购买意向就可能改变。比如，预期的奖金收入没有得到，原定的商品价格突然提高，购买时销售人员态度恶劣等都可能导致顾客购买意向改变。

顾客一旦决定实现购买意向，必须作出以下决策：

（1）产品种类决策。即在资金有限的情况下优先购买哪一类产品。

（2）产品属性决策。即该产品应具有哪些属性。

（3）产品品牌决策。即在诸多同类产品中购买哪一品牌。

（4）时间决策。即在什么时间购买。

（5）经销商决策。即到哪一家商店购买。

（6）数量决策。即买多少。

（7）付款方式决策。即一次付款还是分期付款，现金购买还是其他方式购买等。

5. 购后行为

1）购后评价

消费者购买商品以后会通过商品使用过程检验自己购买决策的正确性，确认满意程度，作为以后类似购买活动的参考。消费者的购后评价不仅仅取决于产品质量和性能发挥状况，心理因素也具有重大影响。说明消费者购后评价行为有以下两种基本理论：

（1）预期满意理论。这种理论认为，消费者购买产品以后的满意程度取决于购前期望得到实现的程度。如果感受到的产品效用达到或超过购前期望，就会感到满意，超出越多，满意感越大；如果感受到的产品效用未达到购前期望，就感到不满意，差距越大，不满意感越大。可用函数式表示为：

$$S=f(E,P)$$

式中：S 为消费者满意程度；E 为消费者对产品的期望；P 为产品可觉察性能。

消费者根据自己从卖主、熟人及其他来源所获得的信息形成产品期望 S，购买产品以后的使用过程形成对产品可觉察性能 P 的认识。如果 $P=E$，则消费者会感到满意；如果 $P>E$，则消费者会很满意；如果 $P<E$，则消费者会不满意，差距越大表示越不满意。根据这种理论，营销企业如果希望实现顾客购后满意，在商品宣传上应实事求是，不能夸大其词，以免造成顾客购前期望高于可觉察性能。

（2）认识差距理论。这种理论认为，消费者在购买和使用产品之后对商品的主观评价和商品的客观实际之间总会存在一定的差距，可分为正差距和负差距两种。正差距指消费者对产品的评价高于产品实际和生产者原先的预期，产生超常的满意感。比如，有的消费者认为自己发现了商品的新功能或新用途，有的消费者根据并不准确的事实或感受夸大了产品的效用。负差距指消费者对产品的评价低于产品实际或生产者原先的预期，产生不满意感。比较而言，负差距远远多于正差距。有的营销学家认为，大多数非日常购买不可避免地会产生购后不满意感或失调感，原因有二：一是任何产品都有其优点与缺点，消费者往往更多地看到缺点、夸大缺点而忽视优点；二是感到别的同类产品比自己所购产品更有吸引力，并在想象中不断完善未购品牌的优点。他所看到、听到或想象中的其他品牌的优点越多,对所购商品的不满意感就越强。

消费者对产品满意与否直接决定着以后的行为。如果感到满意,则反应大体相同,即重复购买或带动他人购买该品牌。如果感到不满意,则会尽量减少或消除失调感,因为人的心理机制中存在着一种建立协调性、恢复平衡的驱使力。消费者消除失调感的方式各不相同,第一种方式是寻找能够表明该产品具有高价值的信息或避免能够表明该产品具有低价值的信息,证实自己原先的选择是正确的。消除失调感的第二种方式是讨回损失或补偿损失,比如要求企业退货、调换、维修、补偿在购买和消费过程造成的物质和精神损失等。如果遭到拒绝,就可能向政府部门、法院、消费者组织和舆论界投诉,力求依靠法律及舆论的力量讨回和补偿损失;还有可能采取各种抵制活动,比如不再购买或带动他人拒买等,通过发泄不满来恢复心理平衡。

企业应当采取有效措施减少或消除消费者的购后失调感。比如,有的电脑销售部门在产品售出以后,请顾客留下姓名、地址、电话等,定期与顾客联系,寄贺信,祝贺他们买了一台理想电脑,通报本企业电脑的质量、服务和获奖情况,提供适用软件,指导顾客正确使用产品,征询改进意见等,还建立良好的沟通渠道处理消费者意见并迅速赔偿消费者所遭受的不公平损失。事实证明,与消费者进行购后沟通可减少退货和取消订货的情况,如果让消费者的不满发展到向有关部门投诉或抵制产品的程度,企业将遭受更大的损失。

2)购后使用和处置

消费者购买以后如何使用和处置该产品也应引起营销者注意。如果消费者经常使用甚至为产品找到新用途,则对企业有利。如果消费者将产品闲置不用甚至丢弃,则说明产品无用或不能令人满意。如果消费者把产品转卖他人或用于交换其他物品,将会影响企业产品的销售量。

第二节　组织市场及其购买行为分析

企业的市场营销对象不仅包括广大消费者,也包括各类组织机构。这些组织机构构成了原材料、零部件、机器设备,供给品和企业服务的庞大市场。对于大多数企业来说,并不能直接把产品卖给消费者,而是必须先卖给组织采购者,然后由他们提供给消费者市场。所以,对于企业来说,必须了解组织市场及其购买行为。

一、组织市场的类型

所谓组织市场,是指由各种组织机构形成的对企业产品和服务需求的总和。这些组织包括产业市场、中间商和政府机构。

组织市场包括以下三种类型。

(一)产业市场

产业市场又叫生产者市场或企业市场，是指一切购买产品和服务并将之用于生产其他产品或服务，以供出售、出租或供应他人的组织和个人。产业市场通常由以下行业组成：农业、林业、水产业、制造业、建筑业、通信业、公用事业、银行、金融保险业和服务业等。

(二)中间商市场

中间商市场又叫转卖者市场,是指那些通过购买商品和服务以转售或出租给他人而获取利润的个人与组织。中间商作为最终顾客的采购代理,并不创造形式效用,而是创造时间效用、地点效用和持有效用。在较为发达的商品经济条件下,大多数商品都是由中间商经营的,只有极少数商品由生产者直接卖给消费者。

(三)政府市场

政府市场是指那些为执行政府职能而采购或租用产品和服务的各级政府机构。各国政府通过税收和财政等手段,掌握了相当大一部分国民收入。为了执行政府机构的职能,政府采购十分广泛,形成了一个巨大的市场。

二、组织市场的一般特征

在某种意义上,组织市场同消费者市场具有相似性,两者都是由人充当购买者并作出购买决策的。但是,两者又有很大区别,组织市场在以下方面有别于消费者市场。

(一)市场结构和需求特性

从市场结构和需求特性来看,组织市场具有如下特征:

(1)同消费者市场相比,组织市场上的购买者数量少,而购买规模却大得多。消费者市场上的消费者数量众多,并且购买次数频繁,购买量少。而组织市场则正好相反,由于生产和资本集中,许多行业甚至由一个或几个大买主垄断。例如,美国固特异轮胎公司在组织市场上的购买者主要是通用、福特、克莱斯勒和美国汽车公司;在消费者市场上,它面对的是1亿多汽车所有者。

(2)组织市场在地理位置上更为集中。例如,美国半数以上的制造业用户都集中在纽约、加利福尼亚、宾夕法尼亚等几个州,尤其是钢铁、橡胶、石油、汽车等行业更为集中。正是因为如此,企业面对组织市场销售时,可以大幅度地降低费用。

(3)组织市场的需求具有派生性。也就是说,组织市场对产品的需求,归根结底是由消费者对消费品的需求引申出来的。例如,棉纺厂将布匹卖给成衣商、成衣商将成衣卖给批发商、批发商再将成衣转卖给零售商、零售商最后将衣服出售给消费者。成衣商之所以购买布匹,中间商之所以购买服装,归根结底,都是因为消费者需要穿衣报。如果消费者都自己做衣服,则前面的交易过程也就不复存在。

(4)组织市场的许多需求缺乏弹性。即组织市场的需求一般不受价格变动的影响,特别是在短期内。例如,布匹价格的下降就不会导致成衣商大量购买,除非成衣价格也大幅下降从而导致消费者需求急剧上升。

(5)组织市场的需求有较明显的波动性。因为组织市场的需求是一种派生的需求,所以消费者市场需求的少量波动,能导致组织市场需求的巨大波动,有时消费者市场需求只有10%的升降,却可能使组织市场的需求升降200%。这种必然性,西方学者称为加速理论。

(二)购买者的构成

与消费者市场相比,组织市场上的购买者涉及的人较多,并多为专业人员。当涉及重要的、复杂的购买决策时,下至采购员、上至总经理都会参与决策。

（三）购买决策的类型和决策过程

组织市场购买者的决策，通常比消费者的决策更复杂。因为涉及的技术比较复杂、款项也高，所以往往需花费较多的时间反复论证。组织购买者的决策行为也远比消费者更规范，通常由若干技术专家和最高管理层组成采购委员会领导采购工作。

（四）买方和卖方的关系

在组织市场上，买卖双方往往倾向于建立长期业务关系，相互依托。在购买决策过程的各个阶段，从帮助客户确定需要、寻找能满足这些需要的产品和服务，直到售后服务，卖方要始终参与并同客户密切合作。从长期看，组织市场上的营销者要通过为客户提供可靠的服务及预测它们的需要，来与客户建立持久的关系，从而保持自身的销售额。

（五）其他特点

除以上几点外，组织市场的特点还包括以下几个方面：

(1)直接销售。组织市场的购买者通常直接向生产者购买，而不经过中间商。特别是那些技术复杂、价格昂贵的产品，或需要按特定规格制造的产品。

(2)互惠贸易。即买卖双方相互购买对方的产品。互惠有时表现为三角或多角关系。

(3)租赁业务。机器设备、车辆、飞机等单价高的产品，用户通常需要融资才能购买，而且技术设备更新快，这些都给购买带来困难。因此，组织购买者在购买这些产品时，越来越多地采取租赁方式取得产品。这对促进生产发展和技术进步，有很大好处。近年来，租赁业务在我国也慢慢兴起，主要形式有回租、服务性租赁、金融性租赁等。

三、产业市场及其购买行为分析

（一）产业市场的购买行为类型

根据产业购买者购买行为的复杂程度，可将产业市场的购买行为分为以下三种类型。

1. 直接重购

直接重购即企业的采购部门按既定方案不作任何修订直接进行的采购业务。这是一种惯例化的采购活动，供应者、购买对象、购买方式等都不变，按一定程序办理即可，基本上无需作新的决策。在这种情况下，列入供应商名单的供应者应尽力将产品和服务保持一定的水平，并采取其他有效措施以提高采购者的满意程度。未列入名单内的供应商竞争机会较少，可设法从零星小量交易开始，逐步扩大订单。

2. 修正重购

修正重购指产业用户为了更好地完成采购任务，修正采购方案，改变产品的规格、型号、价格等条件，或寻求更合适的供应者。在这种情况下，采购活动比较复杂，参与采购决策的人数也较多。原来的供应者为了不失去这个客户，必须尽力改进供应工作，新的供应者则有较多的竞争机会。

3. 新购

新购指产业用户第一次采购某种产品或服务。新购的成本费用越高、风险越大，那么需要参与购买决策的人数和需要掌握的市场信息就越多。这类购买情况最复杂，能为供应者提供平等的竞争机会。为争取用户，供应者应认真做好促销工作，为用户提供必要的信息，以减少用户的顾虑，促成交易。

在三类采购当中，直接重购最简单，新购最复杂。新购通常要作出如下具体决策，即决定产品规格、价格幅度、交货条件和时间、服务条件、支付条件、订购数量、可考虑的供应商和选定的供应商等。其他两类采购业务，只需包括上述内容的几项即可。

(二)影响产业购买者决策的主要因素

虽然产业用户的购买行为较消费者的购买更加理性，更多地从经济的和技术的角度来决定购买。但是产业用户的购买最终还是由具体的人来执行的，他们也有非理性的一面，尤其是在可供选择的商品在质量、价格与服务等方面差别不大的情况下，个人因素对其购买决策往往具有较大的影响。具体来说，影响采购决策的主要因素可归为四大类：环境因素、组织因素、人际因素和个人因素。如图 3-5 所示。

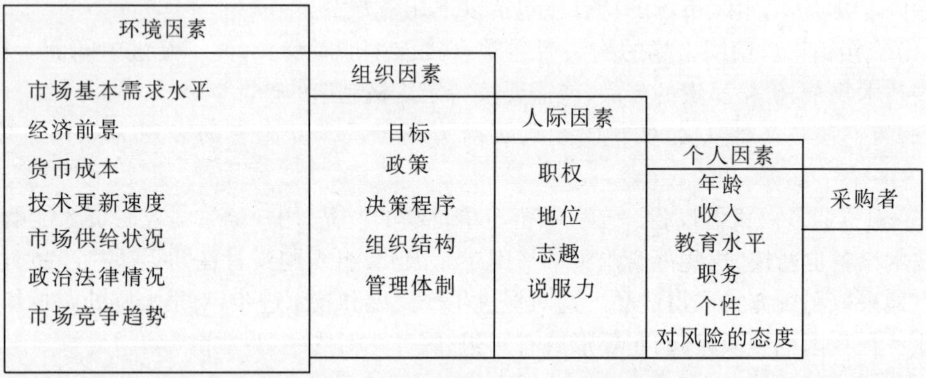

图 3-5　影响采购决策的主要因素

1. 环境因素

客观需求水平、经济前景、货币成本等经济环境因素，对产业购买行为影响很大，当经济前景不好、市场疲软时，生产者必然要缩小投资规模，减少采购。此外，科学技术的发展趋势、市场竞争环境、政治法律等因素对产业购买者行为也有相当大的影响。

2. 组织因素

生产者在采购工作中都有特定的目标、政策、决策程序、组织结构和管理体制，其中最重要的是购买决策权限的集中或分散程度、采购部门在组织中的地位和级别、采购政策等。产业营销者应尽力了解各种采购组织，细心收集和积累有关资料，以便作出正确的决策。

3. 人际因素

产业用户的采购工作往往受到正式组织以外的各种人际关系的影响。采购中心的各个参与者在权力、地位、志趣和说服力等方面各有不同的特点，如果营销者对此有充分的了解，对于顺利地开展市场营销工作肯定有很大帮助。

4. 个人因素

每个参与采购决策的人，其购买行为与购买决策难免受个人因素的影响，而这种个人因素又因个人的年龄、收入、教育水平、职务、个性以及对风险的态度的不同而异。因此，营销者必须对采购人员个人特性有所了解，处理好个人间的关系，这将有助于营销业务的开展。

(三)产业购买决策的参与者

产业用户的购买行为通常由采购人员直接从事订货并成交。但在采购决策过程中,还有一些相关人员也参与购买决策。所有参与决策的人员组成采购中心,他们有共同的采购目标,并分担决策的风险。采购中心通常由下列成员组成。

1. 使用者

使用者即具体使用拟购产品的人员。通常采购某种物品的要求由他们首先提出来,并参与制定采购计划,在品种、规格、型号上具有重要作用。

2. 影响者

影响者即企业内部和外部直接或间接地影响购买决策的人。他们通常参与评价、选择货源或提供货源信息,其中技术人员是特别重要的影响者。

3. 购买者

购买者即具体执行采购任务的人员,他们负责选择供应者并与之谈判签约。在比较重要的采购工作中,通常有企业的高层管理人员参加。

4. 决策者

决策者即在企业中有权批准购买的人。在日常购买中,采购者就是决策者;在复杂的购买中,决策者通常是公司的领导者。

5. 信息控制者

信息控制者即企业外部和内部能控制市场信息流入企业的人员,如代理商、技术人员、接待员等。

并不是任何购买行为都必须有上述五种成员参与决策的,企业采购中心规模的大小和成员的多少会随着采购产品和采购任务的不同而有所不同。如采购计算机肯定要比采购复印纸需要更多的参与者。如果一个企业采购中心的成员较多,供货企业的市场营销人员往往很难接触所有的成员,而只能接触其中的几位。在此情况下,供应者的市场营销人员必须了解谁是主要的决策参与者,以便采取有针对性的措施对他们施加影响。

(四)产业购买者的购买决策过程

产业购买者的购买决策过程的长短及其复杂程度取决于购买行为类型。在直接重购情况下,购买过程很短,在修正重购情况下,购买过程较为复杂,而在新购情况下,购买过程最长,要经过 8 个阶段。下面将针对典型的全新采购情况对这 8 个阶段一一描述。

1. 提出需要

采购工作开始于企业内部有人提出对某种产品或者服务的需要,提出需要是由公司内部刺激和外部刺激引起的。就内部刺激而言,通常有如下原因:公司决定生产新产品,需要生产该产品的设备和原料;设备发生故障,需要更新或购买新零件;已购材料不理想,想寻找新的供应商等。外部刺激包括展销会、广告或供应商推销人员的访问等,促使采购人员产生新的采购想法。

2. 确定需要

认识到一种需要以后,购买者要进一步明确所需产品的数量和特征,对于标准化的产品来说,这不是问题,但如果产品复杂,采购员就要与技术人员、使用者等共同研究,确定所需产品的数量和一般特征。他们将对产品的可靠性、耐用性、价格及其他属性按重要程度先后加以排列。产业营销者可帮助采购者确定所需产品的特征和数量,以确定其需要。

3. 说明需要

总体需要确定后,接下来还要对所需产品的规格型号等技术指标作详细说明。这要由专业人员运用价值分析法来进行。价值分析的目的是降低成本,即认真分析拟购产品的技术性能及其价格之间的关系,在确保使用功能的前提下,尽可能减少所需产品的购入成本,以提高企业的经济效益。价值分析的重点在于检查既定产品中成本较高的零部件,看是否需要重新设计,或是实行标准化,或更换成廉价的零部件。最后,经过价值分析应确定最佳产品特征,由专家小组写出详细的技术说明,作为采购人员购买的依据。

4. 寻找供应商

采购人员可以通过查询工商名录或向其他企业及咨询公司咨询等途径,查找潜在的供应商。产业购买者通常总是会拒绝那些不合格的供应商,而对合格的供应商则会登门拜访,察看他们的生产设备,了解其人员配置,通过实际考察物色合适的供应商。供应商应将本企业名称列入工商名录,制定广告计划,建立良好的市场声誉,并强化内部管理,提高产品质量,以提高本企业被选中的机会。

5. 索取供应信息

找到备选供应商后,企业可请他们提出供货方案。有的供应商可能只提交产品价目表,有的则能马上派来销售代表。对于技术复杂、金额大的采购项目,应要求他们必须提交供货方案的详细资料。根据各供应商提交的供货方案,购买者将选择最具吸引力的供应商作更加深入的接触。因此,以生产者为目标市场的企业,必须善于编写供货计划,争取用户的信任,以便成交。

6. 确定供应商

采购者在收到各个供应商的有关资料之后,要通过全面比较作出选择。供应商产品的质量、价格、企业声誉、交货能力、服务水平等是采购者选择评价的重要依据。采购中心在作最终决定以前,一般还要和那些比较中意的供应商谈判,争取较低的价格和更好的条件。在多数情况下,产业用户不愿依靠单一的供应商,以防陷入被动。通常要确定一个主要供应者,其供应量约占总需要量的60%,而另外的40%则分散给其他供应商,以便使他们展开竞争,进一步做好供应工作。

7. 发出正式订单

供应商确定后,企业将向他们发出正式订货单。订单上列明所需产品的数量、品种、规格、要求的交货期、货款支付和质量担保条件等内容。对于需求较稳定或需要不断维修和提供备件的采购项目,很多企业趋向于与供应商签订"一揽子"合同,以避免重复签约的麻烦。这就在供需双方之间建立了长期业务关系。在合同期内,供方必须按约定的条件随时向买方供货,这就等于买方把货存放在供应商那里,因此又称无库存采购计划。当需要购货时,头方就通过电脑连接打印机自动打出订单发给供货商,供货商即按订单供货。这种采购方式有利于保障买方的供应,同时也减少了竞争带给供方的压力。

8. 评估履约情况

企业购进产品后,采购部门就会主动与使用部门联系,了解购进产品的使用情况,询问使用者的满意度，并考查各供应者履约情况，以决定今后对各供应者的态度。因此，供应者应认真履行合同，尽量提高买方的满意度。总之，生产者市场是一个极富挑战性的市场，营销者只有充分了解产业用户的需求和采购决策过程，拟定出有效的市场营销计划，才能取得营销的成功。

四、中间商市场及其购买行为分析

（一）中间商市场的特点

中间商市场及其购买行为在很多方面都近似于产业市场，但由于中间商既是买者又是卖者，具有转手买卖、贱买贵卖的特点，不参与生产，因而有些方面又明显地不同于产业市场，中间商市场的需求也是由消费者市场的需求派生出来的，所以也可能受最终消费者市场的影响而销路不畅，但中间商市场比产业市场在价格上敏感得多。因为产品价格的变化会直接影响消费需求，而专门从事商品交换的中间商比起生产者能更及时地发现、了解这种变化，调整购买，所以中间商市场的需求弹性比产业市场大。另外，中间商市场买主的规模一般也都较消费者市场大，购买数量也较大，但中间商市场分布较生产者市场分散，较消费者市场集中。这是由中间商的中介地位决定的。

（二）中间商市场的购买者

西方国家中间商的采购业务，在小型商店里，通常由经理或其他人员兼管，在较大的公司里，采购是一项专门的职能，设专职人员担任。然而在不同行业，甚至同一行业的不同公司里，采购组织形式也有所不同。现以美国连锁超级市场的采购组织为例，介绍如下：

美国连锁超市参与购买决策的人主要有公司总部按商品线设的专职采购人员——商品经理，由公司总部采购部门正、副经理和商品经理等人组成的采购委员会，还有各分店经理、商品经理负责决定商品搭配，接待、听取供应商对新产品、新品牌的介绍，并从中选择适当的产品。对于大多数公司，商品经理对新品种的进货决策权是有限的，相当一部分项目需提交采购委员会审议，作出决定。但商品经理的推荐无疑有很大的影响力。所以，商品经理是中间商市场营销人员的主要说服对象，他们也是商品的直接采购者。

采购委员会通常定期召开会议，逐一审查商品经理的采购新品种建议，最后决定采购哪些产品。由于采购委员会的决策依据来自各商品经理提供的有关新品种的情报，所以采购委员会实际只是在评估新产品和购买决策中起着间接影响。

分店经理具有分店实际采购什么的决定权，虽然连锁店统一集中采购，但采购什么是根据各分店的要货计划而定的，因为他们在转卖的第一线，了解消费者需要什么。全美连锁超市各分店的货源有 2/3 是由分店自行决定的，因而即使某新品种被采购委员会接受，也不一定被所有分店接受。美国平均每周提供给超市的新产品项目达 150 ~ 250 种，而商店能容纳的只有其中的 10% 。

据美国尼尔逊公司研究，商店购买决策人员是否愿意接受某种新产品主要取决于三个因素：一是消费者是否愿意购买这种新产品，即这种新产品是否适销对路；二是供应商的广告宣传及其他促销手段能否打动采购人员的心；三是供应商能提供什么样的折扣和交易条件。中间商市场的营销人员应从这三个方面努力，赢得购买者的偏爱。

(三)中间商市场购买行为的类型

美国的狄克森将中间商购买行为分成7种类型。

1. 忠实型购买者

忠实型购买者长期忠实于某一供应商,因而年复一年地从某一渠道进货。

2. 机会型购买者

机会型购买者善于从备选的多个符合企业长期利益的供应者中选择最有利可图的货源,而不固定于任何一个。

3. 最佳条件购买者

最佳条件购买者专门选择在一定时间内能给予最佳交易条件的供应者。

4. 创造型购买者

创造型购买者会主动向供应商提出他所需要的产品、服务、价格等条件,希望以他的条件成交。

5. 广告型购买者

广告型购买者在每笔交易中都要求供应者补贴广告费。

6. 悭吝型购买者

悭吝型购买者总是要求供应者在价格上特别让步,并只接受给予最大价格折扣的供应商。

7. 挑选型购买者

挑选型购买者精明能干,总要挑选价廉物美的货源。

具体购买者个人不同类型的购买行为,往往会对其购买决策产生一定的影响。中间商市场的营销人员只有了解自己面临的是哪种类型的购买者,结合影响中间商购买行为的相关因素(如环境因素、组织因素、人际关系因素和个人因素等)综合考虑、系统决策,才能因人而异,促成交易。

(四)中间商的购买决策

中间商首先是顾客的采购代理,因此他们必须按照顾客的需求来制定采购计划。一般来说,中间商必须作以下购买决策:决定经营什么花色品种或货色,选择供应者,决定按照什么价格和条件购买。其中,货色决策是最基本、最主要的购买决策。这是因为,中间商最后决定经营什么货色,会影响其供应商组合、市场营销组合和顾客组合,从而决定了中间商的市场地位。

中间商可选择的货色战略有以下4种:

(1)独家产品。即中间商只经营某一制造商的产品。

(2)深度搭配。即经营多家制造商生产的同类产品的多种型号、规格。

(3)广泛货色。经营范围十分广泛,但产品之间都有一定的关联性,如同时经营冰箱、洗衣机、电视机、微波炉等各种家用电器。

(4)混合货色。经营许多互不关联的产品,如百货公司,不仅经营家用电器,还经营服装食品、化妆品、文体用品等。

随着科技进步,特别是电子计算机的应用,中间商在预测消费者需求、商品选择、存货控制、店面设计、商品陈列等方面日益精明起来,他们的购买行为也日趋老练。中间商市场的营销者面对这样的客户，要更多地理解中间商需求的多变性，积极帮助中间商更好地满足最终消费者的需求，如提供退货、换货等服务，提供技术咨询等，这些将有助于营销者获得更多中间商的定单。

五、政府市场及其购买行为分析

政府市场是由那些为执行政府职能而采购或租用商品的各级政府组织机构组成的。各个国家的政府通过税收、财政预算，掌握着相当大一部分的国民收入，形成了一个庞大的市场。这个市场的购买目的不同于生产者、产业用户和最终消费者，它完全是为执行其职能而购买，如为维持军事力量，保卫国家和人民的和平安全而购买，为设立机关以保护每一社会成员的正当权益而购买，为建立和维护私人不愿投资，但有益于人民的公共设施而购买等。

（一）政府市场的购买者

政府市场的购买者是各级政府机构的采购组织。在美国，政府采购者就有联邦政府、州政府和地方政府。联邦政府是最大的买主，包括购买民用物资和军需物资，但并没有一个专门机构为联邦政府各部门统一采购，而是由各部门自行采购自己所需的物资，特别是专用设备。州及地方政府的采购业务则由各地方政府机构及学校、医院、公路局、住宅机构等事业单位负责。政府市场的各种机构的采购模式和需求特点都有所不同，营销者应注意研究。

（二）影响政府市场购买行为的因素

政府市场购买行为除受环境、组织、人际关系及个人因素的影响外，还特别地受到社会公众的监督。尽管每个国家的政治制度不同，但政府机构的采购工作都要受到不同程度的监督。如在美国，主要的监督团体是国会和预算局，他们密切注视着政府采购组织如何使用纳税人的钱。因此，政府采购往往比生产者和中间商更谨慎，通常要印发书面材料、详细说明采购要求，经许多人签署，层层核转，发订单也比较慢。可见，要打入政府市场，必须详细了解各国政府机构的组成，各级机构的职责及其采购程序。

另外，政府市场购买行为还受到政治、政策变化的影响。如在和平时期往往会缩减国防开支，减少军需购买，为了鼓励在落后地区办厂，政府往往在那里大量采购商品；为了影响产业界竞争力量对比，政府可大量购买需支持企业的产品等。营销者在制定和实施营销计划时必须注意到这些影响因素。

（三）政府机构的购买决策过程

政府采购通常采用公开招标和协议签约两种方式进行。它们的购买程序也各不相同。

1. 公开招标

公开招标是先由政府在有关媒介上登广告或发出信函，详细说明其采购要求，然后邀请那些有资格的供应者在规定的期限内参加投标，密封递交政府机构，最后在规定日期开标，选择报价最低且符合要求的供应商成交。政府机构采用这种采购方式无需与卖方反复磋商，而且处于较主动的地位，但供应商之间的竞争往往很激烈。

2. 协议签约

协议签约是由政府机构和一个或几个供应商接触，最后只跟其中一个符合条件者签订合同，达成交易。协议签约主要用于较复杂、有较大危险、竞争性较小的采购项目，一旦情况有变，可对合同履行情况公开复审，重新谈判。

目前，已有越来越多的企业为获得政府这个买主的定单，建立了专门的营销部门。如联想公司和海尔集团一贯积极参与投标，不仅满足政府的要求，还主动提出多项有效建议，并通过强大的信息网，向政府显示公司的实力，以争取更多的营销机会。

复习思考题

1. 请结合某一产品来分析该消费者市场有哪些特点？
2. 举例说明文化因素对消费者行为的影响，并分析我国现阶段传统文化的变化趋势。
3. 以你所熟悉的一次购买为例，分析作出购买决策的全过程。
4. 相关群体有哪些类型？它对消费者行为的影响有哪些？
5. 组织市场有哪些特点？
6. 生产者用户的购买类型有哪几种？
7. 试析影响政府购买行为的主要因素。

案例分析

解读 80 后消费

陈立是一名广告公司的年轻设计师，刚刚买了一部蓝色的索尼爱立信手机，可是 3 个月后，同事就发现陈立的手机变成了红色，手机音乐的铃声从“两只蝴蝶”变成了“童话”。正当大家以为陈立换了一部新手机时，陈立得意洋洋地告诉大家，他只不过将手机的外壳换了，并下载了新的手机音乐、待机画面，而这些细节的改变，就使他有一种获得一部新手机的感觉。

手机可以更换外壳、MP3 随身听可以变换背景的颜色、家具可以自由组合，相比以往，许多产品的设计变得更加灵活多变。80 后消费群对于产品新鲜感追求的倾向性比其他年代消费群更为明显，在这种心理趋势驱动下，许多产品的本身核心功能反倒成了次要因素，而一些额外的附加功能却完全可以成为他们决定购买的关键。对于他们来说，手机不再是通信的工具，而是一种时尚的炫耀品，佩戴某款价格昂贵的手表更不是为看时间，而是为了得到某个群体的认可或者获得一种时尚的标签。好好时尚，天天向上。这一生活准则不仅反映了 80 后消费群的突出心理特征，更成为许多企业制定营销策略时的关键考虑因素。

80 后消费群对于品牌、时尚的追求，对于产品品牌精神与消费感受的注重，使得许多企业必须对产品赋予新的定义：在产品功能使用的基础上，要想赢得这批年轻一代消费者的青睐，就必须为产品注入一种容易打动他们的品牌精神。比如，动感地带用周杰伦的酷来表现“我的地盘听我的”的理念,百事可乐用F4等明星的时尚来演绎“年轻一代的选择”的品牌内涵。

80年代人作为一个正在不断崛起的消费群体,他们的消费权力、消费意识、消费话语正在深刻影响着许多企业的市场策略。如何深刻地解读他们的消费心理,把握时代潮流的发展趋势,这对于任何一家企业抢占未来市场都具有非常重要的意义。

(资料来源:林景新,解读80后消费密码,销售与管理,2006(5):43-45)

案例讨论题

1. 你认为80后有哪些消费特点?
2. 影响80后购买行为的因素主要有哪些?
3. 请结合某一具体产品,谈谈对80后的营销策略要点。

第四章　市场调查与预测

企业在从事市场营销活动过程中,必须要搞清楚市场活动的历史和现状,把握市场变化发展的规律,对市场未来发展变化的趋势要进行分析和判断,作出比较准确的推测,这就需要企业进行市场研究。通过市场研究,可以发现市场营销活动中存在的问题,并收集大量的信息资料,为解决营销中遇到的问题方案及方案的论证、分析、评价和选择提供科学的依据,有助于提高市场营销效果。市场研究包括市场调查和市场预测两个部分。

第一节　市场调查

一、市场调查的内容与程序

(一)市场调查的概念

市场调查是通过有目的地对一系列资料、情报、信息的收集、筛选、分类和分析,来了解现有的和潜在的市场,并以此为依据作出经营决策,从而达到进入市场、占有市场并取得预期效果的目的。它是企业开展经营活动的前提,为企业经营决策提供依据;有助于企业开拓市场,开发新产品;有利于企业在竞争中占据有利地位;市场调查能促进经营管理的改善,增强销售,增加盈利。

案例1:康泰克的代价

康泰克是中美天津史克公司于1989年推出的一种治疗感冒的药物,通过这些年广泛的宣传,已家喻户晓,成为广大消费者治疗感冒的首选药物,“当你打第一个喷嚏时,康泰克12小时持续效应”的广告已成为广告界的佳话。11年间,康泰克在市场的累计销量已经超过50亿粒(截至2000年年底),年销售额高达6亿元人民币,在感冒药市场中占据较高的市场份额。

2000年10月,国家药品监督局颁布禁止销售含有PPA(苯丙醇胺)的药物的通告,不仅使用过该药的患者感到担心和失望,对中美天津史克公司更是当头一棒,面临着销售额、利润下降等多方面的沉重打击。在康泰克退出市场不到一年的时间里,中美史克公司的直接经济损失高达6亿元人民币。与此同时,其他竞争者迅速进入感冒药市场,瓜分康泰克退出的市场,作为国内外闻名的医药生产者,中美天津史克公司难道从未想到过会有这一天吗?

其实早在3年前,美国食品药品监督局就委托哈佛大学某药物研究所对PPA所造成的副作用进行跟踪研究。对于这一信息,美国史克公司总部不会不知道,中美史克公司也不会不知道,但是他们都没有考虑到此项研究结果会对康泰克将造成什么样的不利后果并积极准备补救措施,更没有及时研究市场的需求状况,及时开发不含PPA的替代品,致使在该药禁止销售后,中美天津史克公司无法在短期内生产出不含PPA的康泰克。而在美国的一些生产含有PPA的厂家在得知哈佛某研究所正在对含PPA的药物进行研究调查后，就迅速开始寻找替代品，掌握了药品市场的主动权。

虽然在沉寂了292天之后，中美史克公司终于推出用PSA取代了PPA的新康泰克，但中断292天生产而造成的市场空隙已很难迅速填补，即使得以填补，其代价也是相当惨重的。

这些问题的原因是什么？我们应该从中得到哪些启示呢？

通过这个案例我们可以发现：

(1)在复杂多变的市场和激烈的竞争条件下，企业的生存与发展离不开市场。

(2)企业开发市场、满足市场的前提条件是充分“透视”市场，即开展市场调查与预测。

(3)市场调查与预测之所以成为企业营销成功的基础，关键是要进行科学有效的市场调查与预测。

(4)市场调查是预测的基础和前提，而预测和决策是检验市场调查是否有效的重要标准。

(二)市场调查的内容

市场调查的内容比较广泛，企业所面对的问题不同，调查的内容也有所不同，一般来说，市场调查的内容主要涉及以下几个方面。

1. 市场基本环境的调查

企业的任何活动都离不开其所处的外部环境，这些外部环境是客观存在的，不以人的意志为转移，并对企业营销活动提供机遇，或者产生威胁，因此企业要对其进行深入细致的了解，抓住市场机遇，避开威胁。市场基本环境的调查主要包括以下内容。

(1)政治法律环境的调查。

政治法律环境的调查主要是了解对市场产生影响和制约作用的国内外政治方针与政策、政治体制、政策的连续性、政府的稳定性和法规条例等。如对WTO的有关规则和每个国家制定的经济法规的调查，对于企业进入国际市场是至关重要的。

(2)经济环境的调查。

经济环境对市场活动有着直接的影响，它包括对国家经济的发展水平、消费水平、经济特征、贸易政策和法规的调查。其中，消费水平的调查主要是了解消费者个人收入，特别是个人可任意支配的收入变化，消费支出模式的变化，如购买食品的支出比例下降，用于教育、交通、卫生保健、娱乐等方面支出的增加。

(3)社会文化环境调查。

每一个地区或国家都有自己传统的思想意识、风俗习惯、思维方式、宗教信仰、价值观等，这些构成了该地区或国家的文化并直接影响人们的生活方式和消费习惯。对于市场营销人员来说，营销活动只有适应当地的文化传统习惯，其产品才能得到当地消费者的认可和接受。

(4)自然环境的调查。

自然环境决定了企业的生存方式，它包括自然资源、气候和地理环境。

2. 市场需求的调查

市场是企业营销活动的出发点和归宿点,市场需求调查是市场调查中最基本的内容,它包括消费需求量、消费结构、消费动机等内容的调查。

(1)人口数量。

人口数量是计算需求量时必须考虑的因素,一般来说人口数量多,市场规模就大,对产品的需求量必然会增加。在调查人口数量的同时,还要调查人口数量的变化、人口老龄趋势、家庭变化、人口流动趋势。

(2)购买力调查。

购买力的高低直接影响市场需求量的大小,主要的因素是货币收入的来源、数量、需求支出方向以及储蓄状况等。

(3)消费结构调查。

消费结构调查即调查消费者将其货币收入用于不同产品支出的比例,它决定了消费者的消费投向。

(4)购买动机与行为调查。

购买动机是为满足一定的需要,而引起人们购买行为的愿望和意念。消费者购买动机有习惯型购买动机、理智型购买动机、感情型购买动机、冲动型购买动机、经济型购买动机。

3. 市场供给调查

企业在生产过程中除要掌握市场需求情况外,还必须了解整个市场的货源状况。

(1)商品供应来源的调查。

市场中商品供应量的形成有着不同的来源,除对全部供应量进行调查外,还要进一步了解影响供应量来源的各种因素。

(2)商品的供应能力调查。

商品的供应能力调查主要包括企业商品供应能力、企业设备供应能力、企业资金供应能力、企业员工工作能力的调查。

(3)商品供应范围的调查。

商品供应范围实际上就是企业营销的目标市场,在一定时期内市场目标的定位是稳定的,但是随着市场环境和消费者需求的变化,企业的目标也会发生相应的变化,因此及时调查企业产品供应范围的变化,对调整营销策略有着至关重要的作用。

4. 竞争对手的调查

任何产品在市场上都会遭遇到竞争对手,这种竞争来自于同行业的竞争、潜在的竞争、替代品的竞争、卖者讨价还价的竞争和买者讨价还价的竞争。因此,要调查分析竞争对手的优势和劣势、市场份额、竞争程度、竞争者的营销战略与策略等。

案例2　市场调查要了解消费者的详细细节

对于一些大公司来说,知道顾客买什么、在哪里买、为什么买和什么时候买的情况,是有效营销的基石。

可口可乐公司通过市场调查发现,人们在每杯水中平均放2~3块冰,每年看到69个该公司的商业广告,喜欢售点饮料机放出的饮料温度是35 ℃,100万人在早餐中喝可乐,美国每人每年消费156个汉堡包、95个热狗、293个鸡蛋等。

某一跨国快餐公司了解到，美国的消费者重视快餐店停车位的多少，日本的消费者关心的是快餐店的用餐时间，香港地区的消费者则更留意快餐店卫生间的面积，中国的消费者更喜欢快餐店的环境和座位的舒适程度。

（三）市场调查的要求

1. 实事求是原则

市场调查工作要把收集到的资料、情报和信息进行筛选、整理，再经过调查人员的分析得出调查结论，供企业经营决策之用。因此，要求我们在调查时必须实事求是，尊重客观事实，切忌主观臆断。

2. 时效性原则

市场调查的时效性表现为及时捕捉和抓住市场上任何有价值的情报、信息，及时分析和反馈，为企业在营销过程中适时地制定和调整策略创造条件。

3. 系统性原则

市场调查的系统性表现为应全面收集有关企业生产和经营方针方面的信息资料。在调查时，不仅要了解企业的生产和经营实际，还要了解竞争对手的有关情况；既要认识到企业内部机构设置、人员配备、管理素质和方式等对经营的影响，也要调查社会环境的各方面对企业和消费者的影响。

4. 经济性原则

市场调查是一项费时、费力、费财的活动，在调查内容不变的情况下，采用的调查方法不同，费用支出也会有所不同；在费用支出相同的情况下，不同的调查方案也会产生不同的效果。因此，调查也要讲求经济效益，力争以较少的投入取得最好的效果。

5. 科学性原则

市场调查不是简单地收集信息的活动，为了在时间和经费允许的情况下获得更多、更准确的情报和信息，就必须对调查的过程进行科学的安排。

（四）市场调查的程序

企业实施市场调查将花费大量的人、财、物及时间，调查的结论及建议要能针对企业实际需要，充分发挥其作用，因此在调查中要建立一套系统科学的程序。一般来说，市场调查程序分为三个阶段，即市场调查的企划阶段，市场调查的资料收集阶段和市场调查的资料整理、分析阶段。

1. 市场调查的企划阶段

市场调查的企划阶段是市场调查的准备开始工作，这一阶段的内容主要包括确定调查目标、调查项目，选择调查方法，估算调查费用，编写调查建议书等。

2. 市场调查的资料收集阶段

拟定的调查企划建议书经企业主管审查批准后，就进入到调查资料的收集阶段，这个阶段的主要任务是组织调查人员按照调查方案的要求和工作计划的安排，通过案头调查和实地调查系统地收集各种资料数据。

3. 市场调查的资料整理、分析阶段

市场调查的资料整理、分析阶段是调查全过程的最后一个环节，也是市场调查能否充分发挥作用的关键。它包括资料的整理、分析研究以及市场调查报告的撰写。

二、市场调查方法

(一)询问调查法

询问调查法是指按事先拟好的调查问卷,通过询问的方式向被调查者了解并收集市场情况和信息资料的一种调查方法。利用这种方法不仅可以了解消费者的消费需求、消费心理、消费习惯等情况,而且可以对产品质量、价格、性能、技术服务等方面进行了解,以此为基础对市场进行分析。

询问调查法根据调查人员同被调查者接触方式的不同可分为面谈调查法、电话调查法、邮寄调查法、留置调查法等。

1. 面谈调查法

面谈调查法是指调查人员通过面对面地询问和观察被调查者以获取信息资料的方法,它通常采用个人面谈、小组面谈和集体面谈等多种形式。

面谈调查法的优点:方便、灵活,调查问卷回收率高,有利于沟通,能控制问题的次序,获得较多的资料。

面谈调查法的缺点:成本高,时间长,拒访率高,调查的范围有限,被调查者容易受调查人员的影响。

2. 电话调查法

电话调查法是指通过电话向被调查者询问有关问题以获取信息资料的方法。

电话调查法的优点:获取信息资料的速度最快、费用低,容易控制,调查范围较广,被调查者不易受调查者在场的心理压力,自由回答问题。

电话调查法的缺点:无法展示产品,了解问题不够深入,访问时间不能过长,不能调查较复杂的问题,被调查者只限于能通电话的地方。

3. 邮寄调查法

邮寄调查法是用邮寄的方法将设计好的调查问卷寄给事先选好的被调查者,要求被调查者根据调查问卷填写后再寄回企业,从而收集信息资料的一种调查方法。

邮寄调查法的优点:调查成本低,调查的范围广泛,被调查者可以充分地回答问题。

邮寄调查法的缺点:回收率偏低,花费时间较长,由于没有调查人员的指导,被调查者在回答问题时容易出现偏题。

4. 留置调查法

留置调查法是指将事先设计好的调查问卷当面交给被调查者,说明填写的要求并留下调查问卷,请被调查者自行填写,再由调查人员定期收回的一种获取信息资料的调查方法。

留置调查法的优点:由于调查人员当面送交调查问卷,并说明填写要求和方法,能减少误差,提高回收率,被调查者有充分的时间回答问题,能较准确地回答。

留置调查法的缺点:问卷容易被遗忘,回收率不高。

(二)观察调查法

观察调查法是由调查人员直接或通过仪器在现场观察被调查者的行为并记录其行为

痕迹来取得第一手资料的调查方法。利用这种方法进行调查,调查人员和被调查者没有直接的接触,调查人员只是通过观察被调查者的行为态度和表现来了解情况。观察法的运用方法有人工观察法和机器观察法。

观察调查法的优点:简便易行,比较灵活,被调查者行为表现自然,可以比较客观、真实地收集第一手资料。

观察调查法的缺点:费用支出较大,不能了解被调查者的内在因素,受时间、空间的限制,只适用于小范围的调查。

(三)试验调查法

试验调查法是指在调查中,通过在一定条件下改变某些变量而保持其他变量不变,以此来衡量这些变量的影响效果,从而取得第一手资料的调查方法。它常用于研究某种商品在改变包装、价格、广告等因素时会产生的效果。

试验调查法的优点:获得的资料客观、具体,能直接、真实地反映情况,方法科学。

试验调查法的缺点:花费的时间比较长、费用高,容易出现可变动因素,难以准确分析。

(四)网络调查法

网络调查法是通过互联网、计算机通信和数字交互式媒体,按照事先已知的被调查者的 E-mail 地址发出问卷收集信息的调查方法。网络调查的大规模发展源于 20 世纪 90 年代,网络调查具有自愿性、定向性、及时性、互动性、经济性与匿名性。

网络调查的优点:组织简单、费用低廉、客观性好、不受时空与地域限制、速度快。

网络调查的缺点:网民的代表性存在不准确性、网络的安全性不容忽视、受访对象难以限制。

网络调查法是一种新的调查方法,它的出现是对传统调查方法的一个补充,随着我国互联网事业的进一步发展,网上调查将会被更广泛地应用。

三、问卷设计技巧

问卷是指调查者根据调查目的与要求,设计出由一系列问题、备选答案及说明等组成的向被调查者收集资料的一种工具。

问卷能把采集信息的程式化问题进一步简明化,它是市场调研中经常要用到的方式。问卷的设计技术和问卷的访问技术,一直是调研人员必须掌握的基本功。

(一)调查问卷的主要作用

通过调查问卷的方式把研究目标转化为特定问题,使被调查者更明确问题。

通过被调查者选择标准化的答案,可以使调查人员更清楚地记载、记录原始信息,加快资料的收集、整理与分析过程,提高调查工作的效率。

(二)问卷设计的原则

在设计调查问卷时,除要正确地根据调查目的要求确定调查主题和调查项目外,还要求我们遵循以下原则。

1. 联系性原则

调查问卷中的每一个问题必须是与调查主题密切相关的,那些可有可无的问题或者与调查主题虽有一定的关系,但是被调查者无法回答或者不愿意回答的问题,不宜列入调查问卷中。

2. 可接受性原则

调查问卷的设计要让被调查者容易接受,为了在调查中得到被调查者的配合,在设计调查问卷的时候,从文字到问题的编排都要考虑到能够吸引被调查者乐意参与。

3. 逻辑性原则

在设计调查问卷时,要注意调查问卷中问题的排列顺序,同类问题放在一起,容易回答的问题放在前面,以提高被调查者回答问题的效率。

4. 简明性原则

调查内容要简单明了,调查问卷中的问题不要过多,如果调查内容过多,所花费的调查时间过长,就会引起被调查者的反感,影响调查效果。一般来说,回答问题的时间应该控制在半小时之内。

(三)问卷设计的程序

设计调查问卷的基本步骤为:

(1)明确调查对象的类型。不同的调查对象具有不同的特点,问卷必须针对具体的调查对象的特点进行设计,这样才能够保证问卷的合理性。

(2)根据调查目的的要求和确定的调查主题,拟订出调查内容提纲。

(3)根据调查主题,确定被调查者项目,被调查者项目并非越多越好,而是要与调查的主题有关。

(4)根据调查对象的特点,按照调查内容提纲,罗列出具体的调查项目,即具体的调查问题,要注意项目之间的逻辑性。

(5)根据不同的问题,确定不同的命题方式。

(6)设计调查问卷的初稿。

(7)将设计好的调查问卷初稿在小范围内进行试验性调查,以便发现问题,如果发现问题要及时修改,力求完善。

(8)修改后定稿并印刷调查问卷。

(四)问卷的内容

(1)问卷开头:问候语、填表说明、问卷编号。

(2)问卷的正文:资料收集、被调查者的基本情况和编码。

(3)问卷的结尾。

(五)问卷的设计方法

在市场调查中要准确而有效地收集到需要的资料,在调查问卷设计中,要先将调查的问题传达给被调查者,这就必须具备一定的询问调查技术和技巧。问卷设计的方法主要有以下几种。

1. 开放性问题设计方法

(1)对问题的回答未提供任何具体的答案,由被调查者根据自己的想法自由回答,如:

问题1:您认为飘柔洗发水质量存在什么问题?

问题2:您认为飘柔洗发水的包装如何?

(2)过滤法。指调查者对被调查者用一种迂回的询问方式求得回答,然后缩小范围回到主题上来求得回答。

(3)回想法。用于测定调查项目的印象、记忆强度的一种方法,如:

问题1:请您说出您所知道的洗衣粉的品牌。

问题2:请您举出在广告中所看到的化妆品的名称。

2.封闭性问题设计方法

封闭性问题是指对问题事先设计出各种可能的答案,由被调查者从中选择。

(1)二择一选择法。答案只有两项,要求被调查者选择其中之一。如:

问题:您经常使用飘柔洗发水吗?

A.是　　B.不是

(2)多择一选择法。要求被调查者对所给出的答案选择其中一项,如:

问题:您认为哪类广告宣传效果最好?

A.电视广告　　B.广播广告　　C.杂志广告　　D.报纸广告　　E.路牌广告

①多项选择题。要求被调查者在所给出的问题答案中,选出自己认为合适的答案,数量不受限制,如:

问题:您在购买洗发水时,主要考虑什么因素?

A.价格　　B.品牌　　C.产地　　D.质量　　E.售后服务

②限制选择法。要求被调查者在所给出的问题答案中,选出自己认为合适的答案,但数量要受一定限制。

(3)多项选择法。对一个问题给出三个以上的答案,让被调查者从中选择进行回答。

(4)顺序选择法。答案有多个,但要求被调查者在回答时,对所选的答案按要求的顺序或重要程度加权排列。如:

问题:您在购买洗发水时,主要考虑什么因素?

A.价格　　B.品牌　　C.产地　　D.质量　　E.售后服务

(按重要程度进行排序)__________

(5)评定尺度法。答案是由表示不同等级的形容词组成,并按照一定的程序排序,让被调查者选择。如:

问题:您对飘柔洗发水是否满意?

A.非常满意　　B.比较满意　　C.一般　　D.不太满意　　E.不满意

(6)双向列表法。将两类不同问题综合到一起,通常用表格来表现。

(7)成对比较法。在调查项目有多种种类时,将其在好与不好的评价标准下予以排列,请被调查者比较后决定。如:

问题:调查某种商品的广告效果时可列出:

甲广告( )　　乙广告( )

丙广告( )　　丁广告( )

甲广告( )　　丙广告( )

丁广告( )　　乙广告( )

四、市场调查报告

市场调查从制定调查方案、收集资料、资料的统计分析，到撰写调查报告，是一个完整的活动过程。

（一）市场调查报告的类型

市场调查报告的类型可分为以下两类。

1. 一般性报告

一般性报告对一般调查概括性写的报告，它要求内容简单明了，对调查方法、资料分析整理过程、资料目录等作简单说明，结论和建议可适当多一些。

2. 专题性报告

专题性报告是为特定目的而进行调查后写的报告，它要求报告详细明确，中心突出，对调查任务中所提出的问题作出回答。

（二）市场调查报告的格式

1. 扉页（封皮）

扉页内容包括调查报告的标题、调查人姓名、所属单位、报告日期。

2. 序言

序言简要说明调查的由来和委托调查的原因，它包括调查的目的、调查对象的概况、市场规模、主要用户的情况、产品市场占有率和主要竞争者的说明等。

3. 正文

正文是从研究的开始到结论的形成及论证。主要包括本次调查研究的主要目的、调查研究所用的方法、市场调查的背景材料、市场调查的结果与建议等。

4. 附件

附件用来论证、说明或进一步阐述正文的有关情况的资料。

第二节　市场预测

科学的营销决策，不仅要以市场调研为出发点，而且要以市场需求预测为依据。市场需求预测是在营销调研的基础上，运用科学的理论和方法，对未来一定时期的市场需求量及影响需求的诸多因素进行分析研究，寻找市场需求发展变化的规律，为营销管理人员提供未来市场需求的预测性信息，作为营销决策的依据。

市场预测的意义：市场预测是管理决策职能的重要组成部分；可以预见市场未来发展趋势，为企业确定生产经营方向提供有参考意义的依据；可以预见消费者对商品具体需求变化的趋向及竞争对手供货变化的趋向，有利于企业改进产品设计、增强产品适销对路的能力。

常用的市场需求预测方法主要有以下几种。

一、购买者意向法

市场是由潜在购买者构成的，预测就是估计在给定条件下潜在购买者的可能行为。

购买者意向调查法就是通过直接询问购买者的购买意向和意见，据以判断销售量的一种预测方法。

如果购买者的购买意向是明确清晰的，这种意向会转化为购买行为，并且愿意向调查者透露，这种预测法特别有效。如能获得完整资料，预测的准确性就比较高。多用于需求较稳定的生产资料市场的预测。但是，潜在购买者数量很多，难以逐个调查，同时购买者意向会随着时间转移，故适宜作短期预测。调查购买者意向的具体方法比较多，如直接访问法、电话调查法、邮寄调查法、组织消费者座谈会法等。例如，采用概率调查表向消费者调查耐用消费品购买意向，可能会收到较好效果。

美国有几家调查公司曾做过主要耐用消费品的消费者购买意向调查，如向消费者提出：在未来6个月里你打算买汽车吗？答案有六种不同的选择，即肯定不买、不大可能、有点可能、很有可能、非常可能、肯定购买。

当然，还要补充调查消费者目前和将来的个人财务状况及对经济前景的预测。然后，耐用消费品制造商即可根据这些调查结果安排自己的生产。在产业市场上，各种调查公司也作这类调查。采用此法预测的结果，大多同实际情况的偏差率在10%以内。

二、综合销售人员意见法

综合销售人员意见法是指通过分别收集销售人员对预测指标估计的最大值、最可能值及最低值及其发生的概率，集中所有参与预测者的意见，整理出最终预测值的方法。这是综合主管人员、基层业务人员及其他有关方面的判断而确定的预测结果，它首先由企业负责人召集销售、计划、生产、财务等部门的负责人或销售人员广泛交换意见，预测产品销售量，然后将不同人员的预测值进行综合，得出预测结果。

通过销售人员进行市场预测有以下优点：

（1）销售人员经常接近购买者，对市场当前现状和未来发展趋势有比较新的认识，特别是对技术发展影响较大的商品，他们相对来说更加敏感。

（2）由于销售人员参与企业预测，因而他们对上级下达的销售配额，能够比较好地贯彻和执行。当然，对推销人员的推算结果必须作一些必要的修正。他们可能有某种片面性，如天性乐观或悲观；由于近期的成功或挫折，使他们的推测可能走极端；由于所处地位的局限性，他们通常意识不到宏观经济的发展变化及其影响，以及企业整个营销计划对未来市场销售的影响。如果企业熟知每个推销人员在预测时常有的片面性，那么修正后的结果将是相当可信的。因为，推销人员毕竟较其他任何人更熟悉、更接近顾客，从而也更能把握未来销售的发展趋势。

三、专家意见法

专家意见法是一种靠综合专家意见来获得预测的方法。这里说的专家包括经销商、分销商、供货商、营销顾问和贸易协会等。由于他们一般掌握着更多的资料和更好的预测技术，往往能够作出较为可靠的预测。例如，汽车制造公司可定期要求它的分销商们对汽车市场的短期需求作出预测。也有不少企业向一些著名的经济预测专业公司购买关于宏观经济趋势和行业发展的情报。专门从事市场调查预测的公司，较一般厂商掌握更多有价值的情报资料，雇用较多的预测专家，因此它们对市场需求的发展可能提供更全面的信息。

专家意见法按照不同的组织形式有三种。

(一)头脑风暴法

所谓头脑风暴法，就是以专家的创造性思维来索取未来信息的一种直观预测和识别方法。此法是由美国人奥斯本于1939年首创的，从20世纪50年代起就得到了广泛应用。

头脑风暴法一般是在一个专家小组内进行的，通过专家会议，发现专家的创造性思维来获取未来信息。这就要求主持专家会议的人在会议开始时的发言应能激起专家们的思维灵感，促使专家们感到急需回答会议提出的问题，通过专家之间的信息交流和相互启发，从而诱发专家们产生思维共振，以达到互相补充并产生组合效应，获取更多的未来信息，使预测和识别的结果更准确。我国于20世纪70年代末开始引入头脑风暴法，很快就受到有关方面的重视和采用，按照头脑风暴法来组织专家预测和识别会议。

(二)专家会议法

与头脑风暴法一样，专家会议法也是以小组座谈会的形式进行的，利用专家群体的专业特长和经验，收集具有创造性的信息。这种专家调查采用小组座谈会的形式，邀请6～12名专家参加。参加座谈会的专家只能公开发表各自的意见或设想，不对其他专家主张进行讨论，也不能进行私下的交谈，不提出任何集体或权威的意见，以免阻碍个人的思考。

(三)德尔菲法

德尔菲法是头脑风暴法和专家会议法的发展。这种方法是由请专家坐在一起面对面地交谈讨论改为背对背地征询意见。

德尔菲法又称专家调查法，它起源于20世纪40年代末期，由美国兰德公司(Rand Corporation)首先使用，很快就在世界上盛行起来，现在此法的应用已遍及经济、社会、工程技术等各领域。德尔菲(Delphi)是古希腊神话中的地名，相传阿波罗杀死恶龙于该地，城中有阿波罗神殿，众神每年到此集会，可预测未来。美国兰德公司在20世纪40年代末制定此法，用系统的程序，采取不署名和反复进行的方式，先组成专家组，将调查提纲及背景资料提交专家，通过函询收集专家意见，然后加以综合整理，再匿名反馈给各位专家，再次征询意见。轮番征询专家意见后再汇总预测结果，逐步使专家的意见趋向一致，作为最后预测和识别的依据。

德尔菲法的特点是专家互不见面，可避免相互影响，且反复征询、归纳、修改，这样反复经过4～5轮，意见趋于一致，结论比较切合实际。我国在20世纪70年代引入此法，已有不少项目组采用，并取得了比较满意的结果。

德尔菲法有三个特点：匿名性、反馈性、收敛性。

专家意见法的主要优点是：①预测过程迅速，成本较低；②在预测过程中，各种不同的观点都可以表达并加以调和；③如果缺乏基本的数据，可以运用这种方法加以弥补。

专家意见法的主要缺点是：①专家意见未必能反映客观事实；②责任较为分散，估计值的权数相同；③一般仅适用于总额的预测，而用于区域、顾客群、产品大类等的预测时，可靠性较差。

四、市场试销法

在购买者并无详细的购买计划,或购买意向变化无常,或专家估计也难以准确的情况下,可直接进行市场试销。多用于投资大、风险高和有新奇特色产品的预测。在预测某种新产品的销售量,或预测新产品在某一新地区或通过某种新渠道的销售前景时,市场试销法比较适用。

五、时间序列分析法

时间序列分析法是收集与整理预测事物的过去资料,从中找寻过去该事物随时间而演变的趋势,把它用数学模型表示出来,然后用此模型从事预测。利用此法对市场商品供给、需求和销售进行不同时期的预测,是市场预测的一个重要方法。

许多企业是根据过去的销售实绩,预测未来销售发展趋势的。这首先要通过统计分析方法证明企业历年的销售数据确实具有连续性的因果关系,然后才可用做预测未来销售发展趋势的依据。

某种产品历年销售量(Y)的时间数列,可按趋势(Trend)、周期(Cycle)、季节(Season)和意外事件(Erraticevents)4 个主要因素进行分析。

(1)趋势(T)。即人口、资金构成和技术等要素发展变化的基本情况。这可从过去的销售曲线的变化规律中推测出来,也可看做是过去销售曲线的自然延伸。

(2)周期(C)。即经济周期波动的影响,剔除周期性的影响,对中期预测相当重要。

(3)季节(S)。指一年中销售变化的周期固有模式,例如与日、周、月或季节相关的规律性变动。这种变动往往是与气候、假日、交易习惯,甚至顾客上下班时间相联系的。季节性模式常作为短期销售预测的一种依据。

(4)意外事件(E)。包括暴风雪、火灾及其他偶然性的灾害、动乱等。这些因素都是可能遇到而又无法预测的,根据历史资料进行销售预测时,应剔除这些偶然因素的影响,以求得较规范的销售行为模式。

总之,时间序列分析法就是根据上述 4 个要素(T、C、S、E)分析原始销售数列,再结合这些要素预测未来的销售。例如,某电视机商行今年售出 12 000 台新产品,现在预测明年 10 月份的销售量。已知长期趋势是每年销售递增 5%,因此明年的总销售量估计为 12 600(12 000 ×1.05)台。但由于经济环境的波动,预计明年的销售量只能达到正常情况下的90%,即11 340(12 600×90%)台。如果每月的销售量相等,那么月平均销售量应是945(11 340÷12)台。然而,10 月份通常是销售量高于平均值的月份,季节指数为1.3。因此,预计明年10 月份的销售量可能达到1 229(945×1.3)台。此外,预期不会发生偶然事件,如颁布新法规、发生社会动乱等,所以对明年 10 月份销售量的最好预计是1 229 台。

这种方法把某种经济统计指标的数值按时间先后顺序排成序列,再将此序列数值的变化加以延伸,进行推算,预测未来发展趋势。

产品销售的时间序列(Y),其变化趋势主要有两种模型:

(1)乘法模型:　　$Y=T\times C\times S\times E$

(2)加法模型:　　$Y=T+C+S+E$

以过去的资料为基础，利用统计分析和数学方法分析预测未来需求。这种方法的依据是：①过去的统计数据之间存在着一定的关系，而且这种关系利用统计方法可以揭示出来；②过去的销售状况对未来销售趋势有决定性影响，销售额只是时间的函数。

时间序列预测的具体方法很多，下面介绍几种常用方法。

（一）简单平均预测法

简单平均预测法是以历史时期实际销售量的平均值作为预测值，也称算术平均法。此法的优点是简单易行，缺点是由于将远期销售量和近期销售量等同看待，而未能充分反映市场需求趋势的变化，故在市场有上升、下降等周期性变化时，预测的准确性较低。

（二）增量简单平均算术平均法

增量简单平均算术平均法是以历史时期的实际销售量的平均变动值加上最末一期的实际销售量作为预测值。此法适用于各期资料有逐渐上升或逐渐下降的趋势，且上升或下降幅度基本一致的情况。

（三）算术移动平均法

算术移动平均法是把过去若干时期销售实际相加，求其算术平均值，并随时间向后移动，根据最近期的销售量的新数据来不断修改平均值，作为预测期的销售量，此法所选择的期数主要根据历史资料来具体决定，既要包括足够的期数，以抵消随机波动的影响，但期数又不能过多，要除去早期的、作用不大的数据。

（四）加权算术平均法

上述几种预测法，都是将各期的变化趋势平均化，但由于近期资料对预测结果的影响程度较大，那么在近期实际资料有明显变化趋势时，还采用这种预测法，就不能反映真实的变化趋势，为减少预测误差，就要采用加权法进行预测。

加权算术平均法的特点是在计算过程中逐步加大近期实际销售量在平均值中的权数，然后予以平均，以确定预测值。权数的确定是根据以前各期销售实际对预测期的影响程度来确定的，资料期中各期权数之和应等于1。此法对于历史各期资料都给予权数进行计算，但当近期实际资料影响较大时，也可采用加权移动平均法。

六、统计需求分析法

任何产品的销售都要受多种因素的影响。统计需求分析是运用一整套统计学方法，发现影响企业销售的最重要的实际因素及其影响力大小的方法。经常分析的因素是价格、收入、人口和促销等。

统计需求分析法将需求量（Q）看做一个因变量，然后设法将它分解为若干独立变量的函数，即 $Q=f(x_1,x_2,\cdots,x_n)$，运用多元回归分析方法，可找到最主要的影响因素和最好的预测方程式。

例如，美国某软饮料公司运用统计需求分析法，发现影响某州软饮料需求量的最主要因素是年均温度和人均收入，它的表达方程式是

$$Q=-145.5+6.46X_1-2.37X_2$$

式中：X_1 为该州年均温度，℉；X_2 为该州人均收入，百美元。

例如，新泽西州年均温度为54 ℉，年人均收入为2 400美元，利用上述公式可得出新

泽西州人均软饮料需求量为

$$Q = -145.5 + 6.46 \times 54 - 2.37 \times 24 = 146.6$$

而实际的人均购买额为143。如果将此方程式用于其他州的软饮料销售预测也比较准确，那么该法就可作为一个有效的预测工具。公司可预测下一年各州的年平均温度和年人均收入，据此推断下一年销售情况。

复习思考题

1. 什么是市场调研？它的作用是什么？
2. 比较各种市场调研方法的优劣。
3. 市场需求测量的方法有哪些？
4. 你是如何评价网上调查的？

案例分析

美国航空公司对飞机上提供电话服务的调研

美国航空公司（简称美航）注意探索为航空旅行者提供他们需要的新服务。一位经理提出在高空为乘客提供电话通信的想法。其他的经理们认为这是激动人心的，并同意对此作进一步的研究。于是，提出这一建议的营销经理自愿为此作初步调查。他同一个大电信公司接触，以研究波音747飞机从东海岸到西海岸的飞行途中，电话服务在技术上是否可行。据电信公司讲，这种系统每次航行成本大约是1 000美元。因此，如果每次电话收费25美元，则在每航次中至少有40人通话才能保本。于是，这位经理与本公司的营销调研经理联系，请他研究旅客对这种新服务将作出何种反应。

一、确定问题与调研目标

1. 乘客在航行期间通电话的主要原因是什么？
2. 哪些类型的乘客最喜欢在航行中打电话？
3. 有多少乘客可能会打电话？各种层次的价格对他们有何影响？
4. 这一新服务会使美国航空公司增加多少乘客？
5. 这一服务对美国航空公司的形象将会产生多少有长期意义的影响？
6. 电话服务与其他因素（如航班计划、食物和行李处理等）相比，其重要性将怎样？

二、拟订调研计划

假定该公司预计不作任何市场调研而在飞机上提供电话服务，并获得长期利润5万美元，而营销经理认为调研会帮助公司改进促销计划而可获得长期利润9万美元。在这种情况下，在市场调研上所花的费用最高为4万美元。

调研计划包括资料来源、调研方法、调研工具、抽样计划、接触方法等。

三、收集信息

四、分析信息

五、提出结论

1. 使用飞机上电话服务的主要原因是有紧急情况、紧迫的商业交易、飞行时间上的混乱等。用电话来消磨时间的现象是不大会发生的。绝大多数的电话是商人所打的，并且他们要报销单。

2. 每200人中，大约有20位乘客愿花费25美元打一次电话；而约40人期望每次通话费为15美元。因此，每次收15美元（$40 \times 15 = 600$（美元））比收25美元（$20 \times 25 = 500$（美元））有更多的收入。然而，这些收入都大大低于飞行通话的保本点成本1 000美元。

3. 推行飞行中的电话服务使美航每次航班能增加2个额外的乘客，从这2人身上能收到400美元的纯收入，然而这也不足以帮助抵付保本成本点。

4. 提供飞行服务增强了美航作为创新和进步的航空公司的公众形象。

（资料来源：菲利普·科特勒，营销管理（新千年版），北京：中国人民大学出版社，2001年7月）

案例讨论题

1. 该公司应采用何种调研方法？为什么？

2. 试着为该公司作出一份调研计划。

第五章　目标市场营销战略

营销战略确定之后,市场营销的逻辑过程就要开始。这一逻辑过程由三个核心环节构成:市场细分—目标市场选择—市场定位。不论企业采用何种战略,都必须经过这三个环节的顺利过渡,否则企业的任何战略都不可能真正取得成功。从这种意义上讲,这一逻辑过程又是企业营销的战略过程。本章要阐述的内容就是对这一逻辑过程三个核心环节的具体展开。

第一节　市场细分

市场细分是选择目标市场的前提。在现代企业的营销活动中,不进行市场细分,就难以正确、有效地选择目标市场。

一、市场细分的概念

市场细分也称为市场区划、市场分片、市场区隔化,是现代市场营销学中的一个重要概念。

所谓市场细分,就是从区别消费者不同需求出发,根据消费者需求和购买行为的明显的差异性,并以此作为标准将整体市场细分为两个或更多的具有类似需求的消费者群,从而确定企业营销目标市场的过程。每一个消费者群就是一个子市场,每一个子市场都是一个由有相似需求的消费者群组成的,当然每一个子市场之间的需求是不同的,其差异性是很明显的。市场细分就是一个以求大同存小异的原则把整体市场进行分片集合化的过程。

市场细分不是通过产品细分来细分市场,而是以消费需求的差异性为出发点划分不同的消费者群来细分市场的。市场细分实质上是辨别具有不同欲望和需求的消费者群并加以分类的过程。市场细分也不同于市场分类。市场分类方法是以企业为中心,为便于掌握市场特征而进行划分的。如按商品的功能和用途不同,可将市场分为消费品市场、生产资料市场、服务市场等。而市场细分则立足于消费者,以消费者为中心,出发点在于识别消费需求的特征,以便企业根据消费者的需要确定其产品结构和营销方向,开展市场营销活动。如按消费者的年龄和需要的产品用途这两个细分标准,可将市场细分为儿童服装市场、青年服装市场、中老年服装市场等。

市场细分是 20 世纪 50 年代中期美国市场营销学家温德尔·斯密斯(Wendell R. Smith)提出的一个概念,是市场营销观念发展到现代营销观念后,开始实行目标市场营销战略过程中形成的。

在大量市场营销时期,由于受生产观念指导,企业是从产品出发,把消费者看做是具有同样需求的整体市场,所以大量生产单一品种的产品,采用普遍广泛的分销方式和同样的广告宣传方法。这样做,虽然可以降低成本、降低售价获得较多的利润,但是消费者就不得不购买品种单调的产品。这时,不同企业之间的竞争主要表现在价格上,市场区分也只有高价产品市场、低价产品市场。

随着科学技术的推动、生产力的发展,在市场推销观念指导下,严重的生产过剩迫使企业开始实行产品差异市场营销,生产多种产品,把外观、质量、式样、型号不同的产品推销给所有的消费者。但是,这时的产品差异不是由市场细分产生的,而是产品的细分。到20世纪50年代,在买方市场这种新的市场形势下,一些企业在现代市场营销观念这种新的营销观念指导下,开始实行目标市场营销,从满足消费者的不同需求出发,针对不同的目标市场提供不同的产品,并运用不同的销售渠道和广告宣传方式。50年代中期,美国以温德尔·斯密斯为首的市场营销学专家总结一些企业的实践经验,提出了市场细分这一新概念。这个概念一经提出,就受到企业管理者的重视,并迅速推广利用。

二、市场细分的意义

市场细分的原理和方法,已为越来越多的工商企业市场营销人员所接受和应用,在实践中获得了多方面的利益。市场细分是工商企业拓展市场营销的有力武器,具有十分重要的意义。

(一)有利于企业特别是中小企业发掘最好的市场营销机会,使企业取得优势地位

市场营销机会是指市场上存在的尚未满足的需求或尚未全部满足的消费需求。满足水平较低的市场部分,就可能存在着最好的营销机会,这对企业的营销活动来说,有着非常重要的意义:第一,进入市场的成功率较高;第二,有较大的销售潜力。但是,寻找发现新的市场营销机会,必须借助于市场细分。因为只有通过对纷繁复杂的整体市场进行细分,企业才有可能对每一个细分市场进行销售潜力的分析,研究消费者的需求满足程度,以及市场竞争情况。通过对这些情况的分析比较,才会发现哪些是尚未满足或未被全部满足的消费需求,即发现有利于企业的市场营销机会,以便迅速占领市场,夺取竞争优势,因此市场细分是企业发现营销机会,提高市场占有率的有力手段,如日本精工表进入美国市场就是通过市场细分的方法,找到了美国和欧洲手表商都未占领的市场空地,立刻行动迅速占领了美国手表市场份额的46%。对于小型企业,市场细分的意义则更重要。因为小型企业资源能力有限,在整体市场和较大的细分市场上缺乏竞争能力,如果能善于发现一部分特定的尚未满足的消费者需求,寻找到自身实力或优势所能夺取的市场机会,扬长避短,见缝插针,针对细分的小市场推出相应的产品,往往能够取得较好的经济效益,在激烈的竞争中求得生存和发展。

(二)有利于企业科学分配和集中使用资源

市场细分以最小的经营费用实现最大营销效益。工商企业通过市场细分,发现了新的市场营销机会,就可以根据企业的资源条件选择目标市场,并针对目标市场的特点,集中使用人力、物力、财力,开拓目标市场,营销适销对路的产品,集中力量打歼灭战。实践证明,集中力量比平均使用资源于各个细分市场,更能获得较大的营销效果,获得较理想的市场占有率。因此,无论是大型企业还是中小型企业,为避免资源的浪费,迅速提高市场占有率,实现最大的营销效益,都必须进行市场细分。

(三)有利于企业针对市场需求特征制定或调整企业的营销方案,有的放矢地采取适当的市场营销策略

市场细分是企业选择目标市场与制定各项市场策略的基础。通过市场细分,企业能够比较容易地认识不同消费者的需求差异,以及不同消费者对不同营销组合策略反应的差异,因而可以针对不同细分市场的特点,制定不同的营销组合方案,推出不同的产品和服务。同时,通过连续的市场细分,可以较快地反馈市场信息,一旦需求发生变化,企业可以及时、相应地调整营销方案,以最佳的营销组合适应消费需求的变化,增强企业的应变能力。

(四)有利于更好地满足消费者的现实需求和潜在需求,能够始终不断地开拓市场

通过市场细分,可以增强企业市场调研的针对性,比较全面地分析掌握细分市场上消费者需求的满足程度和变化情况,了解消费者的潜在需求。而潜在需求对于企业的发展和变化意义更加重大,企业能否创造性地发展,在激烈的市场竞争中获得领先地位,关键在于能否不断地发现消费者的潜在需求,并迅速地把潜在需求转化为现实需求。企业利用市场细分,不仅可以有计划地拓展目标市场,满足消费者的现实需求,而且可以发现消费者的潜在需求,迅速开发新产品,发展新市场,最大限度地满足消费者的潜在需求,不断地提高经济效益和社会效益。

(五)有效地避免了价格竞争

在激烈的市场竞争中,如果用降价作为竞争的武器,虽然有利于消费者,但是对生产者来说,收入却减少了。继续发展下去,就会使企业陷入绝境。而如果企业能采用市场细分的方法,找到一部分尚未满足的消费者需求并把它作为自己的目标市场,为消费者提供别人不能提供的产品,甚至形成某些垄断,这样就能把买方市场变为卖方市场,就不必用价格来竞争了,也就避免了价格竞争带来的损失,甚至会收到垄断带来的好处,极大地提高企业的营销效益。

综上所述,市场细分理论对于工商企业拓展市场营销,具有十分重要的意义,是企业确定营销目标和策略的前提条件,也是企业开展营销活动不可缺少的重要过程。目前,绝大多数的工商企业都在利用市场细分的策略。市场细分的科学原理和方法还可以广泛应用于各行各业。

三、消费者市场细分的标准

消费者需求的异质性是市场细分的基础,这种异质性主要表现在不同消费者在心理特征、社会经济地位、心理性格和价值追求等方面的区别。严格地说,每一个消费者的需求都不是完全相同的,而企业在制造、销售产品时,又无法去满足每一个人的不同需求。但这并不就意味着市场细分无法进行。我们在细分消费者市场时,常用的方法是分析消费者的两个方面的主要特征:一是消费者生理特征和社会属性的区别;二是消费者对企业安排的营销因素反应的区别。前者包括消费者的地理、人口和心理方面的差异;后者包括消费者对产品的喜爱、追求的利益,以及对广告宣传、价格等的信任程度。

消费者市场细分常用的标准有以下几个方面。

（一）按地理标准细分市场

地理细分是指把消费者所在的不同地理位置作为细分消费者市场的标准将市场细分。处在同一地理条件下的消费者，他们的需求有一定的相似性，对企业的产品、价格、分销、促销等营销措施会产生类似的反应。

作为地理标准的细分变量主要有：

(1)国界。主要指国际和国内。

(2)区域。如我国的华东、华北、中南、东北、西南、西北和港、澳、台地区，或按行政区划的各省、自治区、直辖市。

(3)气候。我国不同地区的不同气候特点带来了消费者对产品的不同的需求。如北方冬季较寒冷，气候干燥；南方夏季气温较高，雨水量较大等。

(4)城市规模。按常住人口数量可划分为小城市、中等城市、大城市和特大城市。

(5)人口密度。不同地区的人口密度的差异往往会影响日用消费品生产企业的营销活动。企业之所以可以按照地理标准来细分市场，关键在于生活在具有不同地理特征地区的消费者对同一类产品往往会有不同的需要与偏好，他们对于企业制定的营销策略往往也会产生不同的反应。如对茶叶的需求，江南地区以绿茶为主，北方一些省市以花茶为主，而福建、广东、云南等地又以乌龙茶、红茶等为主。地理因素是一个静态因素，往往容易辨别，它对于分析研究不同地区消费者的需求特点、需求总量及其发展变化趋势具有一定的意义，有助于企业地域市场的开拓。

（二）按人口标准细分市场

运用人口因素细分市场，就是根据人口统计变量（如国籍、民族、人数、年龄、性别、职业、教育程度、宗教、收入、阶层、家庭人数、家庭生命周期、媒体接触方式等因素）将市场进行细分。不同国籍或民族、不同年龄和性别、不同职业和收入的消费者，其需求和爱好均大不相同。故人口统计变量与消费者对商品的需求爱好和消费行为有着密切关系，而且人口统计变量的资料比较容易获得和进行衡量。为此，人口因素是市场细分中常用以区分消费者群体的标准。

作为人口标准的细分变量主要有：

(1)年龄。主要按人在成长过程中所处的不同年龄段，具体可分婴幼儿、儿童、少年、青年、青壮年、中老年等不同阶段。

(2)性别。男、女。

(3)文化程度。可分为文盲与半文盲、小学、初中、高中、大学及以上。

(4)民族。我国有56个民族，各民族的消费习惯和传统观念存在较大差别。

(5)宗教。主要有佛教、天主教、基督教、道教、伊斯兰教等。

(6)职业。主要有工人、农民、军人、职员、干部、科教、个体户等。

(7)收入。消费者家庭人均收入可划分为600元以下、600~1 000元、1 000~2 000元和2 000元以上。

此外，按人口标准细分市场也可使用家庭规模、家庭生命周期、种族等其他一些细分变量。

（三）按心理标准细分市场

心理细分是根据购买者的社会阶层、生活方式或者个性特点等，将购买者分成不同的群体。心理特征和生活方式是新环境下市场细分的一个重要维度。在物质丰裕的社会，需求往往从低层次的功能性需求向高层次的体验性需求发展，消费者除对商品的核心功能提出更高要求外，对品牌所附带的价值内涵也有所期待。消费者心理特征和生活方式上的差异，会导致对价值内涵和生活信息需求的差异。具有同样性别、年龄、收入的同一人口群体，由于其生活方式或性格不同，往往表现出不同的心理特性，对同一种产品会有不同的需求和购买动机。

作为心理标准的细分变量主要有：

（1）社会阶层。处于不同社会阶层的消费者，其消费方式往往存在较大的差异。

（2）生活方式。生活方式是由相互联系、相互制约的各方面要素构成的。

（3）个性。主要分为内向型和外向型。

（四）按购买行为标准细分市场

购买行为因素即根据消费者的不同购买行为来进行市场细分。它包括追求利益、品牌商标忠诚度（品牌偏好）、使用者地位、使用频率、对产品态度、准备程度等。例如，人们对化妆品的需求，有的消费者追求化妆品的润肤功能，有的则希望增白、祛斑。对某品牌化妆品，有的是从未使用者或首次使用者，有的则是经常使用者或是品牌偏好者。企业可以根据消费者购买行为因素细分市场，推出适合细分市场所需要的产品。

作为购买行为标准的细分变量主要有：

（1）利益追求。不同消费者对同一类商品可能有不同的利益追求。如在购买服装时，有的人追求高档名牌、款式新颖，有的人追求舒适得体、做工精良，有的人追求结实耐穿、价格实惠等。

（2）使用者状况。主要可按现实使用者和潜在使用者、初次使用者和经常使用者等方式进行划分。

（3）使用频率。主要可划分为不使用者、少量使用者和大量使用者。

（4）品牌忠诚度。主要可将消费者划分为坚定忠诚者、弹性忠诚者、转移忠诚者和随机者等四种群体类型。

（5）待购阶段。每一种产品（特别是新产品）市场上，总存在处于不同待购阶段的消费群，为此可将整体市场划分为不知道、有所了解、产生兴趣、产生购买欲望和已实施购买等多个细分市场。对处于不同阶段的消费群，企业应制定相应的营销策略，并应根据消费者所处待购阶段的变化而调整营销策略。

（6）态度。按照消费者对某种产品的态度，可将其划分为非常喜爱、喜爱、无所谓、反感、非常反感和敌对等几种类型。此种划分方法对于企业的意义应该是非常明确的。

四、生产者市场细分的标准

对生产者市场进行细分，同样可以使用细分消费者市场的部分标准和细分变量。但由于生产者市场上的购买是以盈利为目的的，它受个人和心理因素的影响较少，因此细分生产者市场常用以下几种标准。

（一）按用户的需求特征来细分市场

产品最终用户的需求是细分生产者市场最常用的标准。不同用户所在行业不同，他们在产品购买上具有各自的需求特征。如生产企业、商业企业对同一种零部件在供货方式、质量水平等方面的需求是有差异的；同一种产品，在军用品生产企业和民用品生产企业的需求也是不同的。因此，对不同用户来说，由于使用目的不同，他们在质量、价格、保证、售后服务等方面的需求也就不同。对于供应企业来说，按此标准细分买主市场，有利于选择最能发挥自身优势的最终用户群体作为企业的目标市场，通过调整企业的生产经营活动，努力创造出企业的特色，更好地满足用户需要。

（二）按用户的地理位置来细分市场

每一个国家和地区，由于气候条件、资源分布以及历史发展等方面的原因，都在一定程度上形成了不同产业布局的相对集中趋势，这种相对集中趋势有利于生产资料供应企业在合理选择自己的目标市场的基础上，统筹安排企业的销售队伍，有效地规划运输路线，从而节省销售费用支出。如我国的重工业主要集中在华北和东北等地，丝绸工业主要集中在浙江和江苏两省，煤炭储量主要集中在"三西"（即山西、陕西和内蒙古西部）地区等。生产者市场的集中程度要比消费者市场更加明显。

（三）按用户的规模大小来细分市场

用户规模的大小也是细分生产者市场常用的依据之一。对生产者市场上的用户，按其需要使用量和实际购买量可分为大量用户、中等用户和少量用户，买方据此标准细分市场的意义在于：

（1）可以按照自身的规模和资源实力，选择企业适合的用户为自己的目标市场。

（2）可以依据不同的用户规模，制定和实施不同营销组合策略。

如对于企业最终用户中的大客户，应采取直接联系、直接供应的办法，由销售经理或主要业务人员重点负责，以不断稳定其购买量，并更好地提供服务。

（四）按用户的利益追求来细分市场

生产者市场的购买者在采购原材料、零件设备时，往往会表现出不同的利益追求，如不同的用户在产品价格、质量、售后服务等方面的要求会有差别。这也是进行生产者市场细分时可以使用的标准之一。

同细分消费者市场一样，许多企业在细分生产者市场时，也往往同时采用多个标准来进行。

五、市场细分标准的选择

在市场细分过程中，细分标准的选择是一个关键问题，因为随行业、产品和细分目的的不同，细分的标准也不同，没有一个完全固定的格式模板可以模仿。而且，细分标准是否选择得恰当、准确，将直接影响市场细分的效果，并间接地影响整体营销工作的成败。

（一）可行的市场细分标准的特点

企业要在所有可能的细分化标准中选择一个或者几个标准，进行市场细分，需要人们能够判断和比较这些标准各自的特点与适用性。对任何一种产品而言，其合适的市场细分标准应该有三项特点：恰当性、可测量性和操作价值。

1. 恰当性

恰当性是指在这一细分标准所将要定义的细分市场上，消费者对企业所指定的产品的行为和态度，具有各自鲜明的区别。例如，一家都市类报纸进行市场细分，不能把目标消费者所在区域的气候类型（赤道季风气候、热带季风气候等）作为细分依据，而教育程度、社会阶层、品牌忠诚度等标准则是可行的。

2. 可测量性

一项有用的市场细分标准应该易于测量，或者至少可以识别。例如，一个企业决定将某地区的人口性别和年龄作为细分标准时，很容易通过该地区的统计公报、年鉴等资料获知相关数据。相反，消费者心理和行为常常很难测量或观察。例如，消费者的生活方式（简朴型、时尚型、奢华型等）可作为家庭轿车厂商进行市场细分的标准，但是这种统计数据很难获得。

3. 可操作性

可操作性即一项有用的市场细分标准应对市场营销人员有实际的用途，以便他们能够依据细分市场的特征采用不同的产品、价格、分销和促销策略。例如，电信市场按地理区域不同，可划分成内地通信市场和沿海通信市场，城市通信市场和农村通信市场。在同一城市内，按通信需求程度大小划分成工业区市场、商业区市场、文化区市场、机关事业区市场和居民区市场。在此基础上，电信企业营销部门决定采用具有针对性的营销策略。

（二）有效市场细分的特点

根据可行的细分标准进行市场细分才会形成一个有效的细分市场。一个有效的细分市场应该包含需求差异性、市场的可识别性、可达到性、足量性和行动可能性等5个特点。

各细分市场之间体现的需求差异性，表现为同一细分市场内需求差异最小，对相似的营销策略有相似的反应；不同细分市场间需求差异最大。需求的差异性在于确保产品开发和价格策略的针对性，向市场主体递交个性化产品。

需求的可识别性和可达到性在于确保清晰地区分各细分市场的主体，把产品信息及产品实体通过特定的渠道递送给他们。

足量性指细分市场的规模必须能提供足量的利润来源，能达到足够获利的程度。一个细分市场应该是值得为之设计一套营销规划方案的尽可能大的同质群体。

行动的可能性主要是指企业的资源是否能满足对细分市场的营销需求。

市场细分这5个特点也可简称为五性要求。细分市场只有符合五性要求，细分标准才是理想的，细分的市场才是有效的。

六、市场细分的步骤与方法

（一）市场细分的步骤

美国营销专家伊·杰·麦卡锡提出了一套逻辑性强、直观明了的七步细分法，被企业界广泛接受。其基本步骤如下。

1. 选定产品市场范围

在明确企业任务、目标，对市场环境充分调查分析之后，首先从市场需求出发考虑选定一个可能的产品市场范围。

2. 估计潜在顾客的基本需求

企业可以在地理、心理和行为等方面，通过头脑风暴法对潜在顾客的要求作大致分析。这一步骤掌握的情况也许不够全面，但是可为以后各个步骤准备深入了解的资料。如某房地产公司调查顾客对小型公寓的需求，大致包括遮风蔽雨、停放车辆、安全、经济、设计良好、方便学习和生活、不受外来干扰、足够的空间、满意的内部装修、公寓管理等。

3. 分析潜在顾客的不同需求

企业依据人口因素作抽样调查，向不同的潜在顾客了解上述哪些需求对他更重要。初步形成几个消费需求相近的细分市场。比如，上述那家房地产公司会发现，在校外租房住宿的大学生，认为最重要的是遮风蔽雨、停放车辆、经济、方便上课和学习；新婚夫妇希望遮风蔽雨、停放车辆、不受外来干扰、满意的公寓管理等；较大的的家庭住户要求遮风蔽雨、停放车辆、经济、有足够的儿童活动空间等。这样，不同的顾客群体，即若干分市场也就初步显现出来了。

4. 剔除潜在顾客的共同需求

对初步形成的几个分市场之间共同的需求加以剔除，以它们之间需求的差异作为细分市场的基础。虽然共同需求也重要，但只能作为市场营销组合决策的参考，不能作为市场细分的基础。比如遮风蔽雨、停放车辆和安全等项，几乎是每一类潜在顾客都要求的，就必须剔除。

5. 为这些分市场暂时定名

为不同的顾客群体定一个称谓。比如房地产公司对各分市场剩下的不同要求进行分析，结合顾客群体的特点，暂时安排一个叫法。

(1)好动者。年轻、未婚、爱玩好动。

(2)稳健者。比好动者稍年长、更成熟、收入及受教育程度更高，追求舒适与注重个性。

(3)新婚者。暂住，将来希望另找住房。

(4)工作为主者。单身，希望住所离工作地点近、经济。

(5)度假者。市区有住房，希望节假日过一点郊外生活。

(6)向往城市者。乡间有住房，但希望接近城市生活。

(7)家庭。

6. 进一步认识各细分市场的特点，作进一步细分或合并

企业要对各分市场的顾客，作更深入细致的考查，明确各顾客群体的特点，已知哪些，还要了解哪些，以便决定各分市场是否需要再度细分，或加以合并。

7. 测量各分市场的大小，从而估算可能的获利水平

经过以上步骤，分市场的类型基本确定。企业接着应把每个分市场与人口因素结合，测量各个分市场中潜在顾客的数量。企业进行市场细分，是为了分析盈利的机会，这又取决于各分市场的销售潜力。

这只是一般市场细分的步骤，实际细分过程中，应根据具体情况加以简化或丰富。

(二)市场细分的主要方法

按照细分标准数目的多少来划分，市场细分的方法有以下几种。

1. 单一因素法

单一因素法即选用一个细分标准,对市场进行细分。如对服装市场,由于需求与购买者的性别有着直接关系,因而可按性别定标准,把市场划分为男性服装市场与女性服装市场。

2. 综合因素法

综合因素法即运用两个或两个以上的标准对市场进行细分。消费者的需求差别是由于多种原因的影响形成的,只有从多个角度、多个方面去分析、认识,才能准确地把握和区分。这就需要用综合因素法来进行市场细分。如家具市场的划分,就可以根据影响消费者需求的主要因素(收入水平、户主年龄、住房面积等)来划分。市场按收入水平可分成高、中、低三类,按户主年龄可分为青年、中年、老年三类,按住房面积可分为大、中、小三类。这样按三个因素划分后,家具市场就可划分为 27 个子市场(3×3×3),如图 5-1 所示。

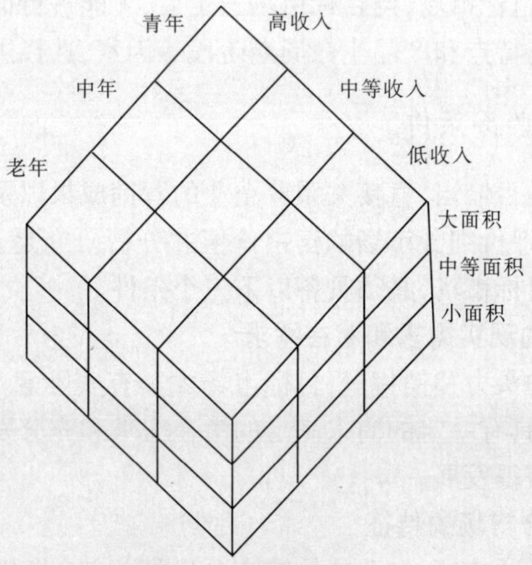

图 5-1 综合因素法

3. 系列因素法

系列因素法也是运用两个或两个以上的标准来细分市场,但必须依据一定的顺序由粗到细依次细分,下一阶段的细分是在上一阶段选定的子市场中进行的,细分的过程也就是一个比较、选择子市场的过程,如图 5-2 所示。

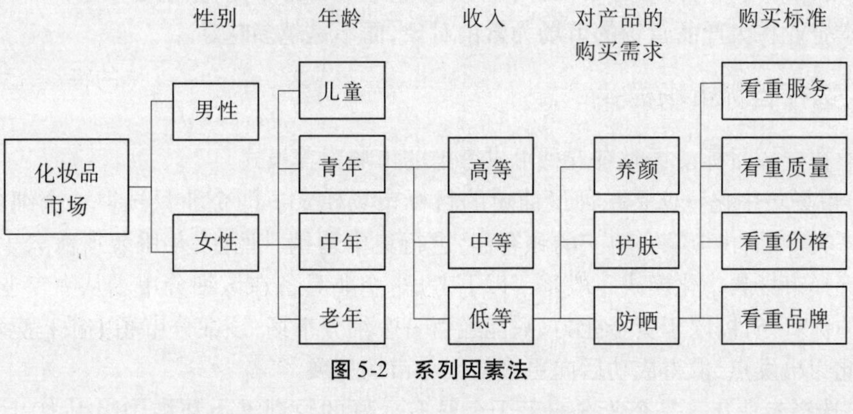

图 5-2 系列因素法

第二节 目标市场选择

市场细分的目的在于为企业选择和进入目标市场提供帮助。在所有的市场细分进行之后,企业对细分市场就要进行评估。通过评估来舍弃无效的细分市场,进一步评价有效的细分市场,从而决定为多少个细分市场服务,即进入预定的目标市场。

一、目标市场的概念

所谓目标市场,是企业决定要进入的细分市场,是企业所选择和确定的营销对象,即企业能为之提供有效产品和服务的顾客群。面对激烈的市场竞争,企业往往要实行目标市场营销,首先要确定目标市场,当目标市场选定后,才能进行恰当的品牌定位,并根据企业资源、产品特点、市场特点和产品生命周期阶段等因素,选择进入目标市场的策略。

二、目标市场的必备条件

目标市场的选择是否恰当,直接关系着企业的营销成果以及市场占有率。因此,选择目标市场时,必须认真评价细分市场的营销价值并分析研究是否值得去占领。一个细分市场要能成为企业的目标市场,必须具备以下三个条件。

(一)拥有较理想的现实需求和潜在需求

只有具有足够的购买力和销售量,目标市场才具有实际意义,才具有开发的价值,使企业有利可图;也只有具有一定的尚未满足的潜在需求和充分发展的潜在购买力,目标市场的开发才能使企业获得发展。

(二)企业优势符合市场的特征

企业优势符合市场的特征,企业才能够充分发挥优势,营销适销对路产品,提高企业经济效益,才能以巨大的优势去占领目标市场。

(三)竞争对手尚未控制市场,市场竞争还不激烈

竞争对手尚未控制市场,市场竞争还不激烈的目标市场才是企业能够占领的。这样有利于企业乘势进入并占领目标市场,在市场竞争中夺取优势。

所以,并不是所有的细分市场都可以作为企业的目标市场,企业必须选择一个或多个有利于本企业扩大产品营销的市场为营销对象,而不是越多越好。

三、选择目标市场模式

企业在选择目标市场时有五种可供考虑的市场覆盖模式。

(1)市场集中化。这是一种最简单的目标市场模式。即企业只选取一个细分市场,只生产一类产品,供应某一单一的顾客群,进行集中营销。例如,某服装厂商只生产儿童服装。选择市场集中化模式一般基于以下考虑:企业具备在该细分市场从事专业化经营或取胜的优势条件;限于资金能力,只能经营一个细分市场;该细分市场中没有竞争对手;准备以此为出发点,取得成功后向更多的细分市场扩展。

(2)选择专业化。是企业选取若干个具有良好的盈利潜力和结构吸引力,且符合企

业的目标和资源的细分市场作为目标市场,其中每个细分市场与其他细分市场之间较少联系。其优点是可以有效地分散经营风险,即使某个细分市场盈利不佳,仍可在其他细分市场取得盈利。采用选择专业化模式的企业应具有较强资源和营销实力。

(3)产品专业化。是企业集中生产一种产品,并向各类顾客销售这种产品。如饮水器厂只生产一个品种,同时向家庭、机关、学校、银行、餐厅、招待所等各类用户销售。产品专业化模式的优点是企业专注于某一种或一类产品的生产,有利于形成和发展生产及技术上的优势,在该领域树立形象。其局限性是当该领域被一种全新的技术与产品所代替时,产品销售量有大幅度下降的危险。

(4)市场专业化。是企业专门经营满足某一顾客群体需要的各种产品。比如,某工程机械公司专门向建筑业用户供应推土机、打桩机、起重机、水泥搅拌机等建筑工程中所需要的机械设备。市场专业化经营的产品类型众多,能有效地分散经营风险。但由于集中于某一类顾客,当这类顾客的需求下降时,企业也会遇到收益下降的风险。

(5)市场全面化。是企业生产多种产品去满足各种顾客群体的需要。实力雄厚的大型企业选用这种模式,才能收到良好效果。例如,美国 IBM 公司在全球计算机市场,丰田汽车公司在全球汽车市场等。

四、目标市场战略

(一)无差异性营销战略

实行无差异性营销战略的企业把整体市场看做一个大的目标市场,不进行细分,用一种产品、统一的市场营销组合对待整体市场。实行此战略的企业基于两种不同的指导思想,第一种是从传统的产品观念出发(见图 5-3(a)),强调需求的共性,漠视需求的差异。因此,企业为整体市场生产标准化产品,并实行无差异的市场营销战略。在 20 世纪 60 年代前,美国可口可乐公司一直奉行典型的无差异性营销战略,以单一的品种、标准的瓶装和统一的广告宣传内容,长期占领世界非酒类饮料市场。在大量生产、大量销售的产品导向时代,企业多数采用无差异性营销战略经营。实行无差异性营销战略的另一种思想是:企业经过市场调查之后,认为某些特定产品的消费者需求大致相同或较少差异,比如食盐,因此可以采用大致相同的市场营销策略。从这个意义上讲,它符合现代市场营销理念。

采用无差异性营销战略的最大的优点是成本的经济性。大批量的生产销售,必然降低单位产品成本;无差异的广告宣传可以减少促销费用;不进行市场细分,也相应减少了市场调研、产品研制与开发,以及制定多种市场营销战略、战术方案等带来的成本开支。但是,无差异性营销战略对市场上绝大多数产品都是不适宜的,因为消费者的需求偏好具有极其复杂的层次,某种产品或品牌受到市场的普遍欢迎是很少的。即便一时能赢得某一市场,如果竞争企业都如此仿照,就会造成市场上某个部分竞争非常激烈,而其他市场部分的需求却未得到满足。例如,20 世纪 70 年代以前,美国三大汽车公司都坚信美国人喜欢大型豪华的轿车,共同追求这一大的目标市场,采用无差异性市场营销战略。但是 70 年代能源危机发生之后,美国小轿车消费需求已经变化,消费者越来越喜欢小型、轻便、省油的小型轿车,而美国三大汽车公司都没有意识到这种变化,更没有适当地调整他们的无差异性营销战略,致使大轿车市场竞争出现白热化,而小型轿车市场却被忽略。日本汽车公司正是在这种情况下乘虚而入的。

(二)差异性营销战略

差异性营销战略是把整体市场划分为若干需求与愿望大致相同的细分市场,然后根据企业的资源及营销实力选择部分细分市场作为目标市场,并为各目标市场制定不同的市场营销组合策略(见图5-3(b))。

采用差异性营销战略的最大长处是可以有针对性地满足具有不同特征的顾客群的需求,提高产品的竞争能力。但是,由于产品品种、销售渠道、广告宣传的扩大化与多样化,市场营销费用大幅度增加。所以,无差异性营销战略的优势基本上成为差异性营销战略的劣势。其他问题还在于:该战略在推动成本和销售额上升的同时,市场效益并不具有保证。因此,企业在市场营销中有时需要进行反细分或扩大顾客的基数。

(三)集中性营销战略

集中性营销战略是在将整体市场分割为若干细分市场后,只选择其中某一细分市场作为目标市场(见图5-3(c))。其指导思想是把企业的人、财、物集中用于某一个或几个小型市场,不求在较多的细分市场上都获得较小的市场份额,而要求在少数较小的市场上得到较大的市场份额。

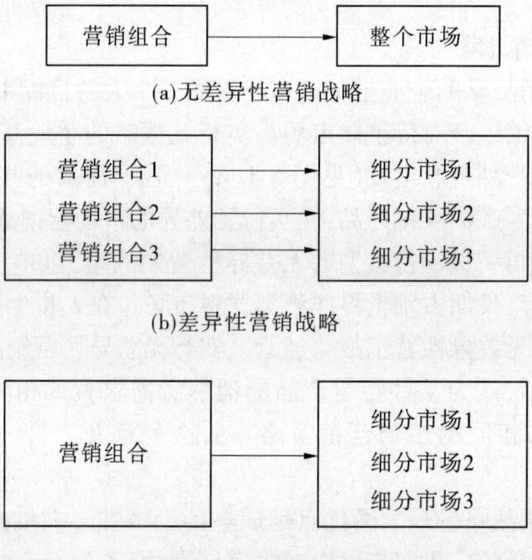

图5-3　三种可供选择的目标营销战略

这种战略称为弥隙战略,即弥补市场空隙的意思,适合资源薄弱的小企业。小企业如果与大企业硬性抗衡,弊大于利,必须学会寻找对自己有利的小生存环境。用生态学的理论说,必须找到一个其他生物不会占领、不会与之竞争,而自己却有适应本能的小生存环境。也就是说,如果小企业能避开大企业竞争激烈的市场部位,选择一两个能够发挥自己技术、资源优势的小市场,往往容易成功。由于目标集中,可以大大节省营销费用和增加盈利;又由于生产、销售渠道和促销的专业化,也能够更好地满足这部分特定消费者的需求,企业易于取得优越的市场地位。

这一战略的不足是经营者承担风险较大,如果目标市场的需求情况突然发生变化,目标消费者的兴趣突然转移(这种情况多发生于时髦商品)或是市场上出现了更强有力的竞争对手,企业就可能陷入困境。

五、选择目标市场营销战略应考虑的因素

(1)企业能力。是指企业在生产、技术、销售、管理和资金等方面力量的总和。如果企业力量雄厚,且市场营销管理能力较强,即可选择差异性营销战略或无差异性营销战略。如果企业能力有限,则宜选择集中性营销战略。

(2)产品同质性。同质性产品主要表现在一些未经加工的初级产品上,如水力、电力、石油等,虽然产品在品质上或多或少存在差异,但用户一般不加区分或难以区分。因此,同质性产品竞争主要表现在价格和提供的服务条件上。该类产品适于采用无差异性营销战略。而对服装、家用电器、食品等异质性需求产品,可根据企业资源力量,采用差异性营销战略或集中性营销战略。

(3)产品所处的寿命周期阶段。新产品上市往往以较单一的产品探测市场需求,产品价格和销售渠道基本上单一化。因此,新产品在引入阶段可采用无差异性营销战略。而待产品进入成长或成熟阶段,市场竞争加剧,同类产品增加,再用无差异性营销战略就难以奏效,所以成长阶段改为差异性或集中性营销战略效果更好。

(4)市场的类同性。如果顾客的需求、偏好较为接近,对市场营销刺激的反应差异不大,可采用无差异性营销战略;否则,应采用差异性或集中性营销战略。

(5)竞争者的营销战略。如果竞争对手采用无差异性营销战略时,企业选择差异性或集中性营销战略有利于开拓市场,提高产品竞争能力。如果竞争者已采用差异性营销战略,则不应以无差异性营销战略与其竞争,可以选择对等的或更深层次的细分或集中性营销战略。

第三节　市场定位

企业在确定的目标市场上将面临竞争对手的挑战。在买方市场条件下,目标顾客在购买他所需要的产品和服务时,具有较大的选择性。市场定位则是要在目标顾客心目中树立独特的形象,使顾客产生特殊的偏爱,以诱导顾客作出购买行为。准确的市场定位,有助于企业获得稳定的销路和市场占有率。如麦当劳定位为大众化快餐店;马克西姆定位为高档豪华餐厅;海尔电器是国产高质量产品;燕京啤酒物美价廉,是国产名牌啤酒之一。

一、市场定位的概念

市场定位的解释较多,简单介绍以下两种。

菲利浦·科特勒的观点:市场定位就是一种对公司的供应品和形象进行设计,从而使其能在目标顾客心目中占有一个独特的位置的行动。

里斯和特劳特的观点:市场定位起始于产品。一件商品、一项服务、一家公司、一个机构,或者甚至是一个人……然而,市场定位并非是对产品本身做什么。市场定位是指要针对潜在顾客的心理采取行动,即将产品在潜在顾客心目中定一个适当的位置。

一般而言,市场定位是根据竞争者现有产品在细分市场上所处的地位和顾客对某些产品属性的重视程度,塑造出本企业产品与众不同的鲜明个性或形象传递给目标顾客,使该产品在细分市场上占有强有力的竞争位置。亦即塑造一种产品在细分市场上占有的强有力的竞争位置。

二、市场定位的步骤

市场定位的关键是企业要设法在自己的产品上找出比竞争者更具有竞争优势的特性。竞争优势一般有两种基本类型:一是价格竞争优势,即在同样的条件下比竞争者定出更低的价格。这就要求企业采取一切努力,力求降低单位成本。二是偏好竞争优势,即能提供确定的特色来满足顾客的特定偏好,这就要求企业采取一切努力在产品特色上下工夫。因此,企业市场定位的全过程可以通过三大步骤来完成,即确认本企业潜在的竞争优势、准确地选择相对竞争优势和明确显示其独特的竞争优势。

(一)确认本企业潜在的竞争优势

这一步骤的中心任务是要回答三大问题:一是竞争对手的产品定位如何?二是目标市场上足够数量的顾客欲望满足程度如何以及还需要什么?三是针对竞争者的市场定位和潜在顾客的真正需要的利益,要求企业应该做什么和能够做什么?要回答这三个问题,企业市场营销人员必须通过一切调研手段,系统地设计、搜索、分析并报告有关上述问题的资料和研究结果。通过回答上述三个问题,企业就可从中把握和确定自己的潜在竞争优势在何处。

(二)准确地选择相对竞争优势

相对竞争优势表明企业能够胜过竞争者的能力。这种能力既可以是现有的,也可以是潜在的。准确地选择相对竞争优势就是一个企业各方面实力与竞争者的实力相比较的过程。通常的方法是分析、比较企业与竞争者在下列7个方面究竟哪些是强项,哪些是弱项。

(1)经营管理方面。主要考查领导能力、决策水平、计划能力、组织能力以及个人应变的经验等指标。

(2)技术开发方面。主要分析技术资源(如专利、技术诀窍等)、技术手段、技术人员能力和资金来源是否充足等指标。

(3)采购方面。主要分析采购方法、存储及运输系统、供应商合作以及采购人员能力等指标。

(4)生产方面。主要分析生产能力、技术装备、生产过程控制以及职工素质等指标。

(5)市场营销方面。主要分析销售能力、分销网络、市场研究、服务与销售战略、广告、资金来源是否充足以及市场营销人员的能力等指标。

(6)财务方面。主要考查长期资金和短期资金的来源及资金成本、支付能力、现金流量以及财务制度与人员素质等指标。

(7)产品方面。主要考查可利用的特色、价格、质量、支付条件、包装、服务、市场占有率、信誉等指标。

通过对上述指标体系的分析与比较,选出最适合本企业的优势项目。

(三)明确显示其独特的竞争优势

这一步骤的主要任务是企业要通过一系列的宣传促销活动,使其独特的竞争优势准确地传播给潜在顾客,并在顾客心目中留下深刻印象。为此,企业首先应使目标顾客了解、知道、熟悉、认同、喜欢和偏爱本企业的市场定位,在顾客心目中建立与该定位相一致的形象。其次,企业通过保持目标顾客的了解,稳定目标顾客的态度和加深目标顾客的感情等努力来巩固与市场相一致的形象。最后,企业应注意目标顾客对其市场定位理解出现的偏差或由于企业市场定位宣传上失误而造成目标顾客模糊、混乱和误会,及时纠正与市场定位不一致的形象。比如,创维一直是中国家电业中一个年轻而有冲击力的品牌,在青年一代中的口碑不错。2000 年,创维对自己的品牌重新进行了定位,提出了"新一代,新选择"的宣传语,并邀请了香港当红明星郑伊健和影视新星章子怡出任品牌形象代言人,锁定的目标消费群是 20 世纪 70 年代前后出生的一代人,其特点是接近婚嫁年龄、有创新思维、勇于接受新生事物且有一定的经济能力。由于目标市场选择正确,市场定位准确,产品销售畅旺。

三、市场定位的策略

(一)对峙定位(迎头定位)

对峙定位是指企业选择靠近于现有竞争者或与现有竞争者重合的市场位置,争夺同样的顾客,彼此在产品、价格、分销及促销等各个方面差别不大。比如 2001 年,在受人瞩目的新康泰克面世的第二天,以保健品起家的太太药业公司底气十足地宣布推出自己的感冒药正源丹,并且要在两三年内成为中药感冒药市场的第一名。这就是对峙定位的范例。太太药业公司之所以采用这种定位方法,主要是考虑到市场上没有一个真正纯中药的全国性感冒药品牌,而且没有一个真正针对特殊人群的全国性感冒药品牌。而正源丹源于宋代古方,针对的是老人、妇女、儿童、体质虚弱者这一特殊感冒群体。

(二)回避定位(避强定位)

回避定位是指企业回避与目标市场上的竞争者直接对抗,将其位置定在市场空白点,开发并销售目前市场上还没有的某种特色产品,开拓新的市场领域。上海徐家汇广场有三家大商场,东方商厦面向中高收入顾客,突出品牌档次;太平洋百货以追求时尚的青少年为目标市场;第六百货则以实惠、价廉吸引顾客。同样是彩电产品,东方商厦主营大屏幕彩电,第六百货经营国产彩电,而太平洋百货则不经营彩电。回避定位的结果是三方均大获其利。北京的燕莎、赛特和世都等新兴商场成功的原因之一,也是避开和王府井、西单等老字号正面竞争,采取回避定位的结果。

(三)重新定位

重新定位是指企业变动产品特色,改变目标顾客对其原有的印象,使目标顾客对其产品新形象有一个重新的认识过程。

市场重新定位对于企业适应市场环境,调整市场营销战略是必不可少的。企业产品在市场上的定位即使很恰当,但在出现下列情况时也需考虑重新定位:一是竞争者推出的市场定位在本企业产品的附近,侵占了本企业品牌的部分市场,使本企业品牌的市场占有率有所下降;二是消费者偏好发生变化,从喜爱本企业某品牌转移到喜爱竞争对手的某品牌。

企业在重新定位前,尚需考虑两个主要因素:一是企业将自己的品牌定位从一个子市场转移到另一个子市场时的全部费用;二是企业将自己的品牌定在新位置上的收入有多少,而收入多少又取决于该子市场上的购买者和竞争者情况,取决于在该子市场上销售价格能定多高等。

除上述外,市场定位的方法还有:根据属性和利益定位,根据价格和质量定位,根据用途定位,根据使用者定位,根据产品档次定位,根据竞争局势定位,以及根据各种方法组合定位等。

四、重新定位战略

没有一劳永逸的定位,市场经济飞速发展的今天,各种产品之间的竞争日趋激烈,要想让自己的产品在竞争浪潮中有一席之地,甚至长期立于不败之地,就需要对产品不断地重新定位,用以满足广大消费者的需要,用以打破竞争劣势局面,从而获得新的活力和增长。

(一)产品重新定位的原因

影响产品重新定位的主要因素有两个:一个是外部环境,另一个是企业内部因素。通常有如下几种具体表现形式。

1. 消费者的需求变化影响产品的重新定位

产品的原有定位是正确的,但由于消费者的选择标准发生了变化,由企业的忠实消费者转变为竞争对手的消费者。他们可能受到产品价格、款式等的影响,也可能是受到观念转变的影响,比如原来注重产品的功能,现在注重产品的形象。在这种情况下,我们有必要对自己的产品进行重新定位。

莎菲尔是北京的老牌童装品牌,但今年该公司突然宣布引进新西兰童装品牌南瓜芽,并计划逐步代替公司原有主力品牌莎菲尔。情况像是童装市场正在经历一个需求升级的过程。随着人们家庭生活逐步富足,家庭结构的改变,独生子女越来越多,目前儿童服装的消费正由中低档向中高档迁移。同时,巨大的市场潜力所招致的越来越多的国外新进入者,也对这场升级起到了推波助澜的作用。太子奶、娃哈哈等著名公司对童装市场的染指,作为北京市场三大老牌童装品牌之一的莎菲尔市场占有率的每况愈下,都从不同的侧面说明了这点。

这时,只有那些适时改变品牌定位和营销策略以适应用户新需求和新竞争态势的厂商,才能取得或继续保持在市场的地位。显然,莎菲尔有四种策略可供选择:一是保持原来的定位,确立平民化的形象,为那些希望以不太昂贵的价格买到高品质且有知名度的童装的用户提供一个选择,但同时丰富产品线,并在现有的市场开辟更多的销售渠道和开辟新的地区市场,尤其是二三级市场,这是大多数国内品牌的一个比较现实的选择;二是再定位品牌,将品牌定位于中高档消费,但须在产品设计和销售渠道上也进行相应的再定位，但这将耗资巨大且风险最大；三是引进现成的中高档品牌，主要是洋品牌，并逐步放弃原有品牌，但面临一个渠道和公司形象再建设的问题，且从长远来看使公司面临失去代理权的风险，莎菲尔采取的就是这条策略；四是实行多品牌经营，一方面在中低档市场继续保持原有品牌，另一方面在中高端自建或引进新品牌。但如果走相同的渠道，容易混淆品牌形象。到底应该选择哪一种，主要取决于市场需求的现状、企业现有的资源和优势、投资者的回报预期和风险承受能力。

2. 原来定位失误

企业的产品投放市场后，如果市场对产品反应冷淡，销售情况与预测差距太大，这时企业就应对市场进行调查和分析，对企业进行诊断，如果是产品定位不恰当，就应该对产品进行重新定位。

3. 原来定位阻碍企业市场开拓

在企业发展的过程中，原来定位可能会成为制约因素，阻碍企业开拓新的市场。或者由于外界环境的变化，企业有可能获得新的市场机会，但原来的定位与外界环境难以融合，因此企业出于发展和扩张的目的，需要调整和改变原有定位。

在中国市场已经给人以高档形象的著名瑞典家居品牌宜家，其实在瑞典本土和北美市场上却是以一贯的家居便利店形象获得巨大成功的，它的优势也主要体现在以低成本的家居解决方案为顾客提供质优价廉的便利家具，其市场也主要定位在中低端的大众市场。

但是，当6年前宜家进入中国时，却放弃了在欧美大获成功的定位，转而将重点放在中国高端家居市场，并逐步树立起了高档时尚的品牌形象。事实证明，这种再定位的策略是明智的。

首先，低成本竞争虽然是宜家在欧美发家的法宝，但在进入中国的初期，这种策略是很难实施的：一方面，一旦走家居便利店的路线，就必须以规模制胜，考虑到家居行业特殊的成本结构，这对于宜家这样初到中国的家居品牌而言，是需冒很大风险的；另一方面，由于采购、生产等环节一时还很难实现本土化，即便沿用欧美的低成本竞争策略，也不可能真正形成在中国的低成本优势，这时若仍然咬牙出血，对宜家来说肯定是不能接受的。

其次，从当时家居市场的结构而言，国内品牌占绝对主流，而且主要集中在中低端竞争，这一市场必须依靠价格制胜，宜家与它们竞争一时很难占到优势。

最后，从可行性来看，宜家是来自欧洲的国际品牌，在当时中国的高端用户中，还是很值得向往的品牌，而且从竞争策略来看，采用高端的定位走差异化竞争的路线（但对宜家而言，很容易就会把用在低成本竞争策略中的做法照搬到高档定位中来，例如服务、包装等，它在这一点似乎做得不怎么成功），既可以增加在单位产品的附加值，又可以不必急于扩张规模。

这一定位不但使宜家在中国获得巨大的知名度，而且也保持了不俗的增长业绩，每年的增长率都保持在20%以上，其中2000财年的增长率为50%，2001财年为43.6%，2002财年为25%左右，2003财年为24%。

4. 原来定位削弱品牌的竞争力

在竞争中，企业可能会丧失原来的优势，而建立在原有优势之上的定位也就会削弱品牌的竞争力，甚至竞争对手会针对企业定位的缺陷，塑造其自身的优势，比如推出性能更好的同类产品。企业如果死守原来的定位不放，就会在竞争中处于被动的境地，最终丧失市场。在这样的情况下，企业必须对产品进行重新定位。

仍然以宜家为例。2003 年下半年以来，宜家对其原来的高档形象进行了再定位，正在努力改变其在中国市场的高档形象，包括大范围、大幅度降价，以便恢复到导致其在欧美取得极大成功的家居便利店定位，希望借此扭转其在中国市场销售量逐年递减的趋势。9 月 1 日，宜家中国区经理杜福延在上海宣布，在中国销售的 1 000 种商品全部降价销售，降幅均值达到 10% 以上，其中最大降幅达到 65% 左右。杜福延同时指出：在从 9 月 1 日开始的 2004 财政年度中，宜家公司中国市场的营销策略是将大众路线执行到底，即降价再降价，其未来目标顾客将锁定家庭月平均收入为 3 350 元以上的工薪客户群体。说围绕这个新的定位，宜家正在酝酿一个系列性的品牌推广战役。

稍加分析不难发现，宜家的这一决策是明智的。经过 6 年的探索发展，宜家已经在哈尔滨、青岛、广州、云南和上海设立了 5 个采购中心，而且在 2004 年财政年度里，还将把在欧洲生产的产品拿到中国来生产，这些都使宜家重新回归其最擅长的低成本竞争有了基础。更重要的是，中国家居市场无论是高端还是中低端，竞争都已经相当激烈，此时宜家必须回归到自己最擅长的方面展开竞争，而重新回归大众化的定位并采取低成本竞争，就既迫切也合时宜，但离真正实现欧美家居便利店的定位，则尚需待以时日。

（二）重新定位的权衡

在作出产品重新定位之前，企业必须进行全面的权衡，权衡利弊。主要从以下三方面考虑。

1. 新定位需要足够的资金投入

产品重新定位的代价是昂贵的，例如调研费用、营销推广费用等。一般来说，新的定位离原来越远，所需要的费用越高。重新定位的资金投入通常会超过第一次定位，因为企业要加大营销传播力度，消除原有定位给消费者留下的印象，同时让新产品取得消费者的认同，是否有足够的资金，就成为企业能否执行重新定位的重要因素。

2. 对影响产品重新定位获得收益的因素进行调查分析

在进行重新定位之前，企业需要对目标市场上的消费者数量、消费者的平均购买力、竞争者的数量和实力等因素进行调查和分析，因为这些是影响产品重新定位后所获得收益大小的主要因素。

3. 重新定位面临的困难和风险

企业在重新定位的过程中，会面临一定的困难和风险，这些困难和风险突出表现为：

（1）企业内部难以达成共识。重新定位需要在企业内部达成共识，需要全体员工齐心协力、分工合作、共担风险来完成。有时企业的一些部门或者一些高级管理人员没有意识到品牌重新定位的重要性，因而会阻碍重新定位的执行。

（2）消费者不认同新的定位。如果品牌原来的定位曾经很成功，消费者已经喜欢它、习惯它，则新的定位可能不被消费者接受，甚至是反感。

评估重新定位的困难和风险，并只有确信有能力克服困难、承担风险时，才能进行下一步的决策和执行工作。

（三）重新定位的步骤

企业进行产品重新定位时，必须按照一定的程序操作。一般分为以下步骤。

1. 确定产品重新定位的原因

产品重新定位有多方面的原因，企业应重新认识市场，从产品的销售现状、行业的竞争状况、消费者的消费观念变化、企业的发展目标等角度来分析市场，找出是什么原因促使企业对产品进行重新定位。

2. 调查分析与形势评估

确定了企业对产品进行重新定位的原因后，必须对品牌目前的状况进行形势评估。评估的依据来源于对消费者的调查，调查内容主要包括消费者对品牌的认识和评价、消费者选择产品时的影响因素及其序列、消费者认知产品的心理价位、消费者认知产品渠道及其重要性的排序、消费者对同类产品的认识和评价等，并根据调研结果对现有形势作出总体评估。

3. 细分市场，锁定目标消费群

细分市场有各种不同的细分方法和细分标准，但不管什么品牌，都会有它的目标消费群体，因而企业应该根据消费者特点，将市场划分为不同类型的消费者群体，每个消费者群体即为一个细分市场。重新定位的品牌应该针对哪个细分市场，企业应根据调研数据和产品特点及优势，锁定自己的目标消费群体。

4. 分析目标消费群，制定定位策略

企业确定自己的目标消费群体后，还必须对目标消费群进行进一步的分析，对目标消费群体的生活方式、价值观念、消费观念、审美观念进行广泛的定位调查，以确定新的定位策略。新的定位策略最好制定几个不同的方案，每个方案都进行测试，根据目标消费者的反应，来确定最适合的方案。

5. 传播新的定位

企业定位策略确定以后，要制定新的营销方案，将品牌信息传递给消费者，并不断强化，使品牌信息深入人心，最终完全取代原来的定位。企业制定营销方案应以新的产品定位为核心，防止新定位与传播脱节，甚至背离。

总之，产品重新定位与原有定位是截然不同的概念，它不是原有定位的简单重复，而是企业经过市场的磨练之后，对自己、对市场的重新认识，是对自己原有品牌战略的一次扬弃。

复习思考题

1. 什么叫市场细分？市场细分有哪些标准？市场细分的基本方法有哪些？
2. 怎样确定企业营销的目标市场？
3. 企业进入目标市场有哪些策略？如何选择？
4. 什么叫市场定位？它有哪些作用？举例说明企业市场定位的策略。

案例分析

耐克:放手去干

“放手去干”是美国著名的运动鞋生产商耐克的企业口号,也是其文化个性鲜明的体现——“体育,表演,洒脱自由的运动员精神”。

耐克的创办者菲利浦·奈特早在俄勒冈州大学田径队时即萌生了做体育用品生意的想法。后来,他与俄勒冈的田径教练彼尔·鲍尔曼合作共同创办了蓝带体育用品公司,并于1972年更名为耐克。自此,它开始设计运动鞋,并在亚洲生产。

20世纪70年代初,慢跑热正逐渐兴起,数百万人开始穿用运动鞋,因为运动鞋不仅穿着舒适,而且还有年轻的象征——这是多数人向往的形象。当时,在美国运动鞋市场上占统治地位的阿迪达斯、彪马和Tiger(虎牌)组成的铁三角,它们并没有意识到运动鞋市场的这一趋势,而耐克则紧盯这一市场,并选定此作为目标市场,专门生产适应这一大众化运动趋势的运动鞋。1975年,鲍尔曼在烤华夫饼干的铁模中发现一种脲烷橡胶,用它制成的新型鞋底有橡胶小圆针,比市场上流行的其他鞋底弹性更强,这有力地促进了耐克的事业,产品迅速打开市场,1976年销售额从一年前的830万美元猛增至1 400万美元。而耐克像野马一样发展起来。耐克为挤进铁三角加速开发新式跑鞋,并为此花费巨资。耐克运用其雄厚的研究力量开发出140余种不同式样的产品,不少是市场上最新颖和工艺最先进的。这些式样是根据不同的脚型、体重、速度、训练计划、性别而设计的,打进了铁三角。

耐克是富有冒险精神的开拓型公司,其鲜明的反传统的企业文化,吸引着大批年轻人。而耐克还资助一些对正统派深恶痛绝的运动员,使耐克更充满挑战传统、进取活力的形象,而阿迪达斯即正统派。最终耐克打败了阿迪达斯。

耐克又将目标定在新的方向上。奈特认为青少年的模仿能力极强,对品牌也极为敏感,校园里的明星人物的穿着经常会成为模仿的对象,因此只要设法让最有魅力的运动员穿上耐克,就能吸引全国为数众多的人模仿。最伟大的世界级篮球明星乔丹具有与耐克相称的精神气质,完美而充满活力的工作作风。通过赞助这位“飞人”(同时也成了千百万喜爱运动者的偶像),耐克获得了进一步的成功,销售额达40亿美元。然而,过去推动耐克成功的青少年消费者已纷纷放弃了运动鞋,他们厌倦了泛滥成灾的运动员参与的鞋类广告,他们在寻找新颖的少一点商业气的产品,同时阿迪达斯全线反击,将广告重点对准12~20岁年龄层的未来群体消费者,向广大青年人、学生和城市消费者大力推销其产品。在一些电视广告上,一批体育明星穿上了阿迪达斯的运动鞋。此外,在美国大学生篮球联赛、1994年世界杯足球赛上,阿迪达斯都出尽了风头。而德国彪马,这一耐克的老对手也在改革,把市场定位于那些有购买兴趣的流行追随族上,结果彪马又大肆流行。此时,耐克似乎已陷入困境,销售额在下降,利润在下降,在近乎饱和的美国市场上再创造以前那种增长几乎不可能。这时,耐克面临的问题是怎样才能既在国内外开始新的飞跃,又不丧失公司至关重要的创新、创业精神，大刀阔斧地进行改革的时候已经到了。耐克更新了“外观”技术，推出一系列新款跑鞋、运动鞋和多种训练用鞋，其户外运动部门则把销售的焦点对准了雅皮士和新一代未知的顾客，实际上销售方式不仅在户外运动部门而且在整个公司都进行了变革。它遵循的信条是思路新颖。在美国，市场已经饱和，只有不断推陈出新的公司才能得到发展。户外运动部门的成功证明了耐克的迅速反应。

针对欧洲市场这一阿迪达斯和彪马的大本营，耐克毫不犹豫地从饱和的美国市场中分身闯了进来。耐克巧妙利用了欧洲人对美国超级球星出神入化的球技的崇拜心理来推销自己的产品。特别是在1992年巴塞罗纳奥运会上大出风头的梦之队美国球星成了欧洲家喻户晓的人物后，耐克高薪聘请了美国的职业篮球巨星在欧洲大作销售广告，以各种形式加深欧洲人对耐克品牌的印象。在瞄准欧洲广大市场后，耐克成功地使运动鞋从运动员脚下向普通人脚下转换，创造了以旅游鞋为时尚的风气，这一举措大见成效。耐克通过推销这种时髦的美国形象，1992年在欧洲市场上的销售额达11亿美元，几乎是1987年的6倍。尽管如此，耐克还是看到欧洲市场的潜力。英国年龄在25岁以下的青少年，平均每人拥有6~10双运动鞋，而欧洲同龄人则平均只有2双。因此，耐克像迪斯尼和美国电影一样，正利用美国形象继续塑造欧洲的运动鞋族。

（资料来源：中国营销网）

第六章　营销战略与营销计划

企业在市场环境中经营,和周围的环境有着密切的联系。环境不是一成不变的。除市场环境外,政治环境和社会环境也在不断地变化,这些都对企业的经营活动有着深远的影响。尤其是进入21世纪以来,全球化和网络化的趋势越来越明显,这种环境的变化也越来越迅速、激烈。面对着不断变化的市场环境,企业为了把握出现的机会,回避可能的风险,必须制定合理可行的营销战略,并根据营销战略按照科学的步骤制定相应的营销计划,才能在迅速变化的市场环境中生存下来并发展壮大。

市场营销活动离不开市场营销管理,而要进行有效的市场营销管理,就必须依托一定的机构或部门市场营销组织。制定、实施市场营销计划,评估和控制市场营销活动,是市场营销组织的基本任务。

第一节　营销战略的概念和意义

一、营销战略的定义

战略(Strategy)原是军事用语,在早期希腊的军事著作中,战略的意思是有效利用资源以摧毁敌人的规则。20世纪70年代后,商品经济发达,市场环境变化剧烈,竞争空前激烈,这一军事思想逐步被引入到企业管理中,用以表示在激烈的市场竞争中占据有利地位。

菲利普·科特勒认为:企业的营销战略计划是在组织目标、技能、资源和它的各种变化市场机会之间建立与保持一种可行的适应性管理的过程。战略计划的目标就是塑造和不断调整公司业务与产品,以期获得目标利润和发展。

哈佛大学的管理学教授迈科尔·波特对战略的定义简洁而直指核心:战略是企业为之奋斗的一些终点与企业为达到它们而寻求的方法的总称。

综合以上观点本书认为:营销战略是企业为实现自己的任务和目标所制定的带有长期性、全局性、方向性的规划,是一个创立并维持组织与其外部不断变化的市场机会相适应的管理过程。这一定义包含三个内容:第一,战略是为了达成某种目标而制定的,因此首先要制定目标;第二,要有实现目标的途径和方法,即需要进行战略途径选择决策;第三,战略是目标、途径和方法的有机结合,是一个整体。

二、营销战略的主要内容和特点

营销战略的形成主要是决定以下三个问题:

(1)在何处竞争(Where)。也就是市场的范围问题。例如,是选择进入通信产业还是选择进入食品行业,是覆盖整个市场还是只进入一个或多个细分市场等。

(2)何时竞争(When)。也就是进入市场的时机。例如,是首先进入市场甚至是开发市场做市场的领导者,还是等待市场需求建立以后再跟进。如著名的SONY公司常常做市场的开发者,而松下公司则常常以一种跟进者的姿态进入市场。

(3)如何竞争(How)。就是竞争的手段。例如,推出何种产品组合来满足消费者的需要,为现有的产品建立一种新的形象以吸引消费者,采取低成本、低价格手段竞争或采取差异化竞争手段等。

尽管每个企业的战略各有不同,但一般认为营销战略有以下几个共同的特点:

(1)全局性。战略是根据企业希望实现的目标而定的,规定的是企业的整体行为,追求的是企业整体效果。为了实现目标常常需要企业的各个部门协同工作,才能很好地完成企业目标。因此,企业的战略往往包括了各个职能部门,具有全局性的特点。

(2)长期性。也是战略与战术的区别所在,在制定企业战略的时候要充分考虑内部和外部环境,战略考虑的是未来较长时间的发展方向和规划,因此战略规划包含比较广泛,包含所有为适应环境、条件所制定的一定时期内基本不变的目标和方案。战术是针对当前形势,为了成功地实现战略目标而采取的短期行为。战术会经常频繁地变动,而战略一旦制定,在很长的时间内都不会改变。

(3)竞争性。企业战略是关于企业在激烈的竞争中如何与对手抗衡的行动方针,也是针对各方的冲击、压力、威胁和困难,接受挑战并实现目标的基本安排。这与那些单纯为了增加企业经济效益、提高管理水平的计划不同,这方面的工作只有与提高企业竞争力和企业长远发展相关,具有战略意义时才可以看做是战略计划的内容。

(4)系统性。战略规定的是企业的长远目标、发展方向,确定的是企业的基本方针、重大措施和基本步骤;这些不是具体的行动方案,而是有原则性、概括性和纲领性意义的长远规划。

三、营销战略的重要性

20世纪80年代以后,营销战略已经成为关系到企业的命运、全局的成败的重要因素,如果说50年代以前企业管理的重心是生产,60年代的重心是市场,70年代的重心是财务,那么从20世纪末直到现在,企业管理的重心则是战略,这一重心的转移和时代的背景是有密切关系的。其原因主要表现为以下几个方面:

首先,科学技术的飞速发展,使得科学新发现或新的发明转化为社会生产力的生命周期越来越短,从而使生产设备和产品更新速度大大提高,这一客观事实,迫使任何一个企业的管理者必须有很强的战略思想,认识和预见到技术发展可能带来的机遇与挑战,才能作出正确的决策。

其次,随着社会经济和消费者收入水平的不断提高,消费者的需求日益变化,新的需求层出不穷。市场要求企业的产品具有更多的品种、更高的质量和服务水平。因此,企业必须不断着眼于消费者潜在的和未来的需求。任何一个企业如果不能跟上消费者不断发展和变化的需求,就会被市场所淘汰。

最后,社会政治和经济形势复杂多变,突发事件多,这些都给企业的生存发展带来了新的机会和挑战,使企业必须预见到可能出现的变化和影响,如经济滞胀、能源危机、通货膨胀、"9·11事件"、美国进攻伊拉克、中国爆发"非典"、国际金融危机等,对于宏观经济和微观主体的企业都产生了重大的影响。

在这样的背景下,企业对营销战略的重视提高到了一个前所未有的高度。各个企业高层管理人员最重要的工作就是制定企业的战略。

企业一定要有自己的战略

在企业很小的时候不可能制定较长时间的战略目标,因为任何外界因素的变化都会影响它的发展,而当其发展到一定规模的时候,就一定要有自己的战略,而这种战略往往是系统设计,所以要有实现它的具体步骤。联想集团发展得比较快的重要原因,应该是成功地制定战略,并实现了战略要求。我们制定战略时明确的指导思想,就是努力发挥自己的优势,或创造优势,扬长避短。

(资料来源:柳传志(联想集团),巅峰管理,北京,世界知识出版社,2003)

四、制定营销战略的意义

企业的日常生产和运作,与市场环境发生着密切的关系。如果市场环境是稳定不变而且所有事情都是可预知的,那么企业可以放心地沿着既定的路线走下去。但是,在大多数情况下,市场环境受到经济、政治、自然等因素的影响,在不断地变化,有些时候甚至是激烈的变化。如IT产业,每天都有无数的技术和无数的新公司诞生,同时有无数的技术和公司被淘汰。在这种情况下,企业必须调整自己的经营方向和经营策略去适应环境的变化,以把握住出现的机会和避免潜在的危机,从而实现自身利益的最大化。

营销战略对企业的发展前景意义重大。即使是大型跨国企业,如果制定战略不当,也会陷入困境,甚至面临着破产倒闭的危险。

制定营销战略,对企业的市场营销活动进行规划、指导和约束,对于企业来说具有以下意义。

(一)使企业的营销活动得到整体的规划和统一的安排

实现市场营销观念要求企业活动目标一体化。也就是说,营销战略计划使企业的各部门、营销工作的各个环节都能按统一的目标来运行,得到一个协调性的运转机制,才会为企业的营销活动的有效性提供相应的保证。

(二)提高企业对资源利用的效率

营销战略计划本身就是从诸多可以达到既定目标的行动方案中,选择一个对于企业当前的情况来说是最好的方案。因此,凡是制定得合理和正确,并得到了正确贯彻执行的营销战略计划,都能够保证企业的资源得到最有效的配置和最充分的利用。

(三)增强营销活动的稳定性

由于营销外部环境的不断变化,企业的营销战术活动也需不断地相应变化或调整。但是,一切战术问题的调整和变化,必须也应该是为了实现或有利于实现既定的企业总体任务和目标。对战术问题的调整,不应是盲目的、随心所欲的或仓促被动的。因此,只有在营销战略计划的规定下,营销企业才能够主动、有预见、方向明确地按营销环境的变化来调整自己的营销战术,才能减少被动性、盲目性,处变不惊,使企业始终能够在多变的营销环境中按既定的目标稳步前进。

（四）为企业的营销管理工作提供依据和提高管理工作的有效性

企业的管理决策层需对企业的各项工作实施有效的管理，要使被管理部门都能自觉地接受管理，就必须有人人都明确和知晓的管理依据（法治方法）。就处于市场经济中的企业来说，营销管理必将成为企业最重要的管理内容和职能。而营销战略计划由于规定了营销活动的任务和目标以及实现的要求与方法，就为企业管理阶层对营销活动的管理提供了纲领，为日常的管理活动提供了依据，同时也使被管理者明白其工作的成效是怎样衡量的，应如何行动。所以，有了营销战略计划的规定，就可以使企业的营销活动有统一的组织、指挥、协调和控制，从而提高了对营销活动管理的有效性，是企业参加市场竞争的有力武器。

（五）是企业员工参与管理的重要途径

从管理的原理来说，管理必须强调统一意志、统一指挥。但是，管理工作也同时强调应极大地调动被管理者的积极性和创造性。在具体的管理操作中，对于全局性的谋划、战略的制定，是最需要集思广益，需要企业人员上下同心、明确奋斗目标的。因此，在战略计划工作中吸收广大职工参与，不仅体现了管理的民主性，也便于管理者吸收群众的智慧，使企业的所有员工都能明白企业的发展远景和奋斗目标，增强企业职工对企业的向心力和凝聚力。

第二节　营销战略的制定过程

企业战略规划过程一般包括以下四个步骤：首先，在整体层次上界定企业使命；其次，根据企业任务的要求建立战略业务单位；再次，规划投资组合；最后，计划新业务。

一、确立企业的使命和任务

企业使命是指企业的任务、目标和企业的性质。一个企业的存在是为了在特定的环境中完成某项任务，当企业规定或调整任务和编写正式任务书时，应首先明确企业经营的业务是什么？目标顾客是谁？顾客最需要的是什么？本企业将来经营的业务是什么？管理人员应明确任务，并向全体员工解释清楚，这样有利于充分调动员工的积极性，并指引全体员工朝着一个方向努力。

影响公司使命的主要因素有以下四种：

（1）公司的发展历史。在企业发展过程中企业累积了一些经验，留下了不少可以利用的财富，如消费者熟知的某种品牌，某些类型产品的技术人才等，因此企业在规定或调整任务时，应注意和过去历史的突出特征保持一致。在面对新的市场环境时，即使这个市场有良好的前景，如果不能让企业发挥特长，也应该慎重考虑。了解和尊重企业的历史，才能在制定新的战略任务时，充分发挥企业的潜在优势。

（2）现有主要管理决策者的偏好。企业的战略直接决定者是企业当前的高层管理者，而每个管理者都有自己的职业背景、性格特征、专业特长、个人偏好等个人特质，这些特质在管理者作出战略决策时，不可避免地会对其产生影响，这样便于管理者在自己所擅长的领域很好发挥，但缺点是有时不够客观，会浪费一些不符合管理者偏好但很好的机会。

(3)环境因素。企业作为社会经济生活中的一个有机体,其经营活动受市场环境的直接影响。市场环境某些因素的变化甚至会对企业的经营活动产生决定性的影响。例如20世纪70年代的能源危机,石油价格大幅上升,使美国的大型轿车的销售跌入低谷,市场占有率下降;而日本抓住出现的机会,大力发展小型省油轿车,一举打入美国市场,抢占了大量的市场份额。可见市场环境的变化对企业战略的制定产生直接的影响。好的营销战略应该能充分利用出现的机会使企业得到发展,并且避开风险,尤其是对企业产生毁灭性打击的风险。

(4)企业的资源。这里的企业资源是广义的资源,不仅包括企业的资金、人力、生产资料等一般意义上的资源,还包括企业的管理水平、企业文化、社会形象、品牌形象、掌握的专利技术及融资能力等这些软件资源。一方面,企业的战略受限于其所掌握的资源(资源决定了战略能否顺利完成);另一方面,如果制定的计划不能把企业的资源完全利用起来,对资源也是一种浪费。因此,成功的战略是既不超过资源允许的范围,又能充分利用现有的资源。

在确定了公司使命后,许多组织都将他们的组织使命用文字记录下来,成为编制企业任务计划书的依据。任务计划书的作用有:

(1)给公司一个清晰的目的和方向,以免公司步入歧途。

(2)任务计划书叙述公司的目标,以和其他类似的企业有所区别。

(3)任务计划书专注于顾客需要,而非企业自己的技术和能力。

(4)任务计划书为高层管理人员提供在选择不同行动路线时的特定方向和目标。

(5)任务计划书提供了指引公司员工和管理人员行为与思考的规范,使公司具有凝聚力。

坚定不移地向自己的目标迈进

目标一定要远大,要成为一个国际化公司、一个知名品牌,这个目标不管有多艰难,必须要坚定。但操作过程中每一步都必须认真,如果有那种浮躁心理,想一夜之间成为名牌,一夜之间想做大,造出一个神话来,那就必败无疑。所以,既要坚定不移地向这个目标迈进,又必须有稳健的作风,对待每一件事情都认为很可能失败,才会有最后的成功。如果没有精细的局部,就不可能有波澜壮阔的全局。

(资料来源:张瑞敏(海尔集团),巅峰管理,北京,世界知识出版社,2003)

在编写任务计划书时应注意以下问题:

(1)切实可行。任务计划书确定的任务不要过于宽泛,否则失败的可能性很大,也不应过窄(前面已经提到,这样会浪费企业的资源)。企业应该以市场为导向,对自己的业务进行适当的定位。

(2)任务计划书应具体、明确。这就要求公司管理当局在任务计划书中规定明确的方向和指导路线,以缩小各个工作人员自由处理的权限范围。如在任务计划书中要明确规定有关工作人员如何对待供应商、顾客、经销商和竞争者,使全体员工在处理一些重大问题上有一个统一的准则可以遵循。

(3)应有激励性。任务计划书的一个重要的副产品就是它能起到激励员工的作用,设置合理而富有挑战性的目标,使员工更有工作的积极性,同时还能使员工感到自己的工作有利于提高社会福利。例如,为生产化肥的平凡工作赋予“提高农业生产力以解决全球饥饿问题”这一崇高使命时,就很富有挑战性和鼓舞性。

(4)任务计划书随环境的变化而修订。前面曾说过,营销战略具有长期性,但这不意味着战略就是一成不变的。战略的根本目的是更好地适应环境以求得发展。当环境发生改变时,企业的战略也应该相应地作出反应。或当最初战略出现明显的失误时,也应该果断地调整。因此,企业的任务有一定的相对稳定性,不能随便改变,但也不是一成不变,当企业任务不适应目前形势时,还是要根据情况进行修订。

二、建立战略业务单位(Strategic Business Units,简称 SBU)

在编写任务计划书后,要对企业的每一项业务进行设计和规划,以便进行战略管理。在对企业的业务进行分析的时候,首先要规定业务的性质。在现代营销观念中,公司必须以市场导向来界定公司的业务。也就是说,要把企业经营看成一个顾客需要的满足过程,而不是一个产品的生产过程。产品是短暂的,经过一定的生命周期后就会消亡,而基本需要和消费者却是永恒的。企业管理当局在制定业务产品投资组合计划中,首先要把所有的业务分成若干战略业务单位,在此之前,必须对业务进行明确的界定。

那么什么样的业务我们可以把它归为一类,而将其他的分为另一类呢?可以从以下三点出发来对业务加以确认:

(1)企业所要服务的顾客群,即明确市场类型。

(2)企业所要满足的顾客需要。

(3)企业用以满足顾客的技术和方法。

例如,一家生产电视机的企业,它的顾客群是各类需要观看电视的人。顾客的需要是清晰的图像和声音,满足顾客需要的技术是电子技术。企业可从以上三点来扩大或缩小业务范围。如它可以降低价格,使更多的顾客能够买得起电视机;它可以提供和电视机相关的产品,如 VCD、录像机、DVD、组合家庭影院等,满足顾客更多的需要;它还可以采用更新的技术(如数字技术),生产高清晰数码电视等。

在编写任务计划书后,企业战略规划过程的第二个步骤是建立战略业务单位。因为公司资源是有限的,必须根据资源状况和业务需要确定合适的战略业务单位。

由于大多数企业,包括一些较小的企业都可能同时经营若干业务。在划分了不同的业务内涵和范围之后,就可以建立战略业务单位。所谓战略业务单位,是指具有单独任务和目标,并可以单独制定计划而不与其他业务发生牵连的一个经营单位。一个战略业务单位可以是企业的一个部门或一个部门内的一个产品系列,有时也可以是一种产品或品牌。

战略业务有如下特征:

(1)它是一项单独的业务或一组相关的业务。

(2)它有不同的任务,可以独立计划或在使命上可以区别于公司的其他业务。

(3)它有自己的竞争者。

(4)它有自己的专职经理负责战略规划。

(5)拥有一定的资源支配权。

(6)可以独立计划其他业务。

三、规划投资组合

在建立了SBU之后,制定企业战略的第三步是分析业务投资组合。之所以要有这个步骤,是因为企业的资源有限,各个战略业务单位的发展机会也不同。因此,企业有必要对各个机会进行分析和评价,进而决定哪些业务应该发展,哪些应该维持,而哪些应该舍弃,这就是分析现有业务组合的作用。

常用的分析业务投资组合的工具是波士顿矩阵分析法。

波士顿是美国著名的企业管理咨询公司,它提出以市场增长率—相对市场占有率两个指标来对企业的业务组合进行评估,又称BCG法(Boston Consulting Group),如图6-1所示。

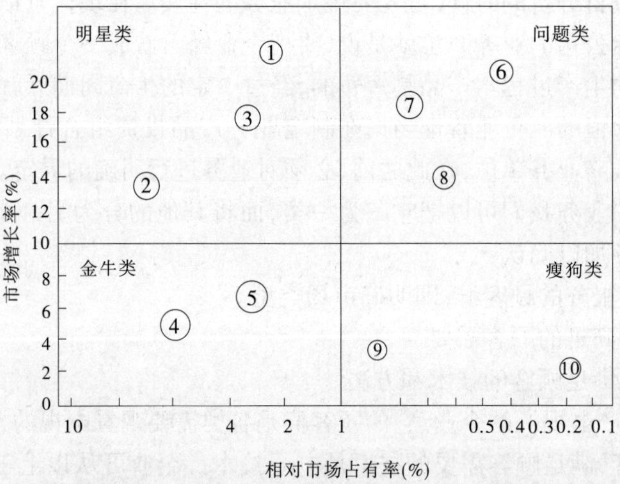

图6-1　市场增长率—相对市场占有率矩阵

在图6-1中,10个圆圈表示公司的10个战略业务单位,圆圈的大小与战略业务单位销售额成正比。因此,4和5是两项最大的业务。每个战略业务单位的位置由其市场增长率和相对市场占有率确定。

图6-1中的纵坐标表示各战略业务单位的市场增长率,用百分比表示,超过10%作为高增长率,低于10%作为低增长率。图6-1中的横坐标是相对市场占有率,表示各战略业务单位的市场占有率与同行业最大的竞争者的市场占有率之比。

相对市场占有率=某项业务的销售额/最大竞争对手的销售额

如果某战略业务单位的相对市场占有率为0.5,表示该战略业务单位的市场占有率为同行业最大竞争者市场占有率的50%,意味着公司该项业务的竞争能力很弱。如果公司的相对市场占有率为2.0,表示其市场占有率是同行业最大竞争者市场占有率的2倍,意味着公司该项业务的竞争能力很强。相对市场占有率以1.0为分界线,大于1.0为高,小于1.0为低。相对市场占有率用对数标尺画出,等距离表示同一的增长百分比。

(一)四类战略业务单位

将增长率和占有率都分为高与低两个层次,市场增长率—相对市场占有率矩阵就分为4个区格,每一区格代表不同类型的业务:

(1)问题业务。是高市场增长率和低相对市场占有率的战略业务单位。大多数业务在刚刚进入市场时都是问题业务。问题业务有两种可能的前景,一是相对市场占有率提高,可成为明星业务;二是市场增长率下降,将成为不景气业务。一个公司对问题类业务要慎之又慎,必须认真考虑是否有必要对其进行大量投资或者及时摆脱出来。

(2)明星业务。是高市场增长率和高相对市场占有率的战略业务单位。当某类新产品处于市场成长期时,市场处于高速成长阶段,就是明星业务。但是明星业务不一定能够带来大量的利润,因为公司往往要投入大量的资金来维持市场成长率和击退竞争者,使明星业务成为现金的消耗者而非现金的生产者。在巩固了市场地位之后,它们有望成为公司未来的主要利润来源,即成为金牛业务。

(3)金牛业务。是高相对市场占有率和低市场增长率的战略业务单位。当产品进入成熟期后,市场增长率下降,而相对市场占有率仍然保持在较高水平上,就成为金牛业务,又称财源业务,意思是指它为公司带来了大量的现金收入。由于市场增长率下降,公司不必投入大量资金开拓市场;由于拥有高市场占有率,又享有规模经济和高利润的优势。

(4)瘦狗业务。是市场增长率低、相对市场占有率也低的战略业务单位。这类业务通常是低利甚至亏本,如果不可能发展为明星业务或金牛业务,则要考虑淘汰。任何企业,这类业务都应尽可能地减少,否则企业将背上沉重的包袱,企业的资本就会陷死在这类业务里面,更谈不上战略发展。

(二)不同战略业务单位的对策

对四类不同的战略业务单位,公司可采用四种相应的对策:

(1)发展。即扩大战略业务单位的市场份额,甚至不惜放弃近期收入来达到这一目标。这一对策特别适用于明星业务和有可能转化为明星业务的问题业务。对这类业务必须注入大量的资金促使其市场份额的增长。

(2)维持。即保持战略业务单位的市场份额。这一目标适用于具有良好发展势头的金牛业务,以保持它们赢取大量现金的能力。

(3)收获。即增加战略业务单位短期现金收入,而不考虑长期影响。比如,提高价格和减少促销能够增加目前利润,但是有可能造成产品市场份额减少和加速衰退。这一战略适用于处境不佳的金牛业务和问题业务,这类业务前景黯淡而不得不从其身上获得目前能获得的现金收入。

(4)放弃。即通过出售或清算而放弃经营该产品,把资源转移到更有利的领域。它适用于瘦狗业务和前景不佳的问题业务。

四、规划新业务的发展

在对企业现有的经营业务作了投资组合分析并拟订了投资计划后,还应该积极开发新的业务。这一方面是因为企业现有的经营业务预期收入可能达不到企业的战略任务和目标;另一方面可能因为企业现有的经营业务不能充分利用已经出现或由企业所发现的新的市场营销机会,因此需要开辟新的业务,扩大现有的经营领域。

在开发过程中,可以从以下思路来考虑:首先,继续从事现有业务,寻求新的发展机会;其次,尝试从事相关业务;最后,探索新的领域,开发全新业务。在这样的思路下,形成了三种增长战略。

(一)密集型增长战略

密集型增长战略的含义是增大现有经营业务的市场供应量和市场销售量。它的前提是产品还没达到成熟期,现有产品或现有市场还有盈利能力而竞争对手相对较少。该战略有以下三种做法。

1. 市场渗透

市场渗透即企业对现有的目标市场,通过广告、宣传、开发新的营销渠道等方法扩大现有产品的销售量的方法。为达到这个目标可以有三种方法:一是鼓励现有的顾客增加购买量;二是争取竞争对手的顾客,如比对手提供更好的服务或者树立更好的品牌形象;三是吸引新的顾客,把产品售给从未使用过该产品的顾客。

2. 市场开发

企业寻找新的、有可能进入但还没进入的细分市场,建立新的分销渠道,或加强广告、促销等手段在新的市场上扩大现有产品的销售量。

市场开发战略的前提是现有目标市场趋于饱和,市场销售出现停滞,产品的品质有优势,竞争对手少。

3. 产品开发

企业在现有的市场上增加产品的花色、品种、型号等,来扩大现有目标市场的销售量。最常见的例子有食品市场,如薯片、冰淇淋、冷饮等厂家经常会推出新的品种吸引消费者。

(二)一体化增长战略

一体化增长战略是指企业将其业务范围向供和销的领域发展。当企业所属的行业吸引力和增长潜力大,或者企业在产品的供、产、销方面实现一体化,能够提高效率和企业的盈利能力时,可采用一体化增长战略。一体化增长战略包括四种(见图6-2)。

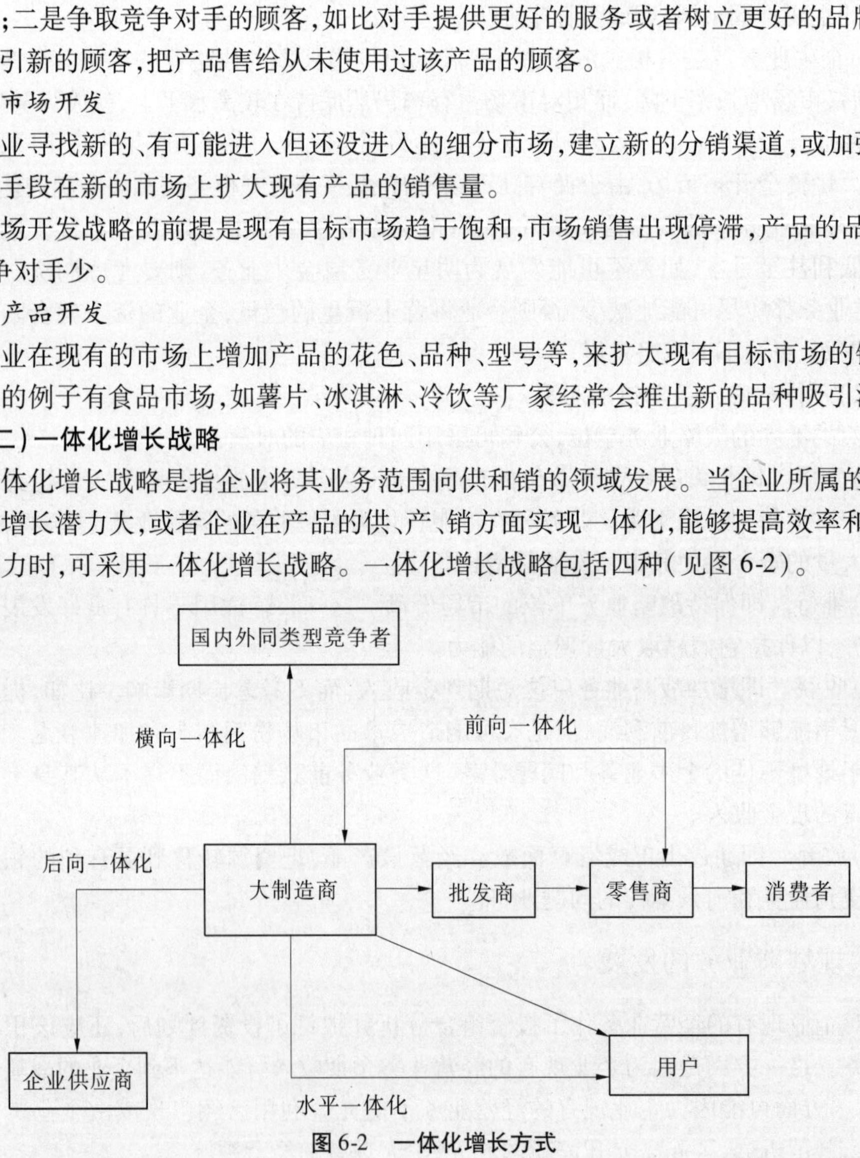

图6-2　一体化增长方式

1. 后向一体化

企业通过收购或兼并若干原材料供应商,实现供产一体化。如某汽车制造商通过收购橡胶厂、轮胎厂和兼并配件厂对供货系统进行控制。这就是后向一体化战略。

2. 前向一体化

企业通过收购,兼并若干供应商,或者自建其分销系统,实现产销一体化。如汽车制造厂自设销售网络或者与批发商、代理商、零售商合作,自产自销,实现其销售目标,这就是前向一体化战略。

3. 横向一体化

企业通过收购,兼并同类型的竞争企业,或者与国内外的同类企业合资合作经营,扩大自身规模,这就是横向一体化。收购其他企业时,主要是必须符合国家的“反垄断法”等相关方面的法律。

4. 水平一体化

企业既收购兼并供应商也收购兼并经销商。这样,企业就可以组建供、产、销一条龙的营销体系。

(三)多元化增长战略

多元化是指企业进入目前尚未涉及的经营领域和其他的业务范围,开拓新的业务,向其他行业投资,实行跨行业经营。当企业的资源富裕,而且在以后的经营领域已经没有更多、更好的发展机会时,可以采取多元化增长战略。这种战略的好处是可以充分发挥企业的人力、物力、财力等资源的利用率,提高企业的效益,而且可以避免业务过度集中带来的风险。多元化增长战略有以下三种形式。

1. 同心多元化

同心多元化即企业利用现有的产品生产技术或产品生产线,生产相类似的产品或使现有产品增加新的特色和功能。这种战略的实行比较容易,它不需要企业进行重大的技术开发和建立新的销售渠道,可以充分利用现有的技术力量和营销力量。如某电冰箱制造商,可以利用制冷技术的优势生产冷柜、空调等家用电器。

2. 水平多样化

水平多样化指企业利用现有的市场,采用不同的技术来发展新的产品,增加产品品种和种类,为现有的消费者提供更多的服务,如生产玩具的厂家生产游戏机,百货商场提供餐厅、咖啡屋等都是水平多样化的例子。

3. 集团多元化

大企业通过收购、兼并其他行业的企业,或者在其他行业投资,把业务扩展到与现有市场、现有生产技术、现有分销渠道都无关的其他经营领域。国际上的许多大型跨国公司都采取了这种战略,如通用公司不仅生产汽车,而且还向电器、医疗器材、金融、服务行业扩展业务,国内的海尔公司,不仅生产电冰箱、彩电、空调、洗衣机,还生产手机、PC,甚至涉足医药行业。

第三节　市场营销计划

有人说过:假如你不具备计划的能力,那么你便准备迎接失败吧!这说明了营销计划的重要性。当然,营销计划并非有趣的工作,在着手执行之前,你必须经过漫长的准备。

也有人说，当今的环境状况变迁之快，以至于计划变得英雄无用武之地了。事实果真如此吗？答案是否定的，市场营销计划就像火车轨道，它能使市场营销活动始终沿着正确的方向前进。

一、如何制定市场营销计划

市场营销计划应该简明扼要，最高执行领导只希望看到短小精干的营销计划，而对长篇大论式的计划往往不屑一顾。一份营销计划起码要包含下列内容。

（一）状况分析

状况分析是制定营销计划的起点。企业通过分析市场和市场营销环境，以找到有吸引力的机会和避开环境中的威胁因素。对企业自身强弱进行分析，以便能选择最合适于企业的机会。具体分析内容包括：

（1）市场形势。

（2）产品情况。

（3）竞争形势。

（4）分销情况。

（5）宏观环境。

（二）营销目的与目标

通过状况分析对企业营销实际情况有了清楚认识之后，就需要制定企业营销目标，以统领营销活动。

营销目标包括两大方面：财务目标和市场营销目标。在制定营销目标时应注意以下几点：

（1）目标不能过高也不能过低，即既能鼓舞士气，又不是高不可攀。

（2）目标应具体化，总目标应分解为更小的具体目标。

（3）目标应尽量量化，便于衡量和考核。

（三）营销策略

营销目标的实现可以通过多种途径实现。企业应根据市场状况、自身优劣、竞争状况等经过全面分析、权衡利弊后，结合其他部门意见制定最佳营销策略，以确保营销策略的可操作性和实用性。市场营销策略主要由三个部分构成：

（1）目标市场策略。

（2）营销组合策略。

（3）市场营销预算。

（四）营销活动计划

营销活动计划就是营销策略的具体化，即明确做些什么、何时做、在什么地方做、怎样做等问题。通过营销活动计划使我们对整个营销活动一目了然，做到心中有数。

（五）营销控制

营销控制主要是对计划的执行过程、进度进行管理，对计划执行过程中存在的问题进行整改，以确保计划顺利完成。营销控制通常是把目标、预算按时间分成若干阶段，有利于上级及时了解计划完成情况。同时，有的营销控制还包括了应急计划，专门用于处理意外突发事件。

二、市场营销组织

所谓市场营销组织，是指企业内部涉及市场营销活动的各个职位及其结构。由于对营销的界定持续地与时俱进，使得营销不断肩负起新的责任，对营销观念的改变，营销组织的本质、结构也会随之改变。

（一）市场营销组织的演进

现代市场营销组织是由长期演进而来的。在市场经济发达的西方国家，市场营销组织的发展大体经历了五个阶段。

1. 简单的销售部门

所有的公司都是从四个简单的功能开始。公司必须要有人负责筹措与管理资金（财务），生产产品或服务（生产），将产品售出（销售）及管理账目（会计）。此时，销售部门通常由一名副总经理负责，他主要是管理销售（如销售人员），有时自己也做一些销售的工作，同时也兼任一些市场调研或广告促销工作。

2. 具有附属功能的销售部门

随着市场竞争的日趋激烈以及公司规模的扩大，企业需要进行持续的市场调研、广告以及顾客服务等活动。营销副总经理必须雇用专人来完成这些活动，于是许多企业设立了市场营销主管的职位，全权负责此类工作。

3. 独立的营销部门

随着公司业务的成长，与销售有关的工作（如市场营销调研、新产品开发、广告与销售促进、顾客服务等）的重要性逐渐有凌驾销售力之势。市场营销成为一个相对独立的职能，作为市场营销主管的市场营销副总经理与负责销售工作的销售副总经理由同一总经理负责。此时，销售和营销可视为两个平行的职能，两个部门应该紧密相互配合。

4. 现代营销部门

虽然销售副总经理和营销副总经理的工作理当步调一致，但实际上他们之间的关系常常带有互相竞争和互不信任的色彩。销售副总经理不满销售人员在营销组合中的地位有所下降，而营销副总经理则要求在非销售人员的预算上有更多的权利。营销副总经理的任务是确定机会，制定营销战略和计划，销售副总经理的责任则是执行这些计划。因此，营销副总经理会花较多的时间在计划上，从长计议，争取获得满意的市场份额，而销售副总经理依赖于实践经验，力争完成销售任务。当销售部门与营销部门的矛盾和冲突太大时，许多公司采取了由营销副总经理全权处理这类事物，包括负责对销售队伍的管理，从而形成了现代营销部门的基础，即由营销副总经理领导营销部门，管理下属的全部营销职能（包括销售管理）（见图6-3）。

5. 现代市场营销企业

一个公司可能有一个出色的营销部门，但在营销上也可能会失败，这也取决于公司的其他部门及每一位员工对顾客的态度和他们的营销责任。只有公司的全体员工、所有部门都认识到他们的工作是公司的顾客所给予的，市场营销并不只是营销部门的工作的时候，这个企业才能成为有效的营销公司。

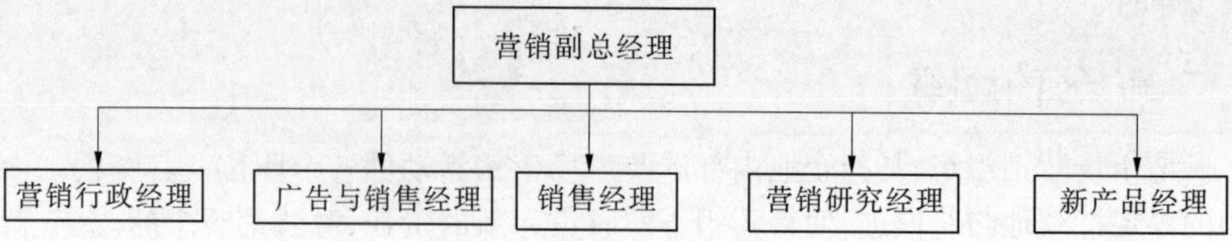

图 6-3　现代营销部门基础

(二)市场营销组织的方法

为了实现企业目标,市场营销经理必须根据自己所处的市场营销环境以及企业实际情况来选择合适的市场营销组织形式。大体上,市场营销组织可分为以下五种组织形式。

1. 功能式组织

功能式组织是最古老的也是最常见的营销组织形式。它是由各营销功能专家所组成的,并由营销副总经理负责,具体负责协调各功能活动。图 6-4 显示了功能性组织的各种专家:营销行政经理、广告促销经理、销售经理、营销研究经理及新产品经理。当然,其他的功能专家也可以在营销部门中,如顾客服务经理、行销规划经理、实体配销经理。

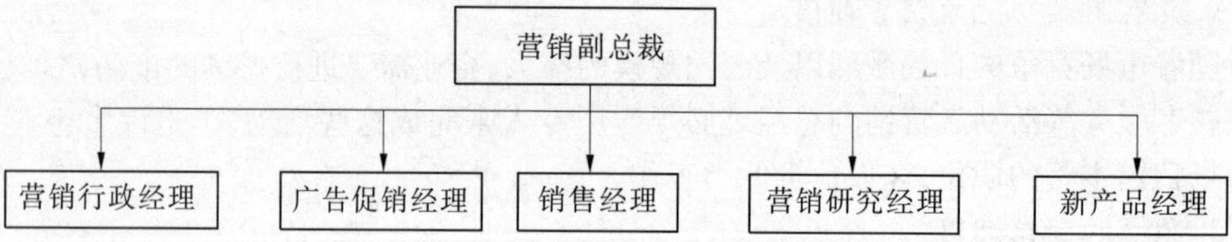

图 6-4　功能式组织结构

功能式组织的主要好处在于其管理的简单性,但另一方面此种形式也会因公司产品及市场的成长而失去其有效性。第一,对特定的产品及市场没有足够的规划和完整的计划,因为没有专人对任何产品或市场负责。第二,每功能小组为了争取更多的预算、更高的地位,明争暗斗,市场营销副总经理可能经常处于调解纠纷中而无法脱身。

2. 地理性组织

如果一个企业的市场营销活动面向全国甚至更大范围,就可以按地理区域设置其营销组织,如图 6-5 所示。

该组织机构设置包括一名负责全国销售业务的销售经理,若干名区域销售经理、地区销售经理和地方销售经理。从全国市场销售经理到地方销售经理,所管辖下属人员的数目(即管理幅度)逐级增加。

3. 产品管理组织

当企业所生产的各产品差异很大,产品品种太多,以至出现按功能设置的市场营销组织无法处理的情况,因此建立产品经理组织制度是非常适宜的。这个管理组织并非取代功能性管理组织,只不过是增加另一个管理层次而已,见图 6-6。

产品管理组织可能带来许多好处:第一,产品营销经理可督办各种市场营销职能;第二,产品营销经理能对市场变化作出更加敏捷的反应;第三,由于有专门的产品经理,那些较小品牌产品可能不会受到忽视;第四,产品管理是年轻主管的最佳训练场所,因为它涉及了公司营运的所有领域。

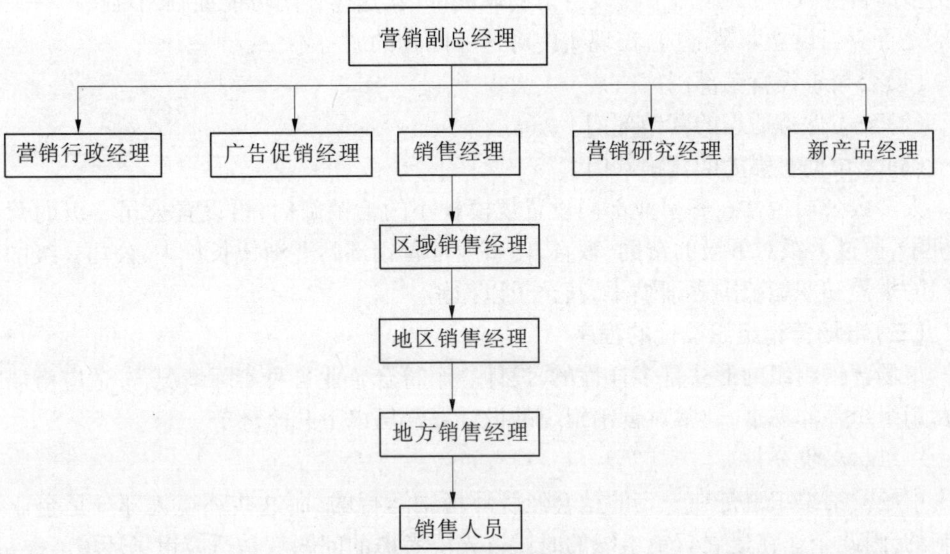

图 6-5　地理性组织结构

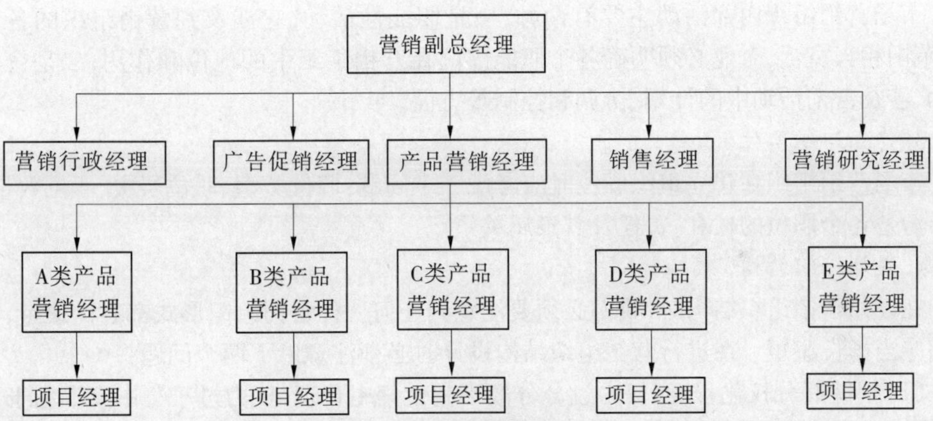

图 6-6　产品管理组织结构

但产品管理组织也可能存在一些弊端:第一,它缺乏整体观念,各个产品经理可能会各自为战,会为了自己产品利益而与其他产品经理产生矛盾摩擦;第二,由于产品经理权力有限,不得不依赖同广告、销售、生产部门以及其他部门的合作,但这种合作往往不易得到支持。

4. 市场管理组织

当企业拥有单一的产品大类,面对各种不同偏好的消费群体时,市场管理组织是行之有效的组织形式。如美国钢铁公司将其钢铁卖给铁路、建筑及公用事业等产业部门。市场管理组织与产品管理组织相似,由一个总市场经理管理若干细分市场经理,这种组织形式的优点在于市场营销活动可以按照满足各类不同顾客的需求来组织和安排,真正实现了以顾客为中心,使营销活动更有针对性,更有利于市场开拓和销售提升。

5. 事业部组织

随着多产品公司经营规模的扩大,公司常把各大产品部门升格成为独立的事业部,享有更多的自主权利，事业部下再设自己的职能部门，这样公司可能面临两难抉择——公司总部是否应当设立营销部门，在现实中对这一问题的回答不一：

(1)公司不设营销部门。

(2)公司保持适当的营销部门。

(3)公司拥有强大的营销部门。

大多数公司通常在各事业部门设置规模较小的营销部门，再设置公司一级的营销参谋班子，通过上级对下级的帮助、教育，使事业部营销部门逐渐成长扩大，公司一级的营销部门的规模和职能范围逐渐缩小，甚至予以撤销。

(三)市场营销组织设计的程序

市场营销组织的形式是多样性的，设计一个符合企业自身实际情况，又适应市场环境的营销组织并非易事，通常对营销组织的设计要经历以下几个环节。

1. 组织环境分析

市场营销组织总是在一定的社会经济环境中运行的，而这些环境大部分是企业不可控制的，因此企业在建立营销组织的时候首先要考虑的问题就是适应市场环境。

2. 确定组织内部活动

市场营销组织内部活动主要有两种：一是职能性活动，它涉及到营销组织的各个部门，范围相当宽泛，企业必须明确各个职能部门在营销组织中的地位和作用；二是管理性活动，涉及营销活动中的计划、协调和控制等方面。

3. 建立组织职位

市场营销组织在建立组织职位时应考虑三个问题：职位类型、职位层次、职位数量，从而弄清楚各个职位的权利、责任及其隶属关系。

4. 设计组织结构

在设计营销组织结构时，我们必须要注意到任何一种营销组织形式都有优缺点，因此我们应当扬长避短。在进行营销组织结构设计时必须注意以下两个问题：

(1)把握好分权化程度，权力过分分散不利于集中管理，权力过于集中又不利于发挥下级主动性。

(2)确定合理的管理幅度，管理幅度过大会出现管理真空，管理幅度过小会降低管理效率，造成人力资源浪费。

5. 配备组织人员

市场营销组织的工作是一种创造性工作，因此在配备组织人员时必须谨慎，同时需注意以下几点：

(1)因事择人。

(2)因才使用。

(3)用人所长。

(4)动态平衡。

6. 组织评价与调整

市场营销组织所处的环境随时都在发生变化，组织管理者必须及时对组织作出相应的调整，只有这样才能不断提高组织效能。市场营销组织调整的原因不外两大因素：

(1)外部环境因素。包括政治经济环境的变化、科学技术的进步、环境资源的变化、竞争观念的变化等。

(2)内部环境因素。包括管理技术条件的改变、管理人员的调整和水平的提高、组织规模的扩张和业务的发展、组织内部运行机制的优化等。

三、市场营销计划执行

许多人认为把事情做正确(实施)与做正确的事情(计划)一样重要,甚至前者比后者更加重要。一个企业的战略计划可能与另一个企业雷同,但是却能通过更快或更好的实施在市场中获胜。要知道市场营销计划的执行很难,通常想出好的营销计划比实施这些计划更容易些。一个好的市场营销计划如果执行不当,是不会有成效的。

(一)市场营销计划执行

(1)制定行动方案。为了有效实施营销计划,营销部门需要制定详细的行动方案。通过具体的行动方案来回答下列问题:将做什么? 何时做? 由谁负责? 以及费用是多少? 例如,一般促销计划中应列明特殊活动及其日期、参加的贸易展览会、新的现场展示和其他促销活动,并明确这些活动何时开始、检查和结束。

(2)调整组织结构。企业的正式组织结构在市场营销计划实施中发挥着巨大作用。因为每一个营销计划都要落实到具体的部门和人员,为了顺利完成营销计划,各部门、人员的权责界限都应作相应的调整和改变。市场营销组织结构应当根据企业战略、营销计划的需要,适时改变和完善。

(3)形成规章制度。为了保证计划有效地实施,必须设计相应的规章制度。通过这些规章制度,明确与计划有关的各个环节,岗位,人员的责、权、利关系,充分调动员工的积极性;对各环节岗位、人员的工作进行客观考核并据此实施奖惩。

(4)协调各种关系。成功的市场营销计划实施取决于企业能否将行动方案、组织结构、决策和奖励机制、人力资源和企业文化这五大要素组合成一个有机的整体。要想使企业各种要素组合成一个有机的整体需要企业具有较强的协调能力。

(二)计划实施中的问题与原因

在执行一项营销计划时,所有的事情都可能出错,目标、基本的项目、价格、渠道、传播方式等都可能出问题。当营销成果令人失望时,设法找出失败的原因,以便将来能较为成功地实施,是一件不容忽视的事情。

(1)长期目标和短期目标相矛盾。营销计划的制定常常依据企业的长期目标,但在营销计划的执行过程中,我们对计划执行效果、部门、人员的考核又具有短期性。这就使得市场营销人员在执行计划过程中往往只重视短期效果,而忽视企业的长期利益。

(2)计划脱离实际。由于营销计划的制定者与实施者角色不同,往往出现计划脱离实际的情况,造成计划看起来是何等诱人,鼓舞士气,但执行起来却举步维艰。

(3)因循守旧的惰性。一项新营销计划的执行必然会打碎原有的组织结构,同时人员及部门的责、权、利都会发生变化,这些必然会受到原有旧势力的阻碍。

(4)缺乏具体、明确的行动方案。成功实施的营销计划需要一个详细的把所有的人和活动及各种资源聚集到一起的行动方案。一项营销计划的实施往往牵涉到许多部门、人员和环节，它们共同构成了一条执行链，任何一个环节、部分出现问题都会影响到计划的顺利完成。计划越详细、具体，执行就越容易。

第四节　市场营销控制

市场营销部门必须连续不断地监督和控制各项营销活动，以保证市场营销计划的完成。所谓市场营销控制，是指市场营销管理者经常检查市场营销计划的执行情况，看看计划与实际是否一致，如果不一致或没完成计划，就要找出原因所在，并采取适当措施和正确行动。市场营销控制包括年度计划控制、盈利能力控制、效率控制和战略控制等几种方法。

一、年度计划控制

任何企业都有自己的年度计划，而年度市场营销计划的执行能否取得理想的成效，还需要看营销控制工作进行的如何。所谓年度计划控制，就是用销售额、市场占有率、营销费用率、顾客态度追踪四种绩效工具以核对年度计划目标的实现情况。事实上，计划的结果不仅取决于计划制定的是否正确，还有赖于计划执行与控制的效率如何，所以，搞好控制工作是一项极其重要的任务。

（一）销售分析

销售分析就是衡量并评估实际销售额与计划销售额之间的差距。这种差距的衡量与评估有两种方法。

1. 销售差距分析

销售差距分析方法适用于分析不同因素对销售绩效的作用。例如，假设年度计划要求第一季度销售 1 万件产品，每件 10 元，即销售额 10 万元。在该季结束时，只销售了 9 000件，每件 9 元，即实际销售额 8.1 万元，比计划销售额少 19%，差距为 1.9 万元。那么绩效降低有多少归因于价格下降，又有多少归因于销量下降呢？计算如下：

$$\text{因价格下降的差异} = (10-9)\times 9\,000 = 9\,000(\text{元})$$

$$\text{因价格下降的影响} = 9\,000 \div 19\,000 \times 100\% = 47\%$$

$$\text{因销量下降的差异} = (10\,000-9\,000)\times 100\% \times 10 = 10\,000(\text{元})$$

$$\text{因销量下降的影响} = 10\,000 \div 19\,000 \times 100\% = 53\%$$

由此可见，没有完成计划销售量是造成差距的主要原因，企业应该仔细检查为什么不能达到预期的销售量。

2. 地区销售量分析

地区销售量分析方法用来衡量导致销售差距的具体产品和地区。例如，假设企业在三个地区的计划销售量：A 地区 1 500 件、B 地区 500 件、C 地区 2 000 件。但地区实际完成的销售量 A 地区 1 400 件、B 地区 525 件、C 地区 1 075 件，与计划的差距 A 地区 -6.67%、B 地区 +5%、C 地区 -46.25%。显然，问题出在 C 地区，应该对 C 地区不良的绩效进行深入分析，加强管理。

（二）市场占有率分析

公司的销售额并无法告诉我们公司对于竞争者的绩效如何，假设公司的销售量增加，这可能是经济情况改善的结果，此时所有的公司都得利，也可能是公司相对于竞争者的绩效有提高。企业必须追踪其市场占有率，若公司的市场占有率上升，则公司取得了市场竞争者的利益；若市场占有率下降，则公司相对于竞争者而言是损失了。市场占有率分析有四种方法。

1. 总体市场占有率

企业的总体市场占有率是以其销售除以总产业销售的百分比而得的，使用此方法时必须作两个决策：

（1）决定要使用销售量还是销售额来表达市场占有率。对销售量而言，量的变化反映出竞争对手之间销售量的消长；对销售额而言，量的变化反映出量与价格的组合。

（2）正确认定行业的范围。例如，脚踏车是否应纳入摩托车市场。

2. 所服务市场占有率

所服务市场占有率是以公司的总销售额占其服务市场总销售额的百分比。所服务市场是指对企业有兴趣的市场，且公司营销活动触及的市场，企业的服务市场占有率通常要大于它的总市场占有率。

3. 相对市场占有率（相对于前三名竞争者）

相对市场占有率是以公司的销售额除以前三名竞争者销售额总额的百分比而得的。例如，若企业占有40%的市场，而三个最大竞争者的占有率分别为20%、10%及10%，则公司的相对市场占有率为100%（40%/40%）。在一般情况下，相对市场占有率高于33%，即可视为具有强势地位。

4. 相对市场占有率（相对于领先竞争者）

相对市场占有率是以企业销售额与市场领导竞争者的销售额的百分比来表示的。相对市场占有率超过100%，表明企业为市场领先者；相对市场占有率为100%，表明企业与市场领先者不相上下。

（三）市场营销费用率分析

市场营销计划控制也要检查企业在完成营销计划时，营销费用有没有超支。市场营销管理人员应密切注意市场营销费用与销售额的比率，如果这一比率变化幅度较大，营销人员就应当引起警觉，防止比率失控，并分析原因，及时采取相应措施。

（四）顾客态度追踪

营销计划的实现与顾客对企业及产品（服务）的态度密切相关，企业通常用以下方法来追踪顾客的态度。

1. 抱怨和建议

企业对顾客的各种抱怨应认真对待，并及时作出回应。对来自顾客的抱怨应该进行仔细记录、分析和归类，并从中找到企业不足之处，以便及时改进，从而提高顾客满意度，增加回头客，吸引新顾客，减少顾客流失率。同时，企业应积极鼓励顾客提出建议和意见，使企业与顾客间保持一种协商机制，从而建立起一种长久的合作关系。

2. 固定顾客样本

要想了解顾客对企业及产品(服务)的态度并非易事。通常的做法是由一些既具有代表性又愿意支持企业工作的顾客组成固定顾客样本,定期地通过问卷调查或电话调查的方式了解其态度。通过这种方法,企业能更好地掌握顾客态度的变化趋势,市场营销管理者提早发现可能出现的问题。

3. 顾客调查

企业定期地对随机顾客进行调查,了解企业员工服务态度、服务质量、产品价格等方面的信息,以便企业能及时发现问题,并及时进行纠正。

二、盈利能力控制

企业必须衡量各产品、区域、顾客群、营销渠道及订单大小的获利能力,这些信息可帮助管理者了解哪一项产品或营销活动应当予以扩大、缩减甚至删除。在进行企业盈利能力分析时,首先要对企业营销成本进行分析,因为营销成本的高低直接影响到企业利润的大小。

市场营销成本包括两大类:直接费用(如直接推销费用、促销费用、仓储费用、运输费用、营销管理人员工资办工费用)和间接费用(共同分担的费用如形象成本),取得满意的利润是每个企业的最终目标,因此盈利能力控制是市场营销管理者的工作重点。

三、效率控制

如果企业某一产品、地区或市场的获利能力较差的话,说明营销管理的效率很差,可见企业营销计划的完成情况与营销管理的效率有关。

(一)销售力效率

各地区的销售经理应该记录其责任区内销售力效率的几项指标,包括每天每位销售人员的平均销售访问次数、每次接触的平均访问时间、每次销售访问的平均成本、每次销售访问的招待成本、每100次访问而取得订单的百分比、一定期间新增顾客数、一定期间流失顾客数、销售力成本占总销售额的百分比等。通过以上统计分析,可以帮助营销管理者发现许多问题:销售代表访问次数太少吗?每次访问时间是否过长?招待费是否过高等。这将非常有助于营销经理提高销售力效率。

(二)广告效率

对广告产生的效果不易衡量,许多管理者容易忽视对广告效率的控制。通过对下列资料的统计和分析可以提高达到广告效率的目的:对每一媒体分类、每一媒体工具、每接触一千位购买者所花费的全部广告成本,顾客对每一媒体工具注意、联想和阅读的百分比,顾客对广告内容和效果的意见,对产品的态度前后衡量,受广告刺激而引起的询问次数,每次询问成本等。

(三)促销效率

为了改进销售促进的效率,管理者应该对每一销售促进的成本和对销售的影响作出记录,包括因优待而售出的百分比、每一销售金额的陈列成本、折扣券收回的百分比、因展示而引起询问的次数等。通过对上述记录的整理分析,可以帮助营销管理者选择最佳的促销工具和促销方法，开展最有效率的促销活动。

（四）分销效率

对企业分销系统的结构、布局、分销渠道，成员的作用和能力以及企业存货控制、仓库位置和运输方式的全面分析，为企业找到最有效的分销组合。

四、战略控制

企业必须时常对其整体的营销效力作精密的检讨回顾。由于营销是一个目标、政策、战略经常迅速过时的领域，因此企业必须定期地重新评估企业计划、战略及其执行情况，其中最有效的方法便是营销审计。

市场营销审计是对企业市场营销环境、目标、战略、组织、方法、程序和市场营销活动等进行的综合、系统、独立和定期性的核查，以发现市场机会，找出存在问题，并提出改进建议，提高市场营销管理效果。具体来讲，市场营销审计包括对宏观环境、微观环境、营销策略、营销组织、营销系统、营销盈利水平、特定的营销功能等七个方面的检查和评估。由于篇幅关系，市场营销审计的具体内容不在此详细论述。

复习思考题

1. 企业应依据怎样的步骤制定营销战略？
2. 企业为什么一定要制定营销战略？
3. 分析设置市场营销组织的主要原则。
4. 如何制定市场营销计划？实施营销计划需要注意什么问题？
5. 市场营销控制的主要方法是什么？
6. 市场营销审计的主要内容是什么？

案例分析

海信变频空调2000年营销活动策划案（纲要）

一、2000年营销推广战略规划

根据2000年的空调市场分析、预测和企业自身的实际情况，以时间顺序划分三个阶段，进行市场营销，推广商品，扩大市场的占有率。

（一）第一阶段

2000年3月1日至4月15日，新品KFR－2601GW/BP、KF－2601GW/BP变频空调为尖兵，以低于4 000元的零售价为市场突破口，以北京市场为主战场，紧接着扩大到全国市场，用价格这个业界、新闻界和消费者敏感的话题为导火索，率先引爆2000年的中国空调市场，制造新闻界、商业界及消费者的关注点，从而形成注意力经济，使海信空调在2000年的空调市场中抢得先机，为2000年海信空调全年销售奠定一个坚实的基础，给海信空调一线销售人员鼓足精神与勇气。

（二）第二阶段

4 月 16 日至 5 月中旬，在全国 10～15 个市场基础较好的城市，举办海信空调 2000 年高科技新品推介会，在第一阶段已形成注意力的基础上，高举海信是中国家电业高技术、高质量、高水平服务先锋的大旗，进一步强化提高海信空调的品牌形象，用“技术、质量、服务”所形成的品牌形象力推动市场，用灵活的销售手段抢占阵地。

（三）第三阶段

借助前期工作的影响，在全国市场趁热打铁，加强对经销商和消费者市场的销售促进力度，实现扩大市场占有率的目标。

二、2000 年营销推广战术组合

以新闻炒作、公关活动造势贯穿三个阶段，为全年销售提供空中掩护；以国家级和各地方媒体广告宣传为各市场提供炮火支援；以促销活动为突击队，形成大规模立体攻势。

三、战役组织

（一）目的

（1）大量吸纳商家的货款，为全年×亿回款任务的完成营造铺垫。

（2）制造变频空调首家低于 4 000 元价格大关的新闻热点，进行大量新闻炒作，制造注意力经济，提高品牌的知名度，营造市场攻势。

（3）刺激我公司产品销售旺季的提前到来，提高销量，延长旺季周期，为完成全年产销空调×万套的任务打下基础。

（二）宣传主题

工薪变频海信制造。

副题一：让科技贴近百姓，让变频走进万家。

副题二：3 880 元，海信变频空调搬回家。

（三）活动地点

（1）首站北京。

（2）次站南京、杭州、长沙、成都、济南。

（3）全国各一级办事处。

（四）活动时间

（1）北京：3 月 1 日、2 日、3 日、4 日、11 日、12 日至 6 月底前所有的周六、周日。

（2）次站顺延一周，3 月 11 日、12 日要求与上同。

（3）最后所有一级办事处再顺延一周，要求与上同。

（五）活动内容

（1）新闻通气会（见附件 1）。

（2）海信空调“工薪变频”上市厂商座谈会（见附件 2）。

（3）广告宣传（见附件 3）。

（4）新品推介会（见附件 4）。

（5）促销活动（见附件 5）。

（6）“工薪变频海信制造”活动促销员培训课程（提纲）（见附件 6）。

【附件1】

新闻通气会

（此活动仅适用于北京地区）

一、活动目的

1. 利用新闻通气会介绍新产品及其价格信息。

2. 组织媒体记者发稿。

二、活动时间

2月28日下午。

三、与会人员

××、××、××、××、××、北京各大媒体记者。

与会人员登记表

姓名	所属单位	职务	电话

四、会议地点

××负责，选取一个能容纳150人的小型会议室。

五、新闻宣传点（建议）

1997年3月4日，海信空调建成全国最大的变频空调生产基地，三年中，海信空调一直坚持"高科技、高质量、高水平服务"的发展战略。海信集团现有42位博士、286位硕士，从集团领导、科研人员到普通员工一直为广大消费者创造蔚蓝生活空间而不断努力。海信空调由于其技术的领先性赢得了广大消费者的信任。

但空调居高不下的价格，令消费者可望而不可及。三年后的今天，海信变频空调首家以低于4 000元的价格推向市场。

海信空调全新推出的工薪变频空调是变频技术成熟的必然结果，只有技术更成熟，才会使更多的消费者享受到高科技带来的舒适生活。

海信空调无意在空调领域挑起价格战，请注意我们这次新品的低价而不是降价。成熟变频技术生产规模的扩大带来了生产成本的降低，从而使产品价格降低。

六、相关物品准备及注意事项

相关物品及注意事项

序号	内容	主办人	协办人	日期
1	确定会场、举办时间			
2	会场所用横幅的设计制作			
3	姓名牌、胸牌、邀请函的设计制作			
4	与会嘉宾的礼品准备(是否需要分类准备),数量为与会嘉宾的人数			
5	准备签到本和笔各两个、名片收集盒一个			
6	会间饮料(茶、矿泉水、软饮料)及数量			
7	背景音乐的确定、准备			
8	主持人、礼仪小姐的聘请			
9	明确会议的起始时间及详细的时间进度表(整个会议时间不超过90 min)			
10	明确礼品发放的时间(会议开始或结束)及形式(在签到台领取)			
11	相关稿件的准备(给记者的新闻通稿、领导讲话稿、主持人讲稿、工薪变频空调的相关问题解答)			
12	落实是否需要准备会后宴会,宴会的形式(冷餐或酒会)、地点			
13	会场布置(背板布置、座次的布置、姓名牌的放置、饮料的放置、电源、音响、签到处、礼品的保管与发放、新闻通稿的发放)			

【附件2】

海信空调"工薪变频"上市厂商座谈会

一、活动时间

1. 上海、南京、长沙、成都、济南为3月9日下午3点。

2. 其他各一级办事处为3月16日下午。

二、参会人员

公司领导、办事处经理、市场主管、各大活动商场家电部经理、分管副总或总经理1~2名。

参会人员登记表

姓名	所属单位	职务	电话

三、会议地点

由办事处经理负责，联系一家能容纳 60 人左右的小型会议厅或多功能厅。

四、会议宣传点

1. 海信空调推出新品“工薪变频”空调，2601 冷暖型售价仅 3 880 元，2601 单冷型售价仅 3 680 元，在行业首家率先推出低于 4 000 元的变频空调机，比现在的市场价低了 1 500元左右。

2. 海信本次上市空调是低价推出，而不是降价，海信无意引发行业价格战。

3. 海信空调首家把变频空调推向市场，引发了空调行业的第一次技术革命：短短三年时间，变频空调已占到空调市场 30% 的份额。买空调买变频已成为消费者的消费理念，然而由于变频空调技术上的限制，其价格一直居高不下，成为变频空调发展的新的瓶颈。

4. 作为首家把变频空调推向市场的企业，海信集团建立了中国最大的变频空调生产基地，拥有 42 位博士、286 位硕士，拥有国家级的技术开发中心，科技一直在行业领先。由于技术的不断创新，规模的不断扩大，成本的不断降低，海信空调已成功地实现了价格的降低。本次新品的推出，海信的目的就是让工薪阶层也买得起、用得起变频空调，让更多的工薪阶层也能享受到高新科技产品的服务。

五、会议步骤

1. ×日下午 2:30 参会人员持请帖陆续报到，贵宾大厅设礼仪小姐两名，礼仪小姐身披绶带，内容前为“海信空调”，后为“工薪变频”。

2. 在礼仪小姐或指示牌的指引下，参会人员持请帖在会议入口处交请帖、签到、领礼品及会议材料（在会议入口处设签到处）。

3. 会议会场布置为长椭圆形，最里面挂条幅：海信空调“工薪变频”上市厂商座谈会。会场布置图（略）。

4. 会议进程对策表。

海信空调“工薪变频”上市厂商座谈会对策

序号	内容	责任人	协办人	时间
1	与会记者名单确定（并提前电话联系确定）	办事处经理	业务员	T－6
2	确定会场	办事处经理	业务主管	T－6
3	发请帖	办事处经理	业务员	T－5
4	绶带条幅制作，铭牌，指示牌，礼品卷打印，盖章确认	办事处经理	业务员	
5	准备签到本、笔，名片收集盒	办事处经理	业务主管	T－1
6	礼仪小姐确认	办事处经理	业务主管	T－3
7	公司领导、办事处经理发言稿，主持人串联词组织	办事处经理	业务主管	T－5
8	会场布置	办事处经理	业务主管	
9	会议开始，会议程序附后	办事处经理	业务主管	

注：T 为第一批城市时间 3 月 11 日，第二批城市时间为 3 月 18 日。

海信空调“工薪变频”上市厂商座谈会程序

主持人:市场主管

序号	时间	会议程序	发言人	备注
1	15:00	主持人发言,介绍到会人员,致欢迎词	市场主管	
2	15:05	公司领导发言 办事处经理发言	公司主管 办事处经理	
3		厂商座谈会		
4	17:00	座谈会结束吃晚餐		

【附件3】

广告宣传

一、目的

发布海信空调首家以低于4 000元价格大关入市,以引起新闻界、商界、市民的关注,制造注意力经济。

二、媒体选择

以电视、报纸为主,户外广告、直投广告为辅。

(一)电视广告

1. 媒体选择:各地省电视台、市电视台。

2. 主题:工薪变频海信制造。

3. 形式:15 s、30 s硬广告各一条。

4. 相关工作。

(1)广告片创意制作。

(2)广告投放媒体的联系:价格、时间段、摆放计划。

选择省台、市台经济生活类节目为佳,应在当地工薪变频上市活动前一天或当天及其后几天内投放。

(二)报纸广告

选择各地晚报和其他发行量较大的报纸,如都市报、生活服务类报纸等。

1. 宣传主题。

主题:变频空调海信制造。

副题一:让科技贴近百姓,让变频走进万家。

副题二:3 880元,海信变频空调搬回家。

2. 报纸稿。

(1)感情诉求。贴近普通大众,提高亲和力(活动广告)。

(2)理性诉求。突出高科技,产品质量过硬(产品功能广告)。

3. 报纸、内容、日期、版式、价格。

在当地工薪变频上市日前一天(晚报)或当天(日报)投放,以1/2版为佳。

4. 注意事项。

(1)确定广告发布时间。

(2)××负责报纸样稿的设计和光盘的刻制。

(3)联系当地广告公司,将进行活动的广告定稿,出菲林片。

(4)与报社联系,确定菲林片的最后交稿时间。在最后定稿日期前,将菲林片指派专人送到报社。

(5)所提供的报纸广告样稿,各办事处可根据自己的情况进行细微的尺寸调节,不得改变原版式(版式只限1/2横版及1/4整版)。

(三)户外广告

1. 形式:拱门、横幅、海信氦气球。

2. 主题:工薪变频海信制造。

副题:3 880元,海信变频空调搬回家。

副题:让科技贴近百姓,让变频走进万家。

3. 发布。

横幅、竖幅:促销活动现场,跨街横幅、交通护栏横幅等,视各地具体情况而定。

海信氦气球:促销活动现场。

4. 实施细则。

户外广告实施细则

编号	内容	主办人	协办人	日期
1	户外广告设计定稿,注明图形比例及色彩构成	市场部	×××	2月22日
2	办理发布审批手续与公安、城管、交通等部门联系			
3	确定发布时间、发布周期			
4	选择发布地点			
5	落实发布的价格、费用			
6	落实户外品的样式、尺寸			
7	户外宣传品的制作(联系北京的公司)			
8	宣传品的发布			

(四)直投广告(备选)

随着人们生活节奏的不断加快,接受信息量的不断增加,越来越多的广告传递方式也随之产生。直投广告作为一种新的广告传播方式,具有达到率高、受众层次高的特点,为很多商家所欢迎。

1. 主题:工薪变频海信制造。

2. 形式:“工薪变频海信制造”产品功能介绍及价位说明。

3. 时间:当地工薪变频上市日发布。

4. 相关事宜。

直投广告相关事宜

序号	内容	主办人	协办人	日期
1	与当地现有直投广告公司联系，确定版面与尺寸	各地办事处		
2	与所选择的直投广告公司联系，确定版面与尺寸	各地办事处		
3	确定发布时间、周期			
4	落实发布所需费用			
5	与直投公司确定最后交稿时间			
6	设计直投广告样稿		市场部	×××
7	将设计稿送交直投公司			

【附件4】

新品推介会

一、活动目的

通过在商场门口举办产品推介活动，推介工薪变频空调的新品，吸引消费者积极参与，拉近海信空调与消费者的情感距离，增强品牌亲和力，提高海信空调的知名度和美誉度，使“工薪变频海信制造”这一观念深入人心，最终带动市场销售。

二、活动地点

主会场为当地一家大型商场，分会场由各地办事处负责选定几家大型商场。

三、活动时间

2000年3月，其中的星期六、星期日为佳。

四、活动前期准备

新品推介会活动前准备

序号	项目	责任人	协办人	日期
1	联系活动场地	城管等部门审批	办事处经理	
2	确定活动具体人，参加人，主持人，礼仪小姐、促销员	办事处经理		
3	活动宣传品设计及印刷（拱门、巨幅、竖幅、刀旗、升空气球、背景板、绶带、大转盘、有奖答卷）	××	××	
4	活动宣传品制作	办事处经理	当地广告公司	
5	准备活动用品：户外工作台、台布、工作椅、饮料、音响、话筒、声音测试器、户外产品展台	办事处经理		
6	准备活动礼品：负离子发生器、厨房三件套、圆珠笔、小气球			
7	活动现场布置	办事处经理	当地广告公司	

五、户外活动内容及程序

户外活动内容及程序

序号	活动内容	备注
1	背景音乐中,主持人宣布活动开始	
2	海信空调领导发表讲话,时间在 5 min 左右	
3	邀请观众 4 人一组进行大声说话比赛,说话内容:3 880元,海信变频空调搬回家。4 人分别对着声音测试讲话,以测出的声音大小分贝数决定比赛名次。 一等奖:负离子发生器 二等奖:厨房三件套 三等奖:圆珠笔 四等奖:小气球	活动宜在当地工薪变频上市日上午九点半开始,十点半结束,持续 1 h。 小游戏根据具体情况,每种由主持人决定进行一组比赛或是多组比赛。 注意维持现场秩序,避免发生人流混乱局面
4	由两名礼仪小姐缓缓地掀开覆盖在"工薪变频"空调新品上的红色天鹅绒布,空调新品展露真容	
5	技术人员推介新品,对其主要功能作重点介绍。与主持人密切配合,采用一问一答式,其中穿插幽默话语,活跃气氛	
6	邀请观众 4 人一组进行快速说话比赛,说话内容:工薪变频,海信制造;让科技贴近百姓,让变频走进万家。3 880 元,海信变频空调搬回家。用秒表分别计测说话时间,以时间长短决定获奖名次,时间短者胜。 一等奖:负离子发生器 二等奖:厨房三件套 三等奖:圆珠笔 四等奖:小气球	

【附件 5】

促销活动

一、活动目的

通过系列促销活动吸引消费者购买海信空调,拉动销售。

二、活动地点

主会场为当地一家大型商场,分会场由各地办事处负责选定几家大型商场。

三、活动时间

2000 年 3 月,其中的星期六、星期日为佳。

四、活动内容

1. 凡持本次活动的报纸广告者均可以到主会场领取海信精美礼品一份。

2. 凡参加本次活动填写海信答题卡者均可参加海信空调大转盘抽奖活动,100% 中奖,奖品从价值几元到几百元不等。

3. 凡参加本次活动,填写海信答题卡者均可获得每天下午 4 点的抽奖活动,奖品分为一等奖海信空调 KFR－2610GW/BF 一台,二等奖海信 21 寸彩电一台(1 名),三等奖海信无绳电话一部(1 名)。

4. 凡于当天购买海信空调者,均可参加海信空调在主会场下午 4 点的抽奖活动,一等奖全额返回购机款(1 名,100% 返回购机款,超过 5 000 元以 5 000 元计算),二等奖 50% 返回购机款(1 名),三等奖 20% 返回购机款(1 名)。

五、相关事宜

1. “工薪变频”的培训教程,统一口径,减少失误。

2. 促销员需全面了解“工薪变频”活动的全部内容、活动细则。

3. 办事处促销员的集中培训。

4. 售后服务的跟进措施。

5. 新款机器的备货和销售高峰期的应对措施。

6. 代理批发商统一口径,了解事件(培训或召开相应的会议)。

7. 活动正式“启动前”,产品的到货情况:生产、运输。

8. 出现断货现象的解释和对应策略。

六、售场内活动内容及程序

售场内活动内容及程序

序号	项目	责任人	协办人	日期
1	联系活动场地	城管等部门审批	办事处经理	
2	确定活动具体人、参加人、主持人、礼仪小姐、促销员	办事处经理		
3	活动宣传品设计印刷,拱门、条幅、竖幅、刀旗、升空气球、背景板、丝带、大转盘、有奖答卷	××	××	
	活动宣传品制作	办事处经理	当地广告公司	
	准备活动用品:户外工作台、台布、工作椅、饮料、音响、话筒、声音测试器、户外产品展台	办事处经理		
	准备活动礼品:负离子发生器、厨房三件套、圆珠笔、小气球			
4	活动现场布置	办事处经理	当地广告公司	

七、户外活动内容及程序

户外活动内容及程序

序号	活动内容	备注
1	活动当天，在各商场门口由礼仪小姐向进入商场的消费者发放有奖答卷	1. 活动时间为当地工薪变频空调上市日，星期六、星期日全天进行。 2. 活动前一天，布置好活动售场，大转盘摆放到位，礼品准备充足。大转盘设计器由市场部负责提供。 3. 控制人流量，避免出现混乱无序的局面。建议每隔半小时发放一次有奖答卷，每次发放视人流状况 30～50 份。 4. 分公司负责人应在活动当天到各商场巡回检查，及时调整
2	消费者现场填写答卷	
3	消费者将有奖答卷到商场内海信空调展区交给促销员，报纸广告读者持报纸广告上的有奖答卷填写正确后，到商场内海信空调展区交给促销员	
4	促销员仔细检查答卷，确认无误后，把奖卷投入到一个抽奖箱内，让消费者有秩序地转动大转盘，指针指在何等奖区，消费者即可获何等奖品	
5	一等奖：负离子发生器 二等奖：厨房三件套 三等奖：圆珠笔 纪念奖：小气球	
6	当场发放奖品并进行登记，一份答卷一份奖品，避免虚报	
7	促销员在消费者转动转盘时，不失时机地向消费者介绍海信空调	
8	下午 4 点在公证员公证下，对当天所收集的答卷进行抽奖，一等奖、二等奖、三等奖各一名，奖品分别为： 一等奖：价值 3 880 元变频空调一台 二等奖：海信 21 寸彩电一台 三等奖：海信无绳电话一部	
9	当天所有的购机用户，均发一张幸运奖券，消费者按要求填写后，投入商场抽奖箱内，于下午 3 点 50 分集中在主活动场抽奖	
10	上述抽奖活动结束后，抽出当天幸运消费者 3 名，一等奖、二等奖、三等奖各 1 名，奖品分别为： 一等奖：返回购机款，价值超过 5 000 元按 5 000 元计算 二等奖：返还购机款的 50% 三等奖：返还购机款的 30%	

【附件6】

“工薪变频海信制造”活动促销员培训课程(提纲)

1. 何谓工薪变频空调？海信公司为什么要推出工薪变频空调？

2. 海信空调推出的工薪变频空调现有哪些机型与型号？

3. 与一般的变频空调相比,工薪变频空调功能有何差别？其主要有哪些功能？

4. 价格低了,是否意味着选用劣质元器件？质量是否有保证？

5. 与其他变频空调相比,工薪变频空调有何不同？为什么价格便宜？(为什么工薪变频空调比一般的变频空调在价格上相差那么大？)

6. 购买工薪变频空调后,是否仍然享受海信空调的超级服务措施？(购买此款空调后,售后服务是否会受影响？)

7. 工薪变频空调能否再降价？其他的变频空调可否也会降到这个价位？

第七章　产品策略

产品是市场营销组合中最重要的因素，产品策略是整个市场营销组合策略的基石，产品策略直接影响和决定着其他市场营销组合因素的决策，对企业市场营销的成败关系重大。

第一节　产品整体概念

一、产品整体概念

什么是产品？按照传统的观念，产品仅指通过劳动而创造的有形物品，这是狭义的产品概念。按照市场营销观念，产品是指能提供给市场，用于满足人们某种需要和欲望的任何事物，包括实物、服务、场所、组织、思想、主意等。可见，产品概念已经远远超越了传统的有形实物的范畴，思想、主意等作为产品的重要形式也能进入市场交换。

传统上，产品的整体概念包括三层含义，即核心产品、形式产品和延伸产品。近年来，菲利普·科特勒等学者提出了五个层次的概念，其基本层次见图7-1。

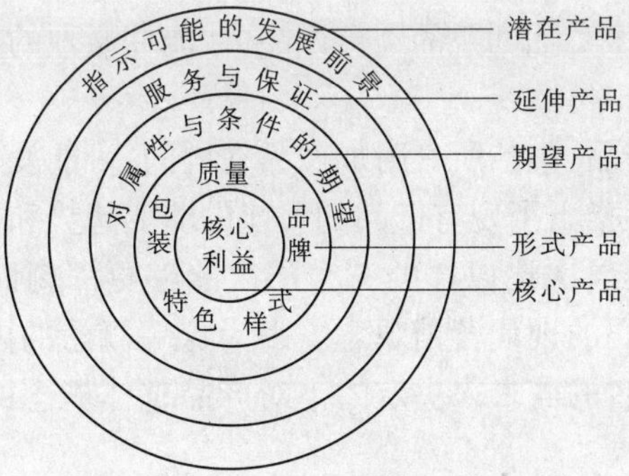

图7-1　产品整体概念的五个层次

（一）核心产品

核心产品也叫实质产品，是指消费者购买某种产品时所追求的利益，是顾客所要购买的实质性东西。例如，对于空调机来说，顾客购买的是“凉爽”；而对于化妆品来说，顾客购买的则是“美貌”。可见，消费者购买某种产品，并不是为了占有或获得产品本身，而是为了获得能满足某种需要的效用或利益。企业的市场营销人员应善于发现消费者购买产品时所追求的利益，积极销售消费者所需要的“东西”，满足其需求。

（二）形式产品

核心产品虽然是产品整体概念中最基本、最重要的部分，但是对于消费者来说，它只是一个抽象的概念，必须借助一定的形式才能具体地被消费者所把握。这种核心产品借以实现的形式就是形式产品,也叫有形产品,是指向市场提供的能满足某种需要的产品实体或服务的外观。

如果是实体物品,它在市场上通常表现为产品质量水平、外观特色、款式、品牌名称和包装等内容。作为服务的有形产品,也具有类似的特征。这些特征是购买者选购时的依据。市场营销者应从满足消费者所追求的利益出发,进行产品设计,将核心产品转变成有形的东西,以便更好地满足顾客的需求。

(三)期望产品

期望产品是指购买者在购买产品时期望得到的与产品密切相关的一整套属性和条件。如旅馆的客人期望得到清洁的床位、沐浴露、浴巾、衣帽间等服务。因为大多数旅馆都能满足旅客这些一般期望,所以旅客在选择档次大致相同的旅馆时,一般是根据哪家旅馆就近和方便而定。

(四)延伸产品

延伸产品也叫附加产品或扩展产品,是指顾客在购买产品时所获得的全部附加服务和利益,包括提供信贷、免费送货、保证、安装、售后服务等。因为顾客在购买时,需要的不仅仅是产品本身,而是与该产品相关联的、能满足其某种需要的一切。例如,用户购买计算机不仅是购买进行计算的工具设备,而主要是购买解决问题的服务,这就包括使用说明、软件程序、安装、调试和简便的维修方法等。企业市场营销人员必须正视这种基于产品的附加内容的整体消费体系,进行系统销售,即不仅要提供适应消费者需要的形式产品和核心产品,还要提供更多的延伸产品。事实上,如今的竞争更多地体现在延伸产品的层次,只有向购买者提供更多实际利益的延伸产品,才能在激烈的市场竞争中取胜。

(五)潜在产品

潜在产品是指现有产品、包括所有附加产品在内的,可能发展成为未来最终产品的潜在状态的产品。潜在产品指出了现有产品的可能的演变趋势和前景。

产品整体概念的五个层次比以往的三个层次能够更深刻而准确地表述产品整体概念,更能体现以顾客为中心的现代营销观念。因为这一概念的内涵和外延都是以消费者需求为标准的,是由消费者的需求来决定的。对产品整体概念的理解是真正贯彻现代营销观念的开始。

二、产品层级

在现代化大生产和市场经济条件下,很多企业都生产和销售多种产品,且每一产品都和其他产品有关联。产品层级从基本需要开始,一直延伸到能够满足这些需要的一些具体项目。产品层级有七个:

(1)需要集。指构成产品集基础的核心需要。

(2)产品集。指能有效地满足某一核心需要的所有产品类别。

(3)产品类别。指产品集中具有某些相同功能的一组产品。

(4)产品大类。指同一产品类别中密切相关的一组产品。它们以类似方式起作用,或出售给相同的顾客群,或通过同样的商业网点销售,或同属于一个价格幅度。产品大类也称产品线。

(5)产品类型。指在某一产品大类中不同的产品项目所构成的不同形式。

(6)品牌。指产品大类中一种或多种产品项目的名称,用以区别产品项目的来源或特色。

(7)产品项目。指某一品牌或产品大类中由尺寸、价格、外观及其他属性来区别的具体产品。

第二节　产品组合策略

一、产品组合

产品组合,通常由若干条产品线组成。产品线,是指同类产品的系列。一条产品线就是一个产品类别,是由使用功能相同,能满足同类需求而规格、型号、花色等不同的若干个产品项目组成的。一个产品项目则是指企业产品目录上开列的每一个产品。

产品组合的宽度是指产品组合中包含的产品线的多少,包含的产品线越多,就越宽。如某公司假如拥有清洁剂、牙膏、条状肥皂、纸尿布、卫生纸,那它的宽度为5。

产品线的长度是指每一条产品线内的产品项目数。当然,如果一个公司具有多条产品线,公司可以将所有产品线的长度加起来,得到公司产品组合的总长度,除以宽度则可以得到公司平均产品线长度。

产品组合的深度是指每一产品项目有多少花色、品种和规格。花色、品种和规格越多,产品线就越深。如某品牌牙膏具有多种口味与香型,这些就构成了该牙膏的深度。

产品组合的关联度是指各类产品线之间在最终用途、生产条件、销售渠道等方面相互关联的程度,不同的产品组合存在着不同的关联程度。

产品组合的宽度、长度、深度和关联度在市场营销战略上具有重要意义。首先,企业增加产品组合的宽度(即增加产品大类,扩大经营范围,甚至跨行业经营,实行多角化经营),可以充分发挥企业的特长,使企业尤其是大企业的资源、技术得到充分利用,提高经营效益,减少风险。其次,企业增加产品组合的长度和深度(即增加产品项目,增加产品的花色、式样、规格等),可以迎合广大消费者的不同需要和爱好,以招徕、吸引更多顾客。最后,企业增加产品组合的关联度,可以提高企业在某一地区、某一行业的声誉。

二、优化产品组合

产品组合状况直接关系到企业的销售额和利润水平。由于市场营销环境经常处于变化之中,企业必须对现有产品组合作出系统的分析和评价,以优化产品组合。产品组合的优化包括两个方面:一是掌握产品大类中不同产品项目的销售和盈利情况,并采取相应措施;二是了解自己的产品大类与竞争对手的对比情况,以及如何与之相抗衡。

(一)产品项目的销售量和利润分析

产品项目销售量和利润分析重要的是就产品线上每一个项目对总销售量与利润的贡献程度进行确定。一般可以通过计算每一个项目占产品线的销售额与利润额的百分比来分析。比如,有一企业某条产品线上项目A占产品线总销售量的50%,占总利润的40%;

项目 B 占总销售量的 30%，占总利润的 30%；项目 C 占总销售量与总利润的比重分别是 10% 与 10%；项目 D 占总销售量与总利润的比重分别是 5% 和 15%；项目 E 占总销售量与总利润的比重分别是 5% 和 5%。对于企业来说，要重点经营利润比重大的产品项目，对于利润比重很小的产品项目可以不作为经营的重点。

在上面这个例子中，项目 A、项目 B 与项目 D 的利润要占到产品线利润总额的 85%，所以在其他环境因素允许的情况下，就可以将这三个项目列为企业经营的重点。

产品线的利润太集中在少数几个项目上，意味着这条产品线的弹性较差，遇到强有力的竞争对手的挑战，往往会受到很大的影响，因此企业要尽可能地把利润均匀地分散到多个项目中去。

（二）产品项目市场地位分析

企业管理人员还须针对竞争者产品大类的情况来分析一下自己的产品大类定位问题，即本企业产品大类与竞争者的竞争情况。

以一家造纸公司生产纸板为例。纸板的两个主要属性是纸张重量和成品质量。纸张的标准重量级别一般有 90、120、150 和 180 重量单位。成品质量有高、中、低三个标准层次。X 公司和 A、B、C、D 四个竞争对手的各自产品大类的产品项目定位情况是：竞争者 A 出售两个产品项目，它均为超重量级，处于中到低级成品质量范围内；竞争者 B 出售四个产品项目，它们的重量和成品质量各不相同；竞争者 C 出售三个产品项目，在三个产品项目中，重量与成品质量成正比；竞争者 D 也出售三个产品项目，均是轻量级的，但成品质量不一样；X 公司提供三个重量各不相同的产品项目，成品质量在低级和中级之间变动。这样，我们就可以了解到 X 公司低重量、中等质量的纸板与竞争者 B 和 D 的纸板展开竞争。但是，X 公司高重量、中等质量的纸板却没有直接的竞争者。这就为可能出现的新产品项目如何定位提供了启示。例如，还没有哪家制造商在生产高重量、低等质量的纸板。如果 X 公司认定这种纸板有大量尚未满足的需求，并且它有能力生产这种纸板且以适当的价格销售，它就应当在产品大类上增加这一产品项目。

三、产品组合策略

企业在调整和优化产品组合时，依据情况的不同，可选择如下策略。

（一）扩大产品组合

扩大产品组合包括拓展产品组合的宽度和加深产品组合的深度。前者是在原产品组合中增加一个或几个产品大类，扩大经营产品的范围；后者是在原有产品大类内增加新的产品项目。当企业预测现有产品大类的销售额和利润额在未来一段时间内有可能下降时，就应在现有产品组合中增加新的产品大类，或加强其中有发展潜力的产品大类；当企业打算增加产品特色，或为更多的细分市场提供产品时，则可选择在原有产品大类内增加新的产品项目。一般而言，扩大产品组合，可使企业充分地利用人、财、物资源，分散风险，增强竞争能力。

（二）缩减产品组合

当市场繁荣时，较长、较宽的产品组合会为企业带来较多的盈利机会；但当市场不景气或原料、能源供应紧张时，缩减产品组合反而可能使总利润上升。这是因为从产品组合中剔除了那些获利很小甚至不获利的产品大类或产品项目,可使企业集中力量发展获利多的产品大类和产品项目。

通常情况下,企业的产品大类有不断延长的趋势,原因主要有以下几个方面:

(1)生产能力过剩迫使产品大类经理开发新的产品项目。

(2)经销商和销售人员要求增加新的产品项目,以满足顾客的需要。

(3)产品大类经理为了追求更高的销售利润增加产品项目。

但是,随着产品大类的延长,设计、工程、仓储、运输、促销等市场营销费用也随之增加,最终将会减少企业的利润。在这种情况下,需要对产品大类的发展进行相应的遏制,删除那些得不偿失的产品项目,使产品大类缩短,提高经济效益。

(三)产品大类延伸

产品大类延伸指部分地或全部地改变企业原有产品大类的市场地位。产品大类延伸策略可以分为三种形态:向下延伸、向上延伸和双向延伸。

1. 向下延伸

向下延伸指企业原来生产高档产品,后来决定增加中低档产品的生产。这种策略通常适合于下列几种情况:

(1)利用高档名牌产品的声誉,吸引购买力水平较低的顾客慕名购买产品大类中的低档廉价产品。

(2)高档产品的销售增长速度下降。

(3)企业最初进入高档产品市场的目的是建立品牌声誉,树立企业形象,然后再进入中低档产品市场,以扩大销售增长率和市场份额。

(4)补充企业的产品大类空白,以防止新的竞争者涉足。

当然,企业在采取向下延伸策略时也会遇到以下一些风险:

(1)增加低档产品的生产可能使名牌产品的形象受损。

(2)可能迫使竞争者转向高档产品的开发。

(3)企业的经销商可能不愿经营低档产品。

2. 向上延伸

向上延伸指企业原来生产低档产品,后来决定生产中高档产品。这种策略通常适合于以下几种情况:

(1)高档产品畅销,销售增长快、利润高。

(2)企业的技术设备和营销能力已具备进入高档产品市场的条件。

(3)使产品大类完整。

向上延伸策略也要冒一定风险,如以下几个方面:

(1)可能引起生产高档产品的竞争者进入低档产品市场进行反攻。

(2)未来的顾客可能不相信企业能生产高档产品。

(3)企业的销售代理商和经销商可能没有能力经营高档产品,企业需培训或物色新的销售代理商和经销商。

3. 双向延伸

双向延伸指有些生产经营中档产品的企业,掌握了市场优势以后,逐渐向高档和低档两个方面延伸。这种策略在一定条件下有利于扩大市场占有率,增强自己的竞争能力。

(四)产品大类现代化策略

在某些情况下,产品大类的长度虽然是适当的,但产品还停留在以往的水平,那就需要更新产品,实现产品大类现代化,以利于竞争。

产品大类现代化可以采取两种方式:渐进式和激进式。渐进式的方法可使公司在改进整个产品大类之前,测试顾客及中间商的反应,了解市场动向,同时也可节省投资。但缺点是使竞争者有机会作出反应,从而进一步加剧竞争。激进式的方法可避免上述缺点,出奇制胜,但所需投资较大,风险增加。

这里还有一个问题是如何正确地选择改进产品的最佳时机,使之不至于过早(会使现有产品线的销售受到不良影响),也不至于过迟(会使企业失去有利时机)。

(五)产品大类特色策略

产品大类特色就是在每条产品线中推出一个或几个有特色的产品项目,以吸引顾客,适应不同细分市场的需求。一般的策略是以低档产品开拓销路,以高档产品树立声誉。

第三节　产品生命周期

一、产品生命周期概述

(一)产品生命周期概念

产品在市场上的销售情况及获利能力随着时间的推移而变化。这种变化正像人和其他生物的生命一样,从诞生、成长到成熟,最终走向衰亡。这个过程在市场营销学上叫产品生命周期,它指产品从进入市场到被市场淘汰而退出市场的全过程。可见,产品生命周期指的是产品的市场寿命,而非使用寿命。

关于产品生命周期的概念,我们必须明确下面四点:

(1)产品有一个有限的生命;

(2)产品的销售在其有限的生命周期内经过不同的阶段;

(3)在产品生命周期的不同阶段,销售量和利润有升有降;

(4)由于引起销售量和利润变化的原因不同,因而需要制定不同的市场营销策略。

产品生命周期显现了产品销售历史中的不同阶段,与各个阶段相对应的是与营销策略和利润潜量的不同的机会和问题。公司可通过确定其产品所处的阶段或将要进入的阶段制定更好的市场营销计划。

(二)产品生命周期阶段

产品生命周期,按一般商品的销售历史表现为一条曲线(见图7-2)。典型的这种曲线分为四个阶段,即引入期、成长期、成熟期和衰退期。

产品生命周期各阶段的销售额和利润如下:

(1)引入期:又称介绍期,指产品进入市场,销售缓慢成长的时期。在这一阶段,因为产品进入市场所付的巨额费用,致使利润几乎不存在。

(2)成长期:产品被市场迅速接受和利润大量增加的时期。

(3)成熟期:因为产品已被大多数的潜在购买者所接受而造成的销售增长减慢的时期。

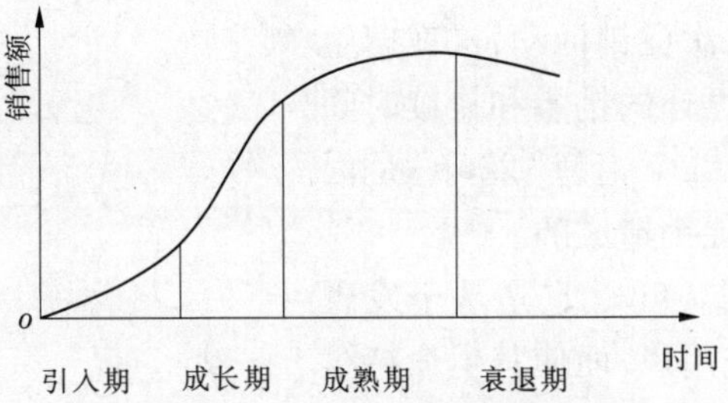

图 7-2 产品生命周期曲线

在此时期,企业为了对抗竞争、维持产品的地位,营销费用日益增加,利润稳定或下降。

(4)衰退期:销售、利润不断下降的时期。

(三)产品种类、产品形式和品牌

产品生命周期和产品定义的范围有直接关系。产品定义范围不同,对产品生命周期的适应性也就不同。根据产品定义范围的大小,可分为产品种类、产品形式和品牌三种。

(1)产品种类。具有最长的生命周期。因为产品种类代表满足某类特定需要的、具有相同功能或作用的不同产品,如酒类、服装、传真机、无线电话等。它们的生命周期可能是无限的,因此用它来作营销决策的适用性不强。

(2)产品形式。它最典型地体现了产品生命周期的历史,如洗衣机有半自动、全自动之分,还有滚筒式、波轮式之分。这些产品形式在市场上不断地被其他产品形式所取代。

(3)品牌。具体代表了某个营销者生产的产品,而一个特定的营销者又可以在某个特定品牌下不断地推出新产品。所以,品牌生命周期是不规则的,有的经久不衰,而有的则很短。

(四)产品生命周期的其他形态

并非所有的产品都呈现钟型产品生命周期曲线,研究者还发现其他几种常见的形态:

(1)增长—成熟—衰退—僵化形态(见图 7-3)。例如,电动剃须刀的首次引入,销售量增长迅速,然后跌落到“僵化”的水平,这个水平因不断有晚期采用者首次购买产品和早期采用者更新产品而得以维持。

(2)循环—再循环形态(见图 7-4)。常用来说明新药品的销售。制药公司积极促销

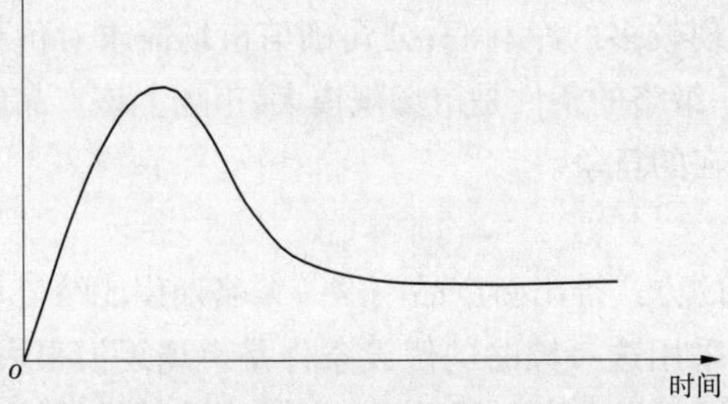

图 7-3 增长—成熟—衰退—僵化形态示意图

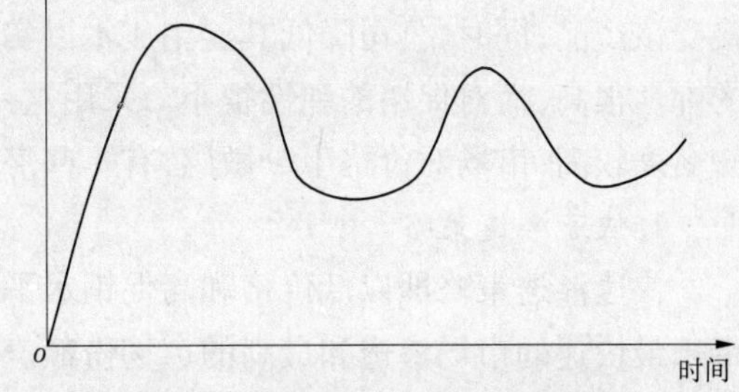

图 7-4 循环—再循环形态示意图

其新药品，从而产生了第一次循环；然后销售量下降，于是公司发动第二次促销活动，这就产生了第二次循环。第二次循环的销量和持续时间都不如第一次循环。第二个销售"驼峰"是由于制造商在衰落期大力促销造成的。

(3)扇形模型(见图 7-5)。它是基于发现了新的产品特征、用途或用户，而使其生命持续向前。如尼龙的销售就显示了这种扇形特征，因为许多新的用途——降落伞、袜子、衬衫、地毯等，一个接一个地被发现。

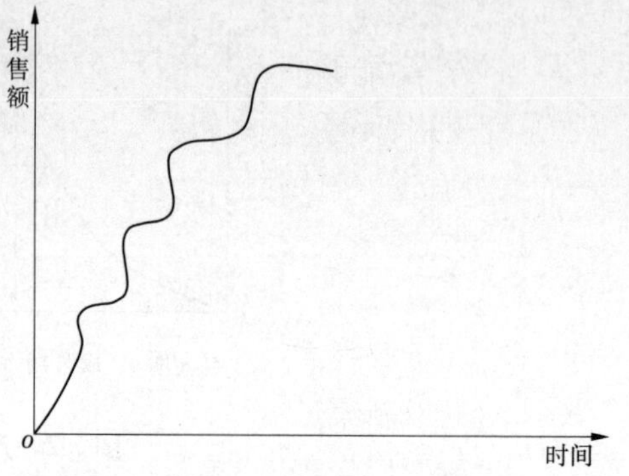

图 7-5 扇形模型示意图

二、产品生命周期各阶段的特征及其营销策略

(一)引入期

在引入期，由于消费者或用户和经销商对新产品不了解，新产品销售增长缓慢、推销费用大。而且由于新产品生产批量小，有些技术问题尚未解决，生产成本高，只有少数购买者才有能力购买该产品，因此往往发生亏损。

在推出一种新产品时，营销管理当局可以在产品质量、价格、分销、促销上分别设立高、低两种水平。当只考虑价格和促销时，管理当局可以采取以下市场营销策略。

1. 快速撇脂策略

快速撇脂策略即以高价格和高促销水平的方式推出新产品。企业采取这种策略的条件是大多数潜在购买者还不知道市场上有这种产品，知道它的人渴望得到该产品并有能力照价付款，制造商面临着潜在竞争，须尽快建立品牌偏好。

2. 缓慢撇脂策略

缓慢撇脂策略即以高价格和低促销水平的方式推出新产品。推行高价格是为了从每单位销售中获取尽可能多的毛利；而投入较低的促销费用是为了降低营销成本。两者结合可望从市场上撇取大量利润。采取这种策略的条件是市场规模有限，潜在购买者大多对这种产品了解，购买者愿出高价且潜在的竞争小。

3. 缓慢渗透策略

缓慢渗透策略即以低价格和低促销水平的方式推出新产品。低价格将促进市场迅速接受该产品；同时，公司降低其促销成本以实现较多的净利润；公司确信市场需求对价格的弹性很高，而对促销的弹性很小。采用这一策略的条件是市场规模大，市场上该产品的知名度较高，市场对价格十分敏感，有一些潜在的竞争。

4. 快速渗透策略

快速渗透策略即以低价格和高促销水平的方式推出新产品。这一策略期望能给公司带来最快速的市场渗透和最高的市场份额。采用这一策略的假设条件是市场规模很大，市场对该产品不知晓，大多数购买者对价格敏感，潜在竞争很激烈。随着生产规模的扩大和制造经验的积累，公司的单位生产成本将大幅度下降。

（二）成长期

当新产品能够适合市场需要、销售迅速增长时，标志着新产品进入成长期。在这一阶段，早期采用者继续购买该产品，并且多数消费者开始追随消费先导。由于利润的吸引，新的竞争者进入市场，它们引入新的产品特点，并导致分销网点数目的增加。

在成长期，公司为了尽可能长时间地维持市场成长而采取下列策略：

（1）努力提高产品质量，增加新的花色、款式，改进包装。

（2）积极寻找和进入新的细分市场。

（3）开辟新渠道，扩大营业网点。

（4）改变广告宣传方针，从知觉广告转到产品偏好广告。

（5）在适当时机降低价格，以吸引其他购买者。

企业采取上述市场扩张策略将会大大加强其竞争地位。但是，这个改进会增加成本，减少当前利润。对此公司有希望在下一阶段得到补偿。

（三）成熟期

在成熟期，产品生产量大、销售量大、持续时间长，但销售增长速度放慢。而且，为了对付竞争对手，市场营销费用相应增加，所以产品利润稳定或下降。在市场上销售的产品大多数都是处于成熟期的产品。

在成熟期，企业的营销重点应放在保持产品的市场占有率和努力延长产品的市场生命周期这两个方面。在这一阶段，企业可采取如下营销策略：

1. 市场改良

市场改良即在不改变产品本身的情况下，发掘现有市场的潜力，以求进一步扩大销售量。影响产品销售量的因素主要有两个，即

销售量 = 品牌使用者数量 × 每个使用者的使用频率

因此，扩大销售量的方法一方面是增加品牌使用者的数量，其方法有：

（1）转变非用户。企业通过有针对性的营销措施，使市场上未使用该产品的人接受并使用该产品。

（2）进入新的细分市场。企业通过对细分市场的深入分析，确定产品可以进一步适应的消费对象。如娃哈哈口服液，过去是向儿童销售的，后来成功地推销给老年人。

（3）争取竞争对手的顾客。公司可以吸引竞争对手的顾客试用或采用其品牌。例如，百事可乐抛出一个接一个的挑战，劝说可口可乐的消费者改喝百事可乐。

扩大销售量的方法另一方面是增加当前品牌使用者的使用率，其方法有：

（1）增加使用频率。如牙膏生产商告诉消费者，要想使牙齿得到更好的保护，应在每次饭后刷牙一次。这可使原来只有早晨刷牙习惯的顾客每天至少增加一次使用。

（2）增加每次的使用量。企业可以向顾客宣传或暗示某种产品的使用量应比顾客一般认为的更大才会达到预期的效果。例如，洗衣粉制造商告诉消费者，每次洗衣前应先加几匙洗衣粉使衣服在水中浸泡半小时，这样洗的效果比直接洗更好。

（3）发现产品的新用途。企业应努力发现该产品的新用途，并说服人们尝试更多的用途。比如，小苏打的生产商就曾发现过小苏打除做发酵食品的中和剂外的两个重要用

途:一是可以用做高效除臭剂,二是可以用做皮肤清洗剂。

2. 产品改良

产品经理还应努力改进该产品的特性,使其能吸引新用户和增加现行用户的使用量,以改善销售。产品整体概念的任何一个层次的改良都可视为产品改进,包括提高产品质量、改良产品的特色和款式、为顾客提供新的服务等。另外,增加产品的使用功能,提高产品使用的安全性、方便性,也是产品改良的重要内容。

3. 市场营销组合改良

产品经理还应努力通过改进营销组合的一个或几个要素来刺激销售。例如,企业可以通过降低价格来吸引顾客,提高竞争能力;改变广告方式以引起消费者新的兴趣;采用多种销售促进方式;也可以采取增加分销渠道和销售网点等办法来促进销售。

(四)衰退期

衰退期是产品在市场上由滞销而逐步退出市场的阶段。在这一阶段,购买产品的人数不断地减少,从而使销售量快速下降;价格已难以维持原有水平,经营利润逐渐减少,且越来越快,直到为负利润,使得某些竞争者开始退出市场。

产品进入衰退期后,企业必须对老化的产品作出及时的决策,是应该放弃还是坚守,要视具体情况而定。具体的策略有:

(1)持续策略。由于众多的竞争者纷纷退出市场,经营者减少,处于衰退期的企业可以通过提高服务质量,发挥经营特色,持续营销以取得一定的利润。

(2)集中策略。即企业把人力、物力等资源集中到最有利的细分市场和分销渠道上,缩短营销战线,从最有利的市场上获取利润。

(3)收割策略。大幅度降低促销水平,尽量减少销售费用,以增加目前利润。这适宜于市场份额较小的企业。

(4)放弃策略。对于衰落比较迅速的产品,应该当机立断,放弃经营。

在衰退期采取上述策略的总原则是:一方面积极发展新产品,一方面有步骤地撤退老产品,使新老产品顺利地接替,以最大限度地减少企业的损失。

第四节　新产品开发

一、新产品的概念

从市场营销的角度看,凡是企业向市场提供的过去没有生产过的产品都叫新产品。具体地说,只要是产品整体概念中的任何一部分的变革或创新,并且给消费者带来新的利益满足的产品,都可以认为是一种新产品。据此,新产品包括以下四种类型。

(一)全新产品

全新产品指采用新原理、新结构、新技术、新材料、新工艺制成的前所未有的产品。如首次推出的汽车、电话、照相机、电灯、电子计算机等。全新产品具有其他类型产品所不具备的优越性。它可以取得发明专利权,受国家法律的保护,具有明显的新特征和新用途,能促使传统的生产、生活方式改变。但全新产品的研制一般需要经过很长时间,花费巨大的人力、物力和财力,绝大多数企业都不易提供这样的新产品。

(二)换代新产品

换代新产品指在原有产品的基础上,部分采用新技术、新材料制成的性能有显著提高的新产品。如黑白电视机改成彩色电视机,普通的缝纫机改为电动缝纫机等。这类新产品主要是在产品性能上的革新,因此一般研制过程较短,消费者接受和普及的过程也较短。市场上的新产品多数是这类新产品。

(三)改进新产品

改进新产品指对原有产品在性能、结构、包装或款式等方面作出改进的新产品。例如,各种药物牙膏,定时、多速及摇控电扇,新款式的服装等。这类新产品差别不大,进入市场后,比较容易为消费者所接受,但竞争者也易于仿造。因此,竞争比较激烈。

(四)仿制新产品

仿制新产品也称企业新产品,指对市场已有产品仿制后加上企业自己的品牌,第一次生产的产品。从市场竞争和企业经营上看,在新产品的发展中,部分仿制和全面仿制是不可避免的。如目前一些地方生产的电冰箱、洗衣机等,都是模仿他人的产品而生产的。

二、开发新产品的意义

当今绝大多数市场上,消费者的需求都在不断变化。在技术日新月异、产品生命周期日益缩短以及本国和外国公司的竞争与日俱增的情况下,每个公司都应积极开发新产品。否则,它们的产品将难以适应消费者日益变化的需求而被淘汰。

(1)开发新产品有利于企业满足消费者不断变化的需求。随着生产的发展和人们生活水平的提高,消费者的消费结构有很大变化,消费水平有极大提高。方便、轻巧、优质、名牌、健康产品的市场越来越广阔,消费者求新的趋向也比较明显。这一切使企业面临着严峻的挑战,同时也有相应的机会。

(2)开发新产品有利于企业及时采用新技术、新材料,不断增加商品的品种和数量,使市场上的商品丰富多彩。科学技术的迅速发展导致许多高科技新型产品的出现,并加快了产品更新换代的速度。企业只有不断运用新技术改造自己的产品,开发新产品,才不致被挤出市场。

(3)开发新产品有利于企业在激烈的竞争中立于不败之地。现代市场上企业间的竞争日趋激烈,企业要想在市场上占据优势,只有不断创新,开发新产品。

以上三点导致了产品呈现出市场生命周期,即任何一种产品都不可能在市场上永远地畅销下去,并且这种周期还呈现出不断缩短的趋势。所以,企业必须不断地设计新产品,使企业产品组合保持合理的搭配,从而保证企业盈利的稳定增长。

三、企业获取新产品的方式

企业要获得新产品,并不意味着由企业独立完成从新产品的创意到生产的全过程。除自己开发外,企业还可以通过购买专利、经营特许、联合经营等方式来取得新产品的经营权。

（一）获取现成的新产品

1. 联合经营

如果某企业开发出一种有吸引力的新产品，另一家大公司就可以通过联合的方式共同经营该产品。这样做，小企业可以借助大公司雄厚的资金和销售力量扩大该产品的影响，同时提高自己的知名度；大公司则可以节省开发新产品的费用。有的大公司也直接收购小企业，取得该企业的新产品经营权。

2. 购买专利

企业向有关科研部门、开发公司或别的企业购买某种新产品的专利权。这种方式可以节省时间。

3. 经营特许

某企业向别的企业购买某种新产品的特许经营权。如世界各地有不少公司或个人都争相购买美国麦当劳的特许经营权。

4. 外包生产

一般地，当企业的销售能力超过其生产能力，或没有能力自己生产该产品，或觉得自己生产不合算时，就会把新产品的生产外包给别的企业。这种方式可以分为全部外包和部分外包、部分自制两种。前者如汽车公司把零部件的生产全部包给小企业，自己只进行加工组装；后者在服装行业中较常见。

（二）自己开发

1. 独立研制开发

企业通过自己的研究开发力量来完成产品的构思、设计和生产工作。

2. 协约开发

雇用独立的研究开发机构或企业为自己开发某种产品。

两种开发相比，前者可以对产品进行有效的控制，包括产品的设计、质量、品名，甚至在某种程度上对价格也有决定权。后者则可以克服企业在技术力量上的不足。

四、新产品开发过程

新产品开发过程由八个阶段构成，即寻求创意、甄别创意、产品概念的发展和试验、制定市场营销战略、商业分析、产品开发、市场试销和商业化。

（一）寻求创意

新产品开发是从寻求创意开始的。所谓创意，就是开发新产品的设想。虽然并不是所有的设想都能变成产品，但是寻求尽可能多的创意却可以为开发新产品提供较多的机会。显然，这种寻找并不依赖于偶然发现，也不是无穷无尽地搜索。企业寻求新产品创意必须有一套系统的规定，明确新产品开发的行业范围、目标市场、产品定位、资源分配、投资收益率等，使构思者有所遵循，避免人力、物力、财力的浪费。

新产品创意的来源主要有以下几个方面。

1. 顾客

顾客的需要是新产品创意的出发点。通过观察顾客对现有产品的购买、使用，分析顾客提出的批评和建议，可以形成创意，解决现有产品存在的问题。

2. 竞争者

分析和研究竞争者的产品,往往可以发现新的创意。所以,企业应重视通过经销商、供应商和销售人员来了解竞争产品的销售情况及消费者对它的评价反映。

3. 企业内部人员

企业内部人员包括设计人员、制造人员、高层管理人员和促销人员等。据调查,在美国有55%的新产品构思来源于企业内部。

4. 科学家

在科学技术突飞猛进的今天,科学家越来越成为新产品创意的主要来源。如电子表、电视机、合成纤维、塑料等的出现,都来自于科学家对基础科学的研究。

5. 中间商

中间商直接接触市场,可将顾客的需要和意见反映给企业,还可向企业提供市场上有关新技术与原材料方面的信息,对启发新产品创意帮助极大。

除以上几种来源外,企业还可以从大学、咨询公司、同行业的团体协会以及有关的报刊媒体那里寻求有用的新产品创意。一般来说,企业应当主要靠激发内部人员的热情,来寻求创意。这就要建立各种激励性制度,对提出创意的职工给予奖励,而且高层主管人员应当对这种活动表现出充分的重视和关心。

(二)甄别创意

甄别创意就是在取得足够多的创意之后,对它们进行优选,挑选出可行性较高的创意,剔除那些不可行或可行性较低的创意,使有限的资源集中于成功机会较大的创意上。在甄别创意时,一般考虑以下两个因素:

(1)该创意是否与企业的战略目标相适应。

(2)企业有无足够的能力开发这种创意。

在甄别创意阶段,企业要避免以下两种过失:

(1)误弃,即公司在对好的创意没有认清之前,轻率放弃。

(2)误取,即采纳不好的创意。

两者都会给企业造成重大损失,因此在甄别创意时,必须切实注意。

(三)产品概念的发展和试验

经过甄别后保留下来的产品创意还要进一步发展成为产品概念。所谓产品概念,是指企业从消费者的角度对创意所作的详尽描述,使产品创意具体化,以便顾客在头脑中形成一种产品形象。

例如,一家食品公司打算开发一种粉状混合物的产品,将其加入热水即有了营养麦片粥的味道,这就是产品构思。但是,顾客不会购买产品构思,他们要买的是产品概念。任何一个产品构思都能转化为几种产品概念。上述产品的构思可形成如下产品概念:

(1)一种速食早餐,为想迅速得到营养而不需自己烹制早餐的成年人准备的。

(2)一种供孩子们午餐享用的美味提神食品。

(3)一种供老年人作宵夜用的保健补品。

企业对发展出来的这些产品概念要加以评价,从中选择出最好的,并进一步将它转化成品牌概念,即产品和品牌定位。

确定产品概念之后，还应当对产品概念进行测试。所谓概念的测试，就是用文字、图形或实物将产品概念展示在一群目标顾客面前，观察他们的反应。一般地，通过产品概念的测试要搞清这样几个问题：

(1)消费者是否清楚并相信该产品的利益？

(2)该产品是否解决了消费者的某一问题？

(3)其他同类产品与自己的产品比较如何？

(4)价格是否合理？

(5)有多少消费者会购买该产品？

(6)谁将是使用者？产品使用频率会是怎样？

通过这些方面的了解，企业可以更好地选择和完善产品概念。

(四)制定市场营销战略

新产品经理必须为把这种产品引入市场而制定出市场营销战略计划。市场营销战略将在以后的发展阶段中被不断完善。

市场营销战略计划包括三个部分：第一部分描述目标市场的规模、结构和行为，计划中的产品定位和销售量、市场份额、开始几年的利润目标；第二部分描述产品的计划价格、分销策略和第一年的营销预算；第三部分描述预期的长期销售量和利润目标，以及不同时间的营销策略组合。

(五)商业分析

在商业分析阶段，企业的管理部门要审查新产品将来的销售量、成本和利润计划以确定它们是否符合公司的目标，如果符合公司目标，那么产品概念就进入产品开发阶段。

(六)产品开发

如果产品概念通过了商业测试，就移至产品开发部或工程部，把它发展成实体产品。目前，它只是一段语言描述、一张图样或一个粗糙的模型。在本阶段要解决的问题是产品创意能否转化为在技术上和商业上可行的产品。如果不能转化，公司除获得在此过程中的有用信息外，它的积累投资将付诸东流。

研究开发部将开发关于该产品概念的一种或几种实体形式。如果其中的一种符合下列要求，就可以认为是成功的：

(1)消费者觉得它体现了产品概念说明中的关键属性。

(2)在正常使用和正常条件下，可以安全地执行其功能。

(3)该原型能以预计的成本生产出来。

当原型准备好后，它必须通过一系列严格的功能测试和消费者测试。功能测试是在实验室和现场条件下进行的，以确保能完全有效地使用产品；消费者测试可以请消费者试用这些样品，征求他们对样品的意见，包括产品的包装、品牌的设计等。

(七)市场试销

在管理部门对产品功能测试的结果感到满意后，就要准备为该产品确定品牌名称、包装设计和制定一个试行的营销方案，在更可信的消费环境中对它进行测试。市场试销的目的在于了解消费者和经销商对处理和使用、再购买该产品将如何反应，以及市场究竟有多大。

市场试销的规模取决于两个方面：一是投资费用和投资风险的大小，二是试销成本和时间。试销的方法要依产品种类的不同而定,同时还要选好试销的地点和时机。

(八)商业化

经过试销,企业已经有了足够的信息资料来决定是否将这种新产品投放市场。如果企业决定将该产品商业化,它将为此付出巨额投资。一是建成或租用全面投产所需的厂房、设备。工厂的规模将是关键的决策变量,为了安全起见,公司通常建立一个比销售预测小的工厂;二是花费大量的市场营销费用。在美国,把新的食品推入市场的第一年度里,营销费用通常要达到销售额的57%。

在这一阶段,公司还应作以下决策。

1. 推出时机

新产品上市要选择最佳时机。如果新产品取代公司的老产品,它应该推迟到老产品存货销完后再上市。如果产品季节性很强,新产品就应等到季节合适时再推出。

2. 推出地点

公司需要决定新产品是推向一个地区、某些地区还是全国乃至国际市场。有实力把新产品推向全国、区域或全球分销市场的公司很少。一般的做法是有步骤地推行有计划的市场扩展。在进行市场扩展时,应当找出最有吸引力的市场首先投放。在选择这一市场时要考察这样几个方面:市场潜力、企业在该地区的声誉、投放成本、对其他地区的影响力、该地区研究数据的质量。另外,竞争因素是非常重要的,公司必需慎重考虑竞争对手在市场上的表现。

3. 目标顾客

企业在推出新产品时要针对最有希望的购买群体。新消费品的目标顾客应具备下列特性:他们将成为早期采用者,是大量使用者,是舆论领袖并对该产品赞不绝口,和他们接触的成本不高。

4. 营销策略

公司必须制定一个把新产品引入扩展市场的实施计划。这里,首先要对各项市场营销活动分配预算,然后规定各种活动的先后顺序,从而有计划地开展各种市场营销活动。

五、新产品市场扩散

(一)新产品特征与市场扩散

1. 创新产品的相对优点

新产品的相对优点愈多,在诸如功能、可靠性、便利性、新颖性等方面比原有产品的优越性愈大,市场接受得就愈快。

2. 创新产品的适应性

创新产品必须与目标市场的消费习惯以及人们的产品价值观相吻合。当创新产品与目标市场消费习惯、社会心理、产品价值观相适应或较为接近时,则有利于市场扩散;反之,则不利于市场扩散。

3. 创新产品的简易性

创新产品的简易性要求新产品设计、整体结构、使用维修、保养方法必须与目标市场的认知程度相适应。一般而言,新产品的结构和使用方法简单易懂,才有利于新产品的推广扩散，消费品尤其如此。

4. 创新产品的明确性

创新产品的明确性指新产品的性质或优点是否容易被人们观察和描述，是否容易被说明和示范。凡信息传播较便捷、易于认知的产品，其采用速度一般比较快。例如，流行服装不用说明，即可知晓，因而流行较快；反之，某些除草药剂，因不能立时看到效果如何，市场扩散就会比较慢。

(二)购买行为与市场扩散

1. 消费者采用新产品的程序与市场扩散

人们对新产品的采用过程，客观上存在着一定的规律性。美国市场营销学者罗吉斯调查了数百人接受新产品的实例，总结归纳出人们接受新产品的程序和一般规律，认为消费者接受新产品一般表现为以下五个重要阶段：认知—兴趣—评价—试用—正式采用。

(1)认知。这是个人获得新产品信息的初始阶段。新产品信息情报的主要来源是广告，或者通过其他间接的渠道获得，如商品说明书、技术资料等。显然，人们在此阶段所获得的情报还不够系统，只是一般性的了解。

(2)兴趣。指消费者不仅认识了新产品，并且发生了兴趣。在此阶段，消费者会积极地寻找有关资料，并进行对比分析，研究新产品的具体功能、用途、使用等问题，如果满意，将会产生初步的购买动机。

(3)评价。这一阶段消费者主要权衡采用新产品的边际价值。譬如，采用新产品获得的利益和可能承担风险的比较，从而对新产品的吸引力作出判断。

(4)试用。指顾客开始小规模地试用新产品。通过试用，顾客评价自己对新产品的认识及购买决策的正确性如何。企业应尽量降低失误率，详细介绍产品的性质、使用和保养方法。

(5)正式采用。顾客通过试用收到了理想的效果，放弃原有的产品，完全接受新产品，并开始正式购买、重复购买。

2. 顾客对新产品的反应差异与市场扩散

在新产品的市场扩散过程中，由于社会地位、消费心理、产品价值观、个人性格等多种因素的影响制约，不同顾客对新产品的反应具有很大的差异。

(1)创新采用者。也称为消费先导，通常富有个性，勇于革新冒险，性格活跃，消费行为很少听取他人意见，经济宽裕，社会地位较高，受过高等教育，易受广告等促销手段的影响，是企业投放新产品时的极好目标。

(2)早期采用者。一般年轻，富于探索，对新事物比较敏感并有较强的适应性，经济状况良好，对早期采用新产品具有自豪感。这类消费者对广告及其他渠道传播的新产品信息很少有成见，促销媒体对他们有较大的影响力，但与创新者比较，持较为谨慎的态度。

(3)早期大众。这部分消费者一般较少保守思想，接受过一定的教育，有较好的工作环境和固定的收入。对社会中有影响的人物，特别是自己所崇拜的舆论领袖的消费行为具有较强的模仿心理。不甘落后于潮流，但由于特定的经济地位所限，购买高档产品时持非常谨慎的态度。他们经常是在征询了早期采用者的意见之后才采纳新产品。研究他们的心理状态、消费习惯，对提高新产品的市场份额具有很大的意义。

（4）晚期大众。指较晚地跟上消费潮流的人。他们的工作岗位、受教育水平及收入状况往往比早期大众略差，对新事物、新环境多持怀疑态度或观望态度，往往在产品成熟阶段才加入购买。

（5）落后的购买者。这些人受传统思想束缚很深，思想非常保守，怀疑任何变化，对新事物、新变化多持反对态度，固守传统消费行为方式，在产品进入成熟期后期以至衰退期才能接受。

新产品的整个市场扩散过程，从创新采用者至落后的购买者，形成完整的正态分布曲线，这与产品生命周期曲线极为相似，为企业规划产品生命周期各阶段的营销战略提供了有力的依据。

第五节　品牌策略

一、品牌的概念

品牌是指打算用来识别一个（或一群）卖主及其产品或服务的名称、术语、记号、象征、设计或其组合。

品牌是一个包括许多名词的总名词，它还包括品牌名称、品牌标志、商标等内容。

（一）品牌名称

品牌名称指品牌中可以用语言称呼的部分。如新飞、康佳、春都、耐克等。

（二）品牌标志

品牌标志指品牌中可以识别，但难以用语言称呼的部分。如一种特殊的符号、设计、颜色或印字。

（三）商标

品牌或品牌的一部分在政府有关部门依法登记注册后，就称为商标。它实际上是一个法律名词。因此，商标就指受法律保护的品牌或品牌的一部分。商标所有人对它享有专用权，别人在同种、同类商品上不得再使用相同或类似的商标。商标依其知名度的高低和信誉的好坏，具有不同的价值，是企业的一项无形资产，驰名商标更是企业的巨大财富。在目前竞争激烈的情况下，商标已成为企业控制市场的有力武器，谁拥有著名商标，谁就拥有市场；反之，谁失去了商标，也就失去了市场。所以，目前企业的商标意识都很强，许多企业都能及时、全面地为自己的产品注册相应的商标。

然而在我国，商标是一个含义更为丰富的概念。通常，我们将由文字、图形及其组合而成的、用以区别不同生产者和经营者的商品或服务的标记统称为商标。可见，在我国商标的概念类似于品牌。根据商标法律状态的不同，我们又将其分为注册商标和未注册商标。注册商标即如上述在政府有关部门注册后，享有专用权、受到法律保护的商标，未注册商标则不受法律保护。正是基于这种认识，很多企业不知道及时注册商标，致使我国许多著名商标被他人抢注而蒙受巨大损失。

二、品牌的功能及作用

品牌的作用可以从不同的角度来分析。这里从品牌对买方、卖方和社会三方面的不同作用分别加以分析。

(一)品牌对买方的益处

(1)品牌代表产品一定的质量和特色,便于买者选购,提高购物效率。如购买香烟,只需看牌子购买即可。如果一个品牌多家使用,则不便于选购,如前些年我国许多烟厂都使用“大前门”商标,但质量不一,结果给购买者造成很多麻烦。

(2)品牌可保护买者的利益,便于有关部门对产品质量进行监督,质量出了问题也便于追查责任。现在许多发达国家规定绝大多数产品甚至水果、蔬菜等食品都必须有商标,否则不准上市。我国《商标法》规定:凡规定必须使用注册商标的商品,必须申请注册,经批准后方可上市,否则不准销售,如卷烟、药品等;对一般商品的商标则实行自愿注册原则。

(二)品牌对卖方的益处

(1)品牌便于卖者进行经营管理。如在作广告宣传和签订买卖合同时,都需要有品牌,以简化交易手续。

(2)注册商标受法律保护,具有排他性。商标所有权人对商标依法享有专用权,他人不得在相同或类似的商品上使用相同或类似的商标,否则可依法追究。

(3)品牌可建立稳定的顾客群,吸引那些具有品牌忠诚性的消费者,使企业的销售额保持稳定。美国有人做过一个试验,把几种牌子的啤酒分别倒在相同的杯子里,请各品牌的忠诚者们品尝鉴别,结果很少有人能准确地尝出他所偏好的品牌。由此可见,品牌具有一种心理上的作用,可在消费者中树立形象,取得好感,从而稳定和扩大销售,增加效益。

(4)品牌有助于市场细分和定位。企业可按不同细分市场的要求,建立不同的品牌,以不同的品牌分别投入不同的细分市场。

(5)良好的品牌有助于树立良好的企业形象。正因为品牌有如此重要的作用,所以创立和发展名牌使之行销全国乃至全世界,是现代企业家梦寐以求的一个重要目标。

(三)品牌对整个社会的益处

(1)品牌可促进产品质量的不断提高。由于购买者按品牌购货,生产者不能不关心品牌的声誉,加强质量管理,从而使市场上的产品质量普遍提高。

(2)品牌可加强社会的创新精神,鼓励生产者在竞争中不断创新,从而使市场上的产品丰富多彩,日新月异。

(3)商标专用权可保护企业间的公平竞争,使商品流通有秩序地进行,促使整个社会经济健康发展。

但是,也有人认为,品牌化的过度发展,有如下弊端:

(1)品牌化造成了产品不必要的、脱离实际的区分,特别是那些同类型的产品。例如,我国目前仅计划内的140多家卷烟厂,就有2 000多个品牌,实在是一种很大的浪费。

(2)品牌化使消费者支付较高的价格,因为品牌化必然要增加广告、包装和其他成本,而这些开支势必转嫁给消费者。

(3)品牌化会强化人们的等级观念,人们往往以购买某些牌子的商品来显示自己的身份地位。

以上这些弊端在全国都不同程度地存在着,但权衡利弊,品牌化对商品经济发展的促进作用还是主要的，关键在于加强管理，只要管理得当，就可充分发挥其积极作用，限制其消极作用。

三、品牌策略

品牌策略是产品策略的一个重要方面，企业给产品起适当的名字，设计适当的品牌，向政府申请注册商标，这一系列活动可以增加产品价值。

（一）品牌化策略

品牌化策略即是否使用品牌。使用品牌对大多数产品来讲都有着积极的作用。但是，要使一个品牌成功地打入市场，往往要花费巨额的费用，导致成本增加。以下几种情况通常不使用品牌：

（1）大多数未经加工的原材料，如棉花、大豆等。

（2）不因制造者不同而形成不同的特点的产品，如电力、钢材等。

（3）消费者习惯上不是认品牌而购买的产品，如面粉、大米等。

（4）某些生产简单，选择性不大的小商品。

（二）品牌归属策略

制造商决定给其产品规定品牌之后，下一步要决定品牌的归属。

1. 制造商品牌

制造商品牌即制造商决定使用自己的品牌。绝大部分制造商都使用自己的品牌，以便于控制市场。

2. 中间商品牌

中间商品牌又叫私人品牌。即制造商决定将其产品卖给中间商，中间商再用自己的品牌将货物卖出去。与制造商品牌相对比，现代西方国家的大零售商、大批发商正大力发展他们自己的品牌。如西尔斯·罗巴克公司经营的商品90%以上都使用自己的品牌。中间商品牌便于中间商控制市场，同时售价也较低，使中间商在竞争中处于有利的地位，因此中间商品牌有逐渐扩大的趋势。

（三）品牌名称策略

1. 个别品牌名称

个别品牌名称即企业决定其各种不同的产品分别使用不同的品牌名称。企业采取个别品牌名称的好处是整个企业的各个产品彼此相对独立，不致因为某一产品的声誉不好而对其他产品声誉有太大的影响。但它也有缺陷，即品牌推广费用过高。

2. 统一品牌名称

统一品牌名称即企业的所有产品都统一使用一个品牌名称。如新飞电器公司的所有产品都统一使用新飞这个品牌名称。企业采取统一品牌名称决策的主要好处是企业宣传介绍新产品的费用较低，新产品可以分享以往的品牌声誉。

3. 分类品牌名称

分类品牌名称即各大类商品分别使用不同的品牌名称，如我国的科龙电器公司的冰箱和空调分别使用容声和科龙作为品牌名称。

（四）品牌扩展策略

统一品牌、个别品牌、分类品牌这三种品牌策略，不管企业选择了哪一种，经过科学而有效的运营都有可能获得较好的品牌知名度和美誉度。那么，一个品牌获得了较好的市场信誉，赢得了较高的品牌忠诚度以后，该品牌是否可用在其他产品上而使该品牌得以拓展或扩展呢？这也是品牌运营过程中的重要命题。品牌扩展就是指企业利用其成功品牌的声誉来推出改良产品或新产品。例如，中国海尔集团成功地推出了海尔（Haier）冰箱之后，又利用这个品牌成功地推出了洗衣机、电视机等新产品。显然，如果不利用海尔这个成功的品牌，这些新产品就不一定能很快地进入市场。品牌扩展策略，可以使新产品借助成功品牌的市场信誉在节省促销费用的情况下顺利地进占市场。

值得注意的是，品牌扩展策略是一把双刃剑。若利用已成功的品牌开发并投放市场的新产品不尽人意，消费者不认可，也会影响该品牌的市场信誉。

（五）多品牌策略

多品牌策略是指企业同时为一种产品设计两种或两种以上互相竞争的品牌的做法。这种策略由宝洁公司（P&G）首创并获得了成功。在中国市场上，宝洁公司为自己生产的洗发液产品设计了五个品牌：飘柔、海飞丝、潘婷、沙萱和润妍。宝洁公司洗发液产品的多品牌策略在中国市场上获得了令人瞩目的市场业绩，其中飘柔、海飞丝和潘婷三个品牌的市场占有率总共达到了66.7%。

企业运用多品牌策略的好处在于可以在产品分销过程中占有更大的货架空间，进而压缩或挤占了竞争者产品的货架面积，为获得较高的市场占有率奠定了基础。而且还应看到，多种不同的品牌代表了不同的产品特色，多品牌可吸引多种不同需求的顾客，提高市场占有率。多品牌策略的缺点是，由于多种不同的品牌同时并存必然使企业的促销费用升高且存在自身竞争的风险。所以，在运用多品牌策略时，要注意各品牌市场份额的大小及变化趋势，适时撤销市场占有率过低的品牌，以免造成自身品牌过度竞争。

（六）改变原有品牌策略

一般来说，产品品牌一旦确定下来，轻易不会改变，因为改变品牌就意味着企业无形资产的损失。但是，在有些情况下，企业不得不改变原有品牌，如原有品牌侵犯了他人的商标专用权，与有关法律、法规、风俗习惯等不符，品牌形象严重受损难以挽回，品牌特色不显著，难以适应企业发展的需要等。企业改变品牌之后，从某种意义上讲，无异于从头开始，企业将面临着新的挑战。当然，如果运用得当，将有助于企业更好地发展。

复习思考题

1. 产品整体概念的营销意义是什么？
2. 举例说明如何优化产品组合。
3. 举例说明产品生命周期理论在市场营销实践中的具体运用。
4. 如何从营销角度理解新产品？新产品开发对企业有何战略意义？
5. 结合我国实践，谈谈如何实施名牌战略？

案例分析

海王的品牌梦想

深圳海王集团成立于1989年。10年间，海王积累了很多有形资产，从创业时的几百万到1999年的50多个亿；但品牌积累却微乎其微，因为品牌在构筑中没有主题，品牌推广进程中缺少线索化经营。

2000年末，海王的第二次起航期注入了科学的品牌观。聘请品牌专家对海王的品牌进行全面系统的规划和诊断，选择了大族群品牌。即“海王×××”，所有的传播、产品都是围着海王这个品牌：海王银杏叶片、海王金樽、海王牛初乳等。让海王的新品牌有一个高的起点，只需要把所有的资金集中在一起，流向一个共同的海王品牌。

海王在品牌经营的过程中，有两条原则是必须遵循的：一是集中的原则。开始，海王大概有四五十个产品，公司的注意力非常分散。在资源有限的情况下，集中优势兵力做好一个产品，远比做好十个甚至一百个不温不火的产品意义更为重要。二是统一原则。所有品牌都遵循一个品牌理念，即“健康成就未来”，避免各自为战。

2001年，海王就是遵循“健康成就未来”的理念，建立海王所有品牌传播的内在线索。海王品牌外在线索就是说在海王所有的产品上，在它的包装上用大海的波浪来标识出它是同一个企业的产品。无论是海王银杏叶片、海王银得菲、海王牛初乳、海王金樽，还是海王的小儿感冒冲剂，都是通过外在的这种大海的波浪线把它们有机地结合在一起的。另外，就是在每一个产品的广告中，我们都建立了一个产品推广的VI手册，围绕海王大品牌下的每一个具体产品也建立起产品推广的线索，于是我们在各种媒体都体现出了一种统一的传播风格。例如，关键时刻治感冒快的海王银得菲，就是通过路牌、候车亭、立柱等公共设施户外广告的持续不断地传播，用一个箭头在消费者的脑海中产生一个好看又实效的产品记忆点，让消费者只要一看到箭头，就会想起它的产品品牌——海王银得菲。

2001年，有人戏说是海王年。感觉只要你打开电视，海王的广告就无处不在。固然，这里边有一定量的媒体广告投入，但更重要的是海王媒体组合策略的成功。其实，海王的广告投放并没有像大家想象的那么多，我们也和国内一些同行，一些广告投放比较大的企业做过一些对比，但效果空前的好。这里边主要取决于几个方面：第一就是品牌整合的威力。2001年，海王在传播过程中伸出的不再是一个独立的指头，而是一个组合掌，是建立在海王大品牌基础上的海王银杏叶片、海王银得菲、海王金樽、海王牛初乳等系统的传播，这一点主要取决于海王的品牌在规划中的成功。第二是媒介整合的威力。其实不同的产品，需要不同的媒介，很多看似垃圾的时段，对于某些特定产品就成了黄金时段。比如，在海王的产品传播的过程中，人们感觉海王的广告非常多，似乎无处不在，因而认为海王花了很多钱做广告，而大家认为的海王投入资金量与它的实际投入资金量有一个差别。为什么会造成这种错觉？还是海王充分利用了媒介整合的威力。因为海王是三个产品一起打，例如在晚上十点以后，大多是商务、应酬人员回到家里的时候，选择这个时段才是海王金樽传播的黄金时间。海王银杏叶片的目标群体主要针对的是中老年人，特别是退休的老人,他们白天在家没事,肯定也要看一下电视。而下午的时段和上午的时段都不是电视台的黄金时段,购买的企业少,价格不高,但正好适合海王产品的目标顾客群。正是通过媒介的品牌整合使海王达到了比较好的传播效果。

“海王人”根据自己的实践总结了经验教训,应该说当初海王也有这样的一个认识:当企业发展到一定阶段之后,再去做自己的品牌整合;在企业小的时候,我们的注意力侧重点是放在市场的开拓上、生产体系的建设上、质量保证体系的建设上、技术开发的创新上,而偏偏忽视了品牌的建设。品牌和企业的大小没有关系,关键是看你开始是要种树还是种草,种下一颗什么样的种子。栽下的是一棵树苗,那么未来一定会长成品牌的参天大树;如果种下的是草,那么最后没有办法,只有推倒重来,再重栽下树苗。而海王正是这棵栽下的树苗。

有人这样形容海王的品牌发展战略:当海王还是婴幼儿的时候,就为自己打造了一套成人的服装。正是得益于这种超前的品牌战略,海王集团一路成长起来,正在实现并超越自己的品牌梦想。

案例讨论题

1. 海王的品牌策略有什么特点?

2. 你是如何理解案例最后一句话的?

第八章　定价策略

价格策略是市场营销组合策略中的一个重要的构成内容。在市场经济中,价格是一个十分敏感的调控要素,企业必须对这一问题给予高度的重视。因为价格直接影响着竞争者的竞争措施,影响着企业产品的销量及利润,涉及生产者、经营者、消费者等各方面的利益。企业要想实现其营销目标,必须为企业的各种产品制定合理的价格水平和可行的价格策略。20 世纪 60 年代,哈佛商学院的雷蒙德·科里(Raymond Corey)曾经指出:定价是真理的时刻……定价决策是所有营销活动的焦点。

第一节　影响定价的主要因素

一、企业定价的理论依据

价值规律的理论,就是定价的依据。价值是价格的基础,产品价格是产品价值的货币表现形式。价值决定价格,但价格并非与价值保持一致。在市场上发生的商品交换,受到多种因素的影响和制约,如供求关系及其变动、竞争状况及政府干预等因素。这些有时致使价格与价值发生背离,价格高于或低于价值。但从一个较长的时期观察,价格总是以价值为中心并围绕着价值上下波动,这就是价值规律的表现。价值规律是反映商品经济特征的重要规律,是研究价格形成的理论指导。

二、影响企业定价的因素

价格形成及运动是商品经济中最复杂的现象之一。产品价格主要取决于产品所包含的价值及效用。价值反映了产品与其他物品相互交换的能力,效用是产品能够满足消费者需求或欲望的能力,价格是产品价值和效用的货币度量。除产品内含价值和效用这一基本因素外,现实中企业价格的制定和实现还受到多方面因素的影响和制约,因此企业应给予充分的重视和全面的考虑。影响产品价格制定的因素有很多,大致可以分为内部影响因素和外部影响因素两大类。内部影响因素主要有企业的定价目标、产品成本、产品特点、分销渠道、促销策略等;外部因素主要有市场供求状况、市场竞争程度、政府政策和法律及其他宏观社会经济因素。企业在确定产品价格时,必须对这些因素进行系统地分析,认识它们与产品价格之间的关系,并在此基础上,选择企业的定价方法和策略。

(一)市场需求及其变化

市场需求及其变化常常是价格决策的主要参考因素。对于价格和需求的关系,西方经济学家进行过理论分析,提出了两者之间的关系。

1. 需求规律

价格与需求直接相关。经济学原理告诉我们,如果其他因素保持不变,消费者对某一商品需求量的变化与这一商品价格变化的方向相反,如果商品的价格下跌,需求量就上升,而商品的价格上涨时,需求量就相应下降,这就是商品的内在规律——需求规律。需求规律反映了商品需求量变化与商品价格变化之间的一般关系,是企业决定自己的市场行为特别是制定价格时必须考虑的一个重要因素。

2. 需求价格弹性

现实中,各个企业面临的市场需求的特点存在着差异,有的市场需求对价格变化的反应比较敏感,有的则反应相对迟钝。西方经济学理论对此进行研究,将市场需求对价格变化的反应程度称为价格弹性。需求价格弹性表明需求量 Q 对于价格 P 的变动反应的灵敏程度。需求弹性一般分为需求价格弹性、需求收入弹性和需求交叉弹性,这里主要讨论需求价格弹性。需求价格弹性依据需求价格弹性系数的大小来测定。需求价格弹性系数 E_D 反映需求量变动的百分比与价格变动百分比之比,它表明当价格变动1%时,需求量发生变动的百分比,其计算公式为

$$E_D = \frac{\Delta Q_D}{Q_D}\Big/\frac{-\Delta P}{P} = \frac{-\Delta Q_D}{\Delta P} \times \frac{P}{Q_D}$$

式中:ΔP 为价格变动的数量;ΔQ_D 为需求变动的数量。

需求价格弹性由于受到多种因素的影响,表现为以下几种形式:需求对价格没有弹性,需求价格弹性系数 $E_D = 0$;需求对价格的弹性无穷大,需求价格弹性系数 $E_D \to \infty$;需求价格弹性系数等于1,需求变动与价格发生等比例变动;需求价格弹性系数小于1,需求变动小于价格变动;需求价格弹性系数大于1,需求变动大于价格变动,即价格发生较小的变动会引起需求较大的变动。由于需求量与价格两者呈反比例关系,需求价格弹性系数为负值。考察需求价格弹性,以其绝对值来衡量弹性的大小。产品的长期需求弹性与短期需求弹性之间也存在差异。影响需求价格弹性的因素主要有消费者对产品的需求强度、产品的可替代性、产品用途的广泛性、产品的耐用性和消费者需求偏好的变化等。

(二)市场竞争状况

市场竞争状况是影响企业定价不可忽视的因素,企业必须考虑比竞争对手更为有利的定价策略,这样才能获胜,因此企业定价的自由程度在一定意义上取决于市场竞争的格局。企业应该善于利用竞争对手的产品价格这一因素,对其产品进行市场定位,树立独特的市场形象。在现代经济中,市场竞争一般有以下四种状况,其价格决策各有不同。

1. 完全竞争市场的价格决策

在完全竞争市场状况下,市场上的企业很多,买卖双方的交易都只占市场份额的一小部分,彼此生产或经营的产品是相同的;企业不能用增加或减少产量的方法来影响产品的价格,也没有一个企业可以根据自己的愿望和要求来提高价格。在这种情况下,企业只能接受在市场竞争中现成的价格,买卖双方都只是价格的接受者,而不是价格的决定者,价格完全由供求关系决定,各自的行为只受价格因素的支配,企业无需去进行市场分析、营销调研,且所有促销活动都只会增加产品的成本,也就没必要去专门策划和实施促销活动了。在此,企业只有依靠提高其产品的生产效率,降低各种消耗及费用,才能获得更多的利润。完全竞争条件仅存在于理论上,在现实市场中是不存在的。

2. 不完全竞争市场的价格决策

不完全竞争也叫垄断性竞争。这是一种介于完全竞争和纯粹垄断之间的市场条件。是一种既无独占倾向又含竞争成分的、常见的状况,不同于完全竞争。市场上企业虽然很多,但彼此提供的产品或劳务是有差异的。这里存在着产品质量、销售渠道、促销活动的竞争。企业根据其差异的优势,可以部分地通过变动价格的方法来寻求比较市场利润。此外,因为各个企业所提供的产品并无本质差异,产品之间具有很强的替代性,所以任何卖方如果定价过高,就会失去市场。

因此,在垄断竞争市场条件下,企业已经不再是消极的价格接受者,而是强有力的价格决定者。企业可以通过广告宣传、包装、品牌等方式影响消费者,使他们从心理上感受到不同企业所提供的产品具有差异性,从而愿意接受企业确定的产品价格。

3. 寡头竞争市场的价格决策

寡头竞争市场的价格决策是竞争和垄断的混合物,也是一种不完全竞争。指一个行业中几家少数的企业生产和销售的产品占此市场销售量的绝大部分,价格实际上由他们共同控制。各个寡头之间相互依存、影响,一个寡头企业调整价格都会引起其他寡头企业的连锁反应,因此寡头企业之间互相密切注意对方战略的变化和价格的调整。寡头又可分为完全寡头垄断和不完全寡头垄断两种。两种寡头都不是完全的垄断者,但每个垄断寡头都会对价格产生重要作用。完全寡头垄断条件下,市场价格是由少数寡头通过默契确定的,或者是由一家最大的寡头先行定价,其他寡头随之跟随。这种价格一旦形成,在相当长的时间里比较稳定。在不完全寡头垄断条件下,各家寡头生产的产品各具特色,他们可以通过各种促销方式吸引消费者,培养消费者对其产品的忠诚和偏爱,一定程度上他们可以控制自己产品的价格,不受竞争对手的左右。

4. 完全垄断市场的价格决策

现实中,完全垄断的市场也属少见。在一个行业中的某种产品或劳务只是独家经营,没有竞争对手,就属于完全垄断市场。通常有政府垄断和私人垄断之分。这种垄断一般有特定条件,如垄断企业可能拥有专利权、专营权或特别许可等。由于垄断企业控制了进入这个市场的种种要素,所以它能完全控制市场价格。从理论上分析,垄断企业有完全自由定价的可能,但在现实中其价格也受到消费者情绪及政府干预等方面的限制。

(三)政府的干预程度

除竞争状况外,各国政府干预及政府政策法规也直接影响企业的价格决策。世界各国政府对价格的干预和控制是普遍存在的,只是干预与控制的程度不同而已。政府的干预可以简单分为两种情况:最低限价和最高限价。政府政策法规对企业产品价格决策具有硬约束。企业在价格决策中对这些法规不得不严肃对待。

随着我国市场经济体制改革的深入,与之配套的有关法规也在陆续出台。与此同时,政府针对一些行业或产业的企业价格决策的权限也有明显规定,任何企业在进行价格决策时务必严格遵循有关法规及政府的政策指导。

(四)企业定价目标

1. 以利润为定价目标

利润是企业从事经营活动的主要目标,也是企业生存和发展的源泉。在市场营销中,不少企业就直接以获取利润作为制定价格的目标。

(1)以获取投资收益为定价目标。企业之所以投资于某项经营活动,是期望在一定时期内收回投资并获得一定数量的利润。所谓投资收益定价目标,是指企业以获取投资收益为定价基点,加上总成本和合理的利润作为产品销售价格的一种定价目标。

(2)以获取最大利润为定价目标。获取最大利润是市场经济中企业从事经营活动的最高展望。但获取最大利润不一定就是给单位产品制定最高的价格,有时单位产品的低价也可通过扩大市场占有率,争取规模经济效益,使企业在一定时期内获得最大的利润。企业在追求最大利润时,一般都必须遵循边际收益等于边际成本的原则。市场营销中以获取最大利润为定价目标,是指企业综合分析市场竞争、产品专利、消费需求量、各种费用开支等后,以总收入减去总成本的差额最大化为定价基点,确定单位商品价格,争取最大利润。

(3)以获取合理利润为定价目标。企业在激烈的市场竞争压力下,为了保全自己,减少风险,以及限于力量不足,只能在补偿正常情况下的社会平均成本的基础上,加上适度利润作为商品价格,称为合理利润定价目标。因为这一定价目标是稳定市场价格,避免不必要的竞争,又能获得长期利润,价格适中,消费者愿意接受,又符合政府的价格指导方针。这是一种兼顾企业利益和社会利益的定价目标。

2. 以销售数量为定价目标

以销售数量为定价目标,是指企业以巩固和提高市场占有率,维持或扩大市场销售量为制定商品价格的目标。提高市场占有率,维持一定的销售量,是企业得以生存的基础,以销售量为企业定价目标的主要风险是利润率具有不确定性。

3. 以对付竞争者为定价目标

当企业具有较强的实力,在该行业中居于价格领袖地位时,其定价目标主要是对付竞争者或阻止竞争对手,首先变动价格。具有一定竞争力量,居于市场竞争的挑战者位置时,定价目标是攻击竞争对手,侵蚀竞争对手的市场占有率,价格定得相对低一些。而市场竞争力较弱的中小企业,在竞争中为了防止竞争对手的报复一般不首先变动价格,在制定价格时主要跟随市场领袖价格。

其他的定价目标还有稳定价格目标、渠道关系目标、度过困难目标、塑造形象目标(也叫社会形象目标)等。

(五)产品特点

产品的自身属性、特征等因素,在企业制定价格时也必须考虑。

1. 产品的种类

企业应分析自己生产或经营的产品种类是日用必需品、选购品、特殊品,是威望与地位性产品,还是功能性产品,不同的产品种类对价格有不同的要求。如日用必需品的价格必然要顾及大众消费的水平,特殊品的价格则侧重特殊消费者。

2. 标准化程度

产品标准化的程度直接影响产品的价格决策。标准化程度高的产品,其价格变动的可能性一般低于非标准化或标准化程度低的产品。标准化程度高的产品价格变动如过大,很可能引发行业内的价格竞争。

3. 产品的易腐、易毁和季节性

一般情况下,容易腐烂、变质并不宜保管的产品,价格变动的可能性比较高。常年生产、季节性消费的产品与季节性生产常年消费的产品,在利用价格的作用促进持续平衡生产和提高效益方面有较大的主动性。

4. 时尚性

时尚性强的产品价格变化较显著。一般新潮的高峰阶段,价格要定高一些。新潮高峰过后,应及时采取适当的调整策略。

5. 需求弹性

如果企业所经营产品的需求价格弹性大,价格的调整会影响市场需求;反之,价格的调整对销售量不会产生大的刺激和影响。

6. 生命周期阶段

处在产品生命周期不同阶段对价格策略的影响可以从两个方面考虑:

(1)产品生命周期的长短对定价的作用。有些生命周期短的产品,如时装等时尚产品,由于市场变化快,需求增长较快,消退也快,其需求量的高峰一般出现于生命周期的前期,所以企业应抓住时机,尽快收回成本和利润。

(2)不同周期阶段的影响。处在不同周期阶段的产品的变化有一定规律,是企业选择价格策略和定价方法的客观依据。

(六)企业状况

企业状况主要指企业的生产经营能力和企业经营管理水平对制定价格的影响。不同的企业由于规模和实力、销售渠道和信息沟通方式以及企业营销人员的素质和能力高低的不同,对价格的制定和调整应采取不同的策略。

1. 企业的规模与实力

规模大、实力强的企业在价格制定上余地大,企业如认为有必要,有条件大范围地选用薄利多销和价格正面竞争策略。而规模小、实力弱的企业生产成本一般高于大企业,价格的制定上往往比较被动。

2. 企业的销售渠道

渠道成员有力、控制程度高的企业在价格决策中可以有较大的灵活性;反之,则应相对固定。

3. 企业的信息沟通

企业的信息沟通包括企业的信息控制和与消费者的关系两个方面。信息通畅、与消费者保持良好的关系可适时调整价格并得到消费者的理解和认可。

4. 企业营销人员的素质和能力

拥有熟悉生产经营环节、掌握市场销售、供求变化等情况并具备价格理论知识和一定的实践能力的营销人员,是企业制定最有利价格和选择最适当时机调整价格的必要条件。

(七)成本因素

成本是商品价格的最低限度。一般来说,商品价格必须能够补偿产品生产及市场营销的所有支出,并补偿商品的经营者为其所承担的风险支出。成本的高低是影响定价策略的一个重要因素。

根据市场营销定价策略的不同需要,对成本可以从不同的角度作以下分类。

1. 固定成本

固定成本是企业在一定规模内生产经营某一商品支出的固定费用,在短期内不会随产量的变动而发生变动的成本费用。

2. 变动成本

变动成本是指企业在同一范围内支付变动因素的费用,这是随产量的增减变化而发生变化的成本。

3. 总成本

总成本是固定成本与变动成本之和。当产量为零时,总成本等于固定成本。

4. 平均固定成本

平均固定成本即总固定成本除以产量的商。固定成本不随产量的变动而变动,但是平均固定成本必然随产量的增加而减少,随产量的减少而增加。

5. 平均变动成本

平均变动成本即总变动成本除以产量的商。平均变动成本不会随产量的增加而变动。但是当生产发展到一定的规模,工人熟练程度提高,批量采购原材料价格优惠时,平均变动成本呈递减趋势;如果超过某一极限,则平均变动成本又可能上升。

6. 平均成本

平均成本即总成本除以产量。因为固定成本和变动成本随生产效率提高、规模经济效益的逐步形成而下降,单位产品平均成本呈递减趋势。

7. 边际成本

边际成本即每增加或减少单位产品而引起总成本变动的数值。在一定产量上,最后增加的那个产品所花费的成本,从而引起总成本的增量,这个增量即边际成本。企业可根据边际成本等于边际收益的原则,以寻求最大利润的均衡产量;同时,按边际成本制定产品价格,使全社会的资源得到合理利用。

8. 长期成本

长期成本即企业能够调整全部生产要素时,生产一定数量的产品所消耗的成本。所谓长期,是指足以使企业能够根据它所要达到的产量来调整一切生产要素的时间量。在长时期内,一切生产要素都可以变动。所以,长期成本中没有固定成本和可变成本之分,只有总成本、边际成本与平均成本之别。

9. 机会成本

机会成本指企业为从事某项经营活动而放弃另一项经营活动的机会,或利用一定资源获得某种收入时所放弃的另一种收入。另一项经营活动所应取得的收益或另一种收入即为正在从事的经营活动的机会成本。

第二节　企业定价程序与定价方法

一、企业定价程序

一般企业的定价程序可以分为六个步骤,即确定定价目标、测定市场需求、估算商品成本、分析竞争状况、选择定价方法、选定最后价格。

(1)确定定价目标。确定定价目标主要有八种选择:投资收益率目标、市场占有率目标、稳定价格目标、防止竞争目标、利润最大化目标、渠道关系目标、度过困难目标、塑造形象目标(也叫社会形象目标)。

(2)测定市场需求。企业商品的价格会影响需求,需求的变化影响企业的产品销售以至企业营销目标的实现。因此,测定市场需求状况是制定价格的重要工作。在对需求的测定中,首要的是了解市场需求对价格变动的反应,即需求的价格弹性。

(3)估算商品成本。企业在制定商品价格时,要进行成本估算。企业商品价格的最高限度取决于市场需求及有关限制因素,而最低价格不能低于商品的经营成本费用,这是企业价格的下限。

企业的商品成本包括两种:一种是固定成本,另一种是变动成本(或称可变成本、直接成本)。固定成本与变动成本之和即为某产品的总成本。

在成本估算中,离不开对产量—成本—利润关系的分析,而其中一个重要的概念是分析边际成本。所谓边际成本,是指每一单位新增生产的产品(或者购买的产品)带来的总成本的增量。因为边际成本影响到企业的边际收益,所以企业必须对其表示极大的关注。

(4)分析竞争状况。对竞争状况的分析,包括三个方面的内容:

①分析企业竞争地位。

②协调企业的定价方向。

③估计竞争企业的反应。

(5)选择定价方法。

(6)选定最后价格。在确定最后价格时,必须考虑是否遵循以下四项原则:

①商品价格的制定与企业预期的定价目标的一致性,有利于企业总的战略目标的实现。

②商品价格的制定符合国家政策法令的有关规定。

③商品价格的制定符合消费者整体利益及长远利益。

④商品价格的制定与企业市场营销组合中的非价格因素是否协调一致、互相配合,为达到企业营销目标服务。

二、定价方法

企业掌握和分析了价格影响因素,确定了企业的定价目标后就可以选择定价方法。

(一)成本导向定价法

在成本的基础上加上一定的利润和税金来制定价格的方法称为成本导向定价法。由于产品形态不同以及成本基础上核算利润的方法不同,成本导向定价法可分为以下几种形式。

1. 成本加成定价法

成本加成定价法,是在单位产品完全成本的基础上,加上一定比例的利润和税金,构成单位产品的价格。采用成本加成定价法,一般是按成本利润率来确定的。其计算公式为

$$单位产品单价 = \frac{完全成本 + 利润 + 税金}{产品产量}$$

$$产品单价 = 单位产品完全成本 \times \frac{1 + 成本利润率}{1 - 税率}$$

其中

$$成本利润率 = \frac{要求提供的利润总额}{产品成本总额} \times 100\%$$

采用成本加成定价法，确定合理的成本利润率是一个至关重要的问题，而成本利润率的有效确定，必须研究市场环境、竞争程度、行业特点等多种因素。某一行业的某一种产品在特定市场以相同的价格出售时，成本低的企业能获得较高的利润率，并在激烈的市场竞争中有较大的回旋空间。

成本加成定价法的优点是计算简便，成本资料可直接获得，便于核算；价格能保证补偿全部成本并满足利润要求。这种定价法的缺点是定价所依据的成本是个别成本，而不是社会成本或行业成本，因此制定的价格可能与市场价格有一定偏离，价格难以反映市场供求状况和竞争状况，定价方法也不够灵活。这种定价方法适用于经营状况和成本水平稳定的企业，适用于供求大体平衡、市场竞争比较缓和的产品，一般卖方市场条件下使用较多。

2. 目标成本加成定价法

目标成本加成定价法，是以目标成本为基础，加上预期的目标利润和应缴纳税金来制定价格的方法。上述涉及的完全成本是企业生产经营的实际成本，是在现实生产经营条件下形成的成本支出，它同将来的生产经营条件没有必然的联系。而目标成本则属于预期成本或计划成本，它同制定价格时的实际成本会有一定差别。目标成本加成定价法的计算公式为

$$产品价格 = 目标成本 \times \frac{1 + 目标利润}{1 - 税率}$$

$$目标成本 = 产品价格 \times \frac{1 - 税率}{1 + 目标利润}$$

$$目标利润率 = \frac{预期目标总利润}{目标成本} \times 目标销售量 \times 100\%$$

目标成本并不是实际成本，它受预期定价、预期利润、目标利润率、目标销售量以及税率等多种因素的影响。其中，税率是法定的，企业无修改的权力。所以，在确定目标成本时，必须建立在对价格、成本、销售量和利润进行科学预测的基础上，不能凭主观想象，才能使定价与实际相符合，以实现预期利润。

3. 边际贡献定价法

所谓边际贡献，是指产品销售收入与产品变动成本的差额，单位产品边际贡献指产品单价与单位产品变动成本的差额。边际贡献弥补固定成本后如有剩余，就形成企业的纯收入，如果边际贡献不足以弥补固定成本，那么企业将发生亏损。在企业经营不景气，销售困难，生存比赚取利润更重要时，或企业生产能力过剩，只有降低售价才能扩大销售时，可以采用边际贡献定价法。

边际贡献定价法的原则是，产品单价高于单位变动成本时就可以考虑接受。因为不管企业是否生产、生产多少，在一定时期内固定成本都是要发生的，而产品单价高于单位变动成本，这是产品销售收入弥补变动成本后的剩余可以弥补固定成本，以减少企业的亏损（在企业维持生存时）或增加企业的盈利（在企业扩大销售时）。这种方法的基本计算公式如下

$$单位商品销售价格 = \frac{总的变动成本 + 边际贡献}{总销量}$$

4. 盈亏平衡定价法

盈亏平衡定价法又称收支平衡定价法，是适用损益平衡原理实行的一种保本定价方法。首先计算损益平衡点产量，其公式如下

$$损益平衡点产量 = \frac{固定成本}{单位产品价格 - 单位可变成本}$$

当企业的产量达到损益平衡点产量时，企业不盈不亏，收支平衡，保本经营。保本定价的计算公式如下

$$保本定价 = \frac{固定成本}{损益平衡销售量 + 单位产品变动成本}$$

如果企业把价格定在保本点价格上，则只能收回成本，不能盈利；若高于保本点定价便可获利，获利水平取决于高于保本点的距离；如低于保本定价点，企业无疑是亏损的。因此，也可以将盈亏平衡定价法理解为：它规定了在产量一定的情况下，什么价格是保证企业不亏本的最下限价格。

（二）竞争导向定价法

竞争导向定价法是根据竞争者产品的价格来制定企业产品价格的一种方法。常用的有以下四种方法。

1. 随行就市定价法

随行就市定价法即企业根据同行业的平均价格水平定价。在竞争激烈的情况下，是一种与同行和平共处、比较稳妥的定价方法，可避免风险。

2. 追随定价法

追随定价法即企业以同行业主导企业的价格为标准制定本企业的产品价格，此方法可避免企业之间的正面价格竞争。

3. 密封投标定价法

密封投标定价法是一种竞争性很强的定价方法。一般在购买大宗物资、承包基建工程时，发表招标公告，由多家卖主或承包者在同意招标人所提出条件的前提下，对招标项目提出报价，招标者从中择优选定。

密封投标定价法的定价程序是：

(1)招标。由买方发布招标公告，提出征求产品或劳务的具体条件，引导卖方参与竞争。

(2)投标。卖方或承包者根据招标公告的内容和具体要求，结合自己的条件，考虑成本，利润和竞争者可能提出的报价，在买方规定的截止日期内，将自己愿意承担的价格密封提出。

(3)开标。买方在规定期限内,积极认真地选标,全面认真地审查卖方提出的投标报价、技术力量、工作质量、生产经验、资本金情况、信誉高低等,以此为基础选择承包商,并到期开标。

(三)需求导向定价法

需求导向定价法是以消费者对产品价值的理解程度和需求强度为依据的定价方法。主要方法有以下几种。

1. 理解价值定价法

所谓理解价值,也叫感受价值、认知价值,就是指消费者对某种商品的主观评判。理解价值定价法是指企业不以成本为依据,而以消费者对商品价值的理解度为定价的依据。使用这种方法定价,企业首先应以各种营销策略和手段,影响消费者对产品认知,形成对企业有利的价值观念,然后再根据产品在消费者心目中的价值来制定价格。理解价值定价法的关键在于获得消费者对有关商品价值理解的准确资料。如果企业过高估计消费者的理解价值,价格就可能过高,这样会影响商品的销量;反之,如果企业低估了消费者的理解价值,其定价就可能低于应有的水平,企业可能会因此减少收入。所以,企业必须搞好市场调查,了解消费者的消费偏好,准确地估计消费者的理解价值。

2. 区分需求定价法

区分需求定价法,是根据需求的差异,对同种产品或劳务制定不同价格的方法,也叫价格歧视。主要定价方式有:

(1)因顾客而异。同种产品或劳务,对不同职业、收入、阶层或年龄的消费群制定不同的价格,企业可根据上述差异在定价时给予相应的优惠或提高价格。

(2)因式样而异。对式样不同的同种商品制定不同的价格,价格差异比例往往大于成本差异的比例。

(3)因时间而异。根据产品季节、日期及钟点上的需求差异制定价格。

(4)因空间而异。企业根据自己产品销售区域的空间位置来确定商品的价格。

(5)因用途而异。同一种商品有时会有不同的用途和使用量,因而价格也应有所区别。

实行区分需求定价法要具备一定的前提条件:一是市场能够根据消费者的需求强度不同进行细分;二是细分后的市场在一定时期内相对独立,互不干扰;三是竞争者没有可能在企业以高价销售产品的市场上以低价销售;四是价格差异程度不会引起消费者的不满或反感。

第三节　定价策略

定价策略是企业为了实现预期的经营目标,根据企业的内部条件和外部环境,对某种商品或劳务,选择最优定价目标所采取的应变谋略和措施。

一、新产品定价策略

新产品定价是企业价格决策的一个关键环节。因为新产品的成本高,顾客对它不了解，竞争对手也可能还没有出现，所以新产品价格确定的正确与否，关系到新产品能否顺利进入市场，并为以后占领市场打下基础。常见的新产品定价策略有三种。

（一）撇脂定价策略

撇脂定价策略，是指如同把烧热牛奶上的一层油脂精华取走一样，企业在新产品刚投放市场时把价格定得很高，以求在尽可能短的期限内迅速获取高额利润。随着商品的每一步成长再逐步降低价格。采用此策略的企业商品一上市便获高价厚利，这是因为新产品能对消费者产生新的吸引力。

实行撇脂定价策略必须有一定的条件。首先，新产品比市场上现有产品有显著的优点，能使消费者一见倾心；其次，在产品新上市场阶段，商品的需求价格弹性较小或者早期购买者对价格反应不敏感；最后，短时期内由于仿制等方面的困难，类似仿制产品出现的可能性小，竞争对手少。此策略的优点是尽早争取主动，达到短期最大利润目标，有利于企业竞争地位的确定。但缺点也明显，即由于定价过高，有时渠道成员不支持或得不到消费者认可。同时，高价厚利会吸引众多的生产者和经营者转向此产品的生产和经营，加速市场竞争的白热化。

（二）渗透定价策略

渗透定价策略也称渐取定价策略，是指企业在新产品投放市场的初期，将产品价格定得相对较低，以吸引大量购买者，获得较高的销售量和市场占有率。这种策略正同撇脂定价策略相反，是以较低的价格进入市场，具有鲜明的渗透性和排他性。

采用渗透定价策略的条件是商品的市场规模较大，存在着强大的竞争潜力；商品的需求价格弹性较大，稍微降低价格，需求量会大大增加，通过大批量生产能降低生产成本。

渗透定价策略的优点是可以占有比较大的市场份额，通过提高销售量来获得企业利润，也较容易取得销售渠道成员的支持。同时，低价低利对阻止竞争对手的介入有很大的屏障作用。其不利之处在于定价过低，一旦市场占有率扩展缓慢，收回成本速度也慢。有时低价还容易使消费者怀疑商品的质量保证。

（三）满意定价策略

满意定价策略是一种介于撇脂定价和渗透定价之间的折衷定价策略，其新产品的价格水平适中，同时兼顾生产企业、购买者和中间商的利益，能较好地得到各方面的接受。正是由于这种定价策略既能保证企业获得合理的利润，又能兼顾中间商的利益，还能为消费者所接受，所以称为满意定价。

这种价格策略的优点在于满意价格对企业和顾客都是较为合理公平的，由于价格比较稳定，在正常情况下盈利目标可按期实现。其缺点是价格比较保守，不适于竞争激烈或复杂多变的市场环境。这一策略适用于需求价格弹性较小的商品，包括重要的生产资料和生活必需品。

以上三种新产品定价策略利弊均有，并有其相应的适用环境。企业在具体运用时，采用哪种策略应从企业的实际情况、生产能力、市场需求特征、产品差异性、预期收益、消费者的购买能力和对价格的敏感程度等因素出发，综合分析，灵活运用。

二、产品阶段定价策略

产品阶段定价策略指在对产品经济生命周期分析的基础上，依据产品生命周期不同阶段的特点而制定和调整价格。

（一）介绍期定价策略

一般可参考新产品的定价策略，对上市的新产品（或者是经过改造的老产品）采取较高或较低的定价。

（二）成长期定价策略

在这一阶段，消费者接受产品，销售量增加，一般不贸然降价。但如果产品进入市场时价格较高，市场上又出现了强有力的竞争对手，企业为较快地争取市场占有率的提高，也可以适当降价。

（三）成熟期定价策略

在这一阶段，消费者人数、销售量都达最高水平并开始出现回落趋势，市场竞争比较激烈，一般宜采取降价销售策略。但如果竞争者少也可维持原价。

（四）衰退期定价策略

在这一阶段，消费者兴趣转移，销售量激烈下降，一般宜采取果断的降价销售策略，甚至销售价格可低于成本。但如果同行业的竞争者都已退出市场，或者经营的商品有保存价值，也可以维持原价，甚至提高价格。

各类产品在其产品生命周期的某个阶段一般具有共同的特征，但由于不同种类产品的性质、特点及其在国计民生中的重要程度、市场供求状况的不同，对不同的产品采取的定价策略要实事求是、机动灵活。

三、折扣定价策略

折扣定价策略是利用各种折扣和让价吸引经销商和消费者，促使他们积极推销或购买本企业产品，从而达到扩大销售、提高市场占有率的目的。这一策略能增加销售上的灵活性，给经销商和消费者带来利益和好处，因而在现实中经常被企业所采用。常见的价格折扣主要有以下几种形式。

（一）数量折扣

数量折扣，是指按顾客购买数量的多少给予不同的价格折扣，也是企业运用最多的一种价格折扣策略。一般来说，顾客购买的数量越多，或数额越大，折扣率就越高，以鼓励顾客大量购买或一次性购买多种商品，并吸引顾客长期购买本企业的商品。数量折扣分为累计数量折扣和非累计数量折扣。累计数量折扣是指在一定时期内累计购买超过规定数量或金额给予的价格折扣，其优点在于鼓励消费者成为企业的长期顾客。非累计数量折扣是指按照每次购买产品的数量或金额确定折扣率，其目的在于吸引买主大量购买，利于企业组织大批量销售，以节约流通费用。企业采用数量折扣有助于降低生产、销售、储运和记账等各环节的成本费用。

（二）现金折扣

现金折扣，是指企业为了鼓励购买者尽早付清货款，加速资金周转，规定凡提前付款或在约定时间付款的买主可享受一定的价格折扣。运用现金折扣策略,可以有效地促使顾客提前付款,从而有助于盘活资金,减少企业的利率和风险。折扣大小一般根据付款期间的利率和风险成本等因素确定。

(三)季节折扣

季节折扣,是指企业对生产经营的季节性产品,为鼓励买主提早采购,或在淡季采购而给予的一种价格折让。在季节性商品销售淡季,资金占用时间长,这时如果能扩大产品销售量,便可加快资金周转,节约流通费用。在这种情况下,卖方以价格折扣来鼓励买方在淡季购买商品,并向其转让一部分因节约流通费用带来的利润,这对买卖双方都是具有积极意义的。厂家和中间商之间采用季节性折扣,可以促使中间商提早进货,保证企业生产能够正常进行 。而零售企业在销售活动中实行季节折扣,能促进消费者在淡季提前购买商品,减少过季商品库存,加速资金周转。

(四)业务折扣

业务折扣也称同业折扣或功能折扣,是生产厂家给予批发企业和零售企业的折扣,折扣的大小因商业企业在商品流通中的不同功用而异。对批发商来厂进货给予的折扣一般要大些,零售商从厂方进货的折扣低于批发企业。

四、心理定价策略

心理定价策略指企业针对消费者心理活动和变化定价的方法与技巧。一般在零售企业中对最终消费者应用得比较多。主要有以下六种常用的定价策略。

(一)组合定价策略

组合定价策略即企业迎合消费者求全的心理将两种或两种以上有关联的商品合并制定一个价格,具体做法是将这些商品捆绑在一起或装入一个包装物中。此策略常常易激发消费者的购买欲望,有促进多种商品即时成效的作用。

(二)尾数定价策略

尾数定价策略是指企业在制定产品价格时以零头数结尾。据心理学家分析,消费者通常认为整数价格如 10 元、20 元、200 元等是概略价格,定价不准确,而认为非整数价格如9.96 元、19.95 元、198 元等,是经过精确核算的价格,容易产生安全和信任的感觉,这满足了消费者求廉的心理。对于价格较低的商品,特别是日用消费品采用尾数定价策略,能使消费者对商品产生便宜的感觉而迅速作出购买决策。

(三)整数定价策略

整数定价策略也叫声望定价或整数原则。即在消费者购买比较注重心理需要的满足的商品时,把商品的价格定为整数。名店、名牌商品或选择品采用整数定价策略以提高商品的身份,进而起到标识和提高消费者身份的作用。对于一些需求价格弹性不高的商品,采用整数定价可以方便结算和提高工作效率。

(四)期望与习惯定价策略

根据消费者的愿望与购买习惯、接受水平制定价格。日用消费品的价格通常容易在消费者心目中形成一定的习惯性标准。

（五）安全定价策略

安全定价策略也有叫一揽子定价策略。针对消费者在购买大件耐用消费品时担心维修不便等心理，把商品本身的价格与确保消费者安全使用的费用加总计算，并将送货上门、代修代装、免费换易损件等售中、售后服务的措施广泛宣传，消除购买者的心理障碍，降低消费者的消费风险和增强安全感。

（六）特价品定价策略

企业将商品的价格定得低于市价，并广泛宣传，引起消费者的兴趣，此策略常在经营多品类的超级市场、百货商店使用。许多超级市场常年有特价产品，其特价商品常配有醒目的黄色标签。企业有意将店中的几种商品的价格标低，有时甚至低于成本以吸引顾客来店，目的在于召唤顾客，引发连带购买行为。

五、相关产品价格策略

相关产品是指在最终用途和消费购买行为等方面具有某种相互关联性的产品。制造或经营两种以上产品的企业可以利用此特点综合考虑企业产品的定价。

（一）互补产品价格策略

互补产品指两种（或以上）功能互相依赖、需要配套使用的产品。互补产品价格策略是企业利用价格对消费互补品需求的调节，全面扩展销售量所采取的定价方式和技巧。具体做法是把价值高、购买频率低的主件价格定得低些。

（二）替代产品价格策略

替代产品是指功能和用途基本相同，消费过程中可以互相替代的产品。替代产品价格策略是企业为达到既定的营销目标，有意识安排企业替代产品之间的关系而采取的定价措施。

企业若生产或经营着两种以上有替代关系的产品，这两种产品的市场销量常常表现为此消彼长，而这种增加或减少与商品价格的高低有着十分密切的关系。企业主动地运用这一规律来实行组合价格策略。

六、地理定价策略

地理定价策略是指企业根据产销地的远近、交货时间的长短和运杂费用的分担所制定的不同的价格策略。这一定价格策略主要有以下几种形式。

（一）产地交货价格

产地交货价格是指卖方按照厂价交货或按产地某种运输工具交货时的价格。

（二）买主所在地价格

买主所在地价格则指企业负责将产品运到买主所在地，并承担运输费和保险费等费用的价格。

（三）统一交货价格

统一交货价格是指企业对于卖给不同地区的顾客的某种产品都按照相同厂价（产地价格）加相同的运费（按平均运费）定价。

(四)区域定价

区域定价是指把产品的销售市场分成几个价格区域,对于不同价格区域的顾客制定不同的价格,实行地区价格。

(五)基点定价

基点定价是指企业选定某些城市作为基点,然后按一定的厂价加基点(最靠近顾客所在地的基点)至顾客所在地的运费来定价,而不管货物是从哪个城市起运的。

(六)运费免收定价

运费免收定价是指企业替买主负责全部或部分运费,企业采用运费免收价,一般是为了与购买者加强联系或开拓市场,通过扩大销量来抵补运费开支。

第四节　价格变动策略

营销者在定价之后,由于宏观环境变化和市场供求发生变动,企业必须主动地调整价格,以适应激烈的市场竞争。本节将探讨企业削价与提价的原因、顾客对价格变动的反应、竞争者对价格变动的反应、企业对竞争者发动的价格变动的反应等问题,从而为企业制定有效的变价策略,更好地适应市场竞争提供基本的分析工具。

一、企业削价与提价的原因

在现代经济条件下,企业为了生存和发展有时需要主动削价或提价,有时又需要对竞争对手的变价作出适当的反应。

(一)企业削价的原因

企业削价的原因主要有以下三个方面:

(1)在生产能力过剩又难以通过产品改进来加强销售工作以扩大销售的情况下,企业期望通过削价来扭转这种不利的状况。

(2)在强大竞争者的压力下市场占有率大幅度下降,企业不得不削价竞销以对抗竞争者的威胁。

(3)在成本费用比竞争者低的情况下,企业试图通过主动削价来扩大产销量,提高市场占有率,加强对市场的控制力。

(二)企业提价的原因

企业提价的原因主要有以下两个方面。

1.通货膨胀导致成本费用提高

企业为对付通货膨胀往往运用各种方式来调整价格:一是推迟报价定价,即企业决定暂时不规定最后价格,等到产品制成或交货时才给出最后价格;二是在合同上规定价格调整条款,即企业在合同上规定在一定时期内可按某种价格指数来调整价格;三是在价格中不包括某些商品和服务,即企业决定产品价格不变但产品价格中原来包括的某些商品或服务要另行计价;四是减少价格折扣,即企业决定消减正常的现金和数量折扣并限制销售人员以低于价目表的价格吸引顾客;五是停止生产供应微利产品;六是降低产品质量或减少产品特色。

2. 产品供不应求因而不能满足所有顾客的需要

在产品供不应求因而不能满足所有顾客的需要的情况下,提价的方式包括取消价格折扣、直接提高产品或服务的价格、在产品大类中增加价格较高的项目等。

应注意的是,企业采取的某些变相提价措施(如降低产品质量等),尽管可以减少企业的价格压力,但会损害企业的声誉与市场形象,给企业的长远发展带来不利影响。企业采取任何提价措施,总会引起消费者、经销商和企业推销人员的不满,为了减少有关方面的不满以及不利的影响,企业提价时应尽可能向有关方面说明提价的原因。

二、顾客对价格变动的反应

企业提价或削价会对购买者发生影响,了解购买者对变价的反应方式、反应程序以及可能的影响,有利于企业适当地安排与调整营销活动。

(一)购买者对价格变动的反应方式

购买者可能把一种产品的削价行为理解为这种产品已经老化将被新型产品所替代,这种产品有缺点因而销售不畅,企业财务困难无法继续经营下去,价格还要进一步下跌,这种产品的质量下降了。购买者可能把一种产品的提价行为理解成这种产品畅销,不赶快买就买不到了;这种产品很有价值;卖主想取得更多利润。购买者对企业削价或提价行为的不同的理解,或对企业产生有利的影响,或对企业产生不利的影响,为了确保营销活动的有效性,企业应注意对购买者的认识加以适当的引导。

(二)购买者对价格变动的反应程度

一般来说,购买者对价值不同的产品的价格变动会作出不同的反应。购买者对价值高、经常购买的产品的价格变动较为敏感、反应较强,对于价值低、不经常购买的产品的价格变动不太注意、反应较弱。此外,购买者虽然关心产品价格变动,但是通常更为关心取得、使用和维修产品的总费用。因此,如果企业能使购买者相信某种产品取得、使用和维修的总费用比竞争者的产品低,他就可以把这种产品的价格定得高一些,从而提高这种产品的市场竞争力并取得较高的利润。

三、竞争者对价格变动的反应

企业改变价格时,不仅要考虑购买者的反应,还必须考虑竞争对手的反应。竞争对手的反应方式,在很大程度上取决于行业市场的类型。在行业市场为无区别的寡头垄断市场的条件下,由于行业中企业数目很少提供同质的产品,购买者愈是具有充分的知识和辨别力,竞争对手的反应就愈显得重要。

(一)单一竞争者的情况

企业在估计竞争者可能的反应时,首先可以假设面临着一家大的竞争者,一种情况是该竞争者有一组对付价格变化的政策,另一种情况是该竞争者把对手的每一次价格变动都当做单一挑战并随机地制定对付价格变化的政策。

当竞争者对后一组对付价格变化的政策,采取老一套的办法来对付本企业的价格变动时,竞争对手的反应是能够预测的。企业可以通过获取该竞争对手内部资料方式来掌握其可能的反应,也可以通过与该竞争对手接触较多的顾客、供应商、代理商、金融机构等方面获取信息的方式来掌握其可能的反应。

当竞争者把竞争对手的每一次价格变动都当做单一的、新的挑战，并随机地制定对付价格变化的政策时，企业必须深入调查研究竞争对手目前的财务状况、销售与生产能力情况、顾客的忠诚情况、企业目标以及竞争对手的利益所在，以便对竞争对手的反应作出较为准确的预测。例如，如果竞争对手的企业目标是提高市场占有率，它就可能随着本企业产品价格变动而调整价格；如果竞争对手的企业目标是取得最大利润，它就会采取其他对策，如增加广告预算、加强广告促销或者提高产品质量等。

（二）多个竞争者的情况

上面假设企业面临着一个大的竞争者，如果企业面对着几个竞争者，在变价时就必须估计每一个竞争者的可能反应。如果所有的竞争者反应大体相同，就可以集中力量分析典型的竞争者，因为典型的竞争者的反应可以代表其他竞争者的反应。如果各个竞争者在规模、市场占有率以及政策等这样一些较为重要的方面有所不同，那么他们的反应也就会有所不同，在各种情况下必须分别对各个竞争者进行分析。

总之，企业在发动价格变动时，应善于利用内部和外部的信息来源推测竞争对手可能的反应，以便采取适当的营销对策。

四、企业对竞争者发动的价格变动的反应

（一）企业对竞争者价格变动的态度

在同质产品市场上，由于各家企业的产品没有差异或没有明显的差异，因而购买者对产品价格的高低反应敏感。一家企业削价，其他企业也必须随之下降，否则顾客就会流向削价的企业；一家企业提价，如果其他企业不都随之提价，那么所有提价的企业就不得不取消提价，否则顾客就会流向没有提价的企业。在异质产品市场上，由于各家企业的产品存在着差异或存在着明显的差异，购买者在选择卖主时不仅考虑产品价格的高低，而且考虑产品质量、服务、可靠性等因素，因而在异质产品市场上的购买者对较小的价格差异反应不敏感。总的来看，在异质产品市场上企业对竞争者价格变动的反应有更多的自由。

（二）企业在对竞争者价格变动作出适当反应之前必须弄清的问题

企业在对竞争者价格变动作出适当反应之前所必须弄清的问题：

（1）竞争者为何要变价？

（2）竞争者打算暂时变价还是永久变价？

（3）如果对竞争者的变价置之不理将对本企业的市场占有率和利率有何影响？

（4）其他企业是否会对竞争者的变价作出反应？

（5）竞争者和其他企业对于本企业的每一个可能的反应又会有何反应？

（三）企业对竞争者通过“侵略性削价”来争夺市场的对策

企业面对竞争者通过“侵略性削价”争夺市场阵地的做法，可以根据具体情况采取以下几种对策：

（1）维持价格。这一策略应用在跟随降价会使企业利润减少很多、保持价格不变市场占有率不会明显下降、现在被侵蚀的市场以后能够恢复等情况。

（2）价格不变。与此同时，改进产品、服务、沟通等，运用非价格手段来反攻。

(3)降低价格。这一策略应用在跟随降价可以使销售量和产品产量增加,从而使成本费用下降、市场对价格很敏感不降价就会使市场占有率大幅度下降、市场占有率下降后将来难以恢复等情况。

(4)提高价格。与此同时推出某些新品牌,以围攻竞争对手的品牌。

企业面对竞争者的价格变动,往往必须在数小时或数天内明确果断地作出适当的反应。企业要想对竞争者的价格变动作出迅速有效的反应,取得竞争的主动权,唯一途径是预料竞争者可能的价格变动并预先准备适当的对策。

复习思考题

1. 企业定价的依据是什么?
2. 简述影响企业定价的因素。
3. 定价策略如何与其他营销组合策略相配合?

案例分析

从苹果 iPod 和索尼 MP3 的成败,看撇脂定价法的使用艺术

所谓撇脂定价法,就是为产品定一个高价,以在短期内攫取最大利润为目标,而不是以实现最大的销量为目标。与撇脂定价法相对应的是渗透定价法,即为产品定一个低价。下面以苹果公司和索尼公司的 MP3 定价的成败来看看如何用好撇脂定价法。

1. 苹果公司的 iPod 成功使用了撇脂定价法

先举一个撇脂定价的例子。苹果公司的 iPod 产品是最近 4 年来最成功的消费类数码产品,一推出就获得成功,第一款 iPod 零售价高达 399 美元,即使对于美国人来说,也是属于高价位产品,但是有很多"苹果迷"既有钱又愿意花钱,所以还是纷纷购买。苹果的撇脂定价取得了成功。但是苹果认为还可以"撇到更多的脂",于是不到半年又推出了一款容量更大的 iPod,当然价格也更高,定价 499 美元,仍然卖得很好。Gartner 的分析师 Joseph Unsworth 和 Jon Erensen 在一份报告中称,苹果在推出第二代 iPod Shuffle 的时候,为了刺激消费,把其价格定为 499 美元,而该产品的材料成本为 300 美元,现在苹果可能要把其新款 8 GB 的 iPod 产品价格定在不低于 249 美元,而其材料成本仅 130 美元,同样其 4 GB 的 iPod 产品售价为 199 美元,远高于其 90 美元的材料成本,其 2 GB 的产品,售价为 149 美元,而其材料成本仅 70 美元。苹果的撇脂定价大获成功。

作为对比,索尼公司的 MP3 也采用撇脂定价法,但是却没有获得成功。

索尼失败的第一个原因是产品的品质和上市速度。索尼最近几年在推出新产品时步履蹒跚,当 iPodmini 在市场上热卖两年之后,索尼才推出了针对这款产品的 A1000,可是此时苹果公司却已经停止生产 iPodmini,推出了一款新产品 iPodnano,苹果保持了产品的差别化优势,而索尼则总是在产品上落后一大步。此外,苹果推出的产品马上就可以在市场上买到,而索尼还只是预告,新产品正式上市还要再等两个月。速度的差距,使苹果在

长时间内享受到了撇脂定价的厚利，而索尼的产品虽然定价同样高，但是由于销量太小而只“撇”到了非常少的“脂”。

索尼失败的第二个原因是外形，苹果 iPod 的外形已经成为工业设计的经典之作，而一向以微型化著称的索尼公司的 MP3，这次明显落于下风，单纯从产品的尺寸看，索尼的产品比苹果 nano 足足厚了两倍，如下表所示。外形的差距与产品的市场份额的差距同样大。

索尼产品与苹果产品比较（单位：mm）

产品	高	宽	厚
苹果（iPodnano）	90	40.6	6.9
索尼（A1000）	88.1	55.0	18.7

索尼失败的第三个原因是产品数量。苹果公司每次只推出一款产品、几种规格，但每次都是精品，都非常畅销；而索尼每次都推出 3 款以上产品，给人的感觉好像是自认质量稍逊、要靠数量制胜。但是过多的新产品不仅增加了采购、生产、渠道的成本，而且也使消费者困惑。

索尼失败的第四个原因是索尼公司整体产品表现不佳，索尼的品牌价值已经严重贬值，在这种时候再使用撇脂定价，效果自然会打折扣。

2. 撇脂定价法的适用条件

从苹果和索尼的案例中，我们能学到什么呢？在什么情况下，企业可以采取撇脂定价法呢，并且取得好的效果呢？结果如下：

(1) 市场上存在一批购买力很强，并且对价格不敏感的消费者。

(2) 这样的一批消费者的数量足够多，企业有厚利可图。

(3) 暂时没有竞争对手推出同样的产品，本企业的产品具有明显的差别化优势。

(4) 当有竞争对手加入时，本企业有能力转换定价方法，通过提高性价比来提高竞争力。

(5) 本企业的品牌在市场上有传统的影响力。

在上述条件具备的情况下，企业就应该采取撇脂定价的方法。

使用撇脂定价法不是偶然的，某些企业和某些行业普遍、长期使用撇脂定价法。

以行业而言，那些竞争较弱的行业或者行业正处于启动期的时候，普遍使用撇脂定价法。彩电行业、PC 行业到 20 世纪 90 年代中期还是撇脂定价，汽车行业到现在还基本是撇脂定价，尤其是中高级汽车。在 2000 年以后，首先在低端市场，然后向高端市场延伸，撇脂定价法逐渐被打破，越来越少的企业和车型采取撇脂定价法。

就企业而言，品牌往往是撇脂定价的最重要的前提条件，思科公司网络产品的利润率达到 85%，就是依靠思科在行业内近乎垄断性的领导地位。前面所说的苹果公司也符合上述五个条件，所以撇脂定价就很成功。

如果错误地采用了撇脂定价法，企业会非常被动。索尼推出的 MP3 的速度比苹果慢，产品从外形到使用的感觉都不如苹果，在这种情况下，索尼也使用撇脂定价法就很难成功。在市场上，确实存在一个索尼的忠实客户群，他们从索尼的 walkman 开始就喜欢索尼产品,所以现在买 MP3 也买索尼的,但是这么忠实的消费者到底是少数,多数消费者还是要考虑很多其他因素,当存在苹果 iPod 这面镜子的时候,索尼 MP3 的缺点都被充分地对照了出来,索尼的撇脂定价法就不灵了。

3. 撇脂定价法要及时扬弃

企业必须明白,撇脂定价法即使取得了成功,也很快会由于竞争加剧而变得不合时宜,企业需要做的是:敏感地认识到市场的变化,主动从撇脂定价的高台阶上走下来,否则一旦竞争对手在产品接近的情况下,采取渗透性定价,企业就会付出巨大代价。最典型的案例是 1996 年发生的联想 PC 价格战和长虹彩电价格战,联想和长虹都是通过渗透性定价一举夺取市场第一的宝座。

当然,像联想和长虹这种极富戏剧性的价格战并不是经常能够见到的,经常见到的是:由于不能及时、主动放弃撇脂定价法,企业遭遇较大损失。

而苹果公司的 iPod 在最初采取撇脂定价法取得成功后,就根据外部环境的变化,而主动改变了定价方法。2004 年,苹果推出了 iPod Shuffle,这是一款大众化的产品,价格降低到 99 美元一台。之所以在这个时候提出大众化产品,一方面市场容量已经很大,占据低端市场也能获得大量利润,另一方面索尼等企业也推出了类似的产品,在竞争对手产品的竞争下,苹果急需推出低价格产品来抗衡,但是原来的高价格产品并没有退出市场,而是略微降低了价格而已,苹果公司只是在产品线的结构上形成了"高低搭配"的良好结构,改变了原来只有高端产品的格局。苹果公司 iPod 产品在几年中的价格变化是撇脂定价和渗透式定价交互运用的典范,体现了苹果公司卓越的价格管理能力。苹果公司定价成功的部分原因要归功于竞争对手,由于主要竞争对手索尼在第一款 iPod 推出 2 年后,才迟迟推出自己的同类产品,使苹果公司能够在漫长的时间里唱独角戏,价格管理的难度也因此大幅降低。

在激烈的市场竞争中,暴利时代流行的撇脂定价法逐渐减少。采用撇脂定价法的风险增大,以高性价比迅速获得消费者的认可逐渐成为定价的主流。撇脂定价法之被放弃,首先会从低端市场开始,这是应用撇脂定价法最薄弱的地方;高端市场的撇脂定价法会在最后被攻陷。例如,汽车销量在 2002 年进入快速增长的轨道后,面向家庭的低端市场汽车价格下降得很快,在这个细分市场,几乎没有哪个企业还采用撇脂定价法;而在高级汽车市场,奥迪、宝马等名车还在一定程度上采用撇脂定价法,但是撇的"脂"已经不像 2000 年以前那样"厚"了,价格逐渐向国际市场的车价看齐。

在快速消费品和电子消费品行业,由于产品生命周期短,采取撇脂定价法的现象比耐用品行业要少得多,即使采取了撇脂定价法,撇脂的时间也非常短,很快就改变为渗透性定价,所以对企业推出新产品的速度就提出了很高要求,如果推出新产品速度快于竞争对手,就可以享受到一段难得的、短暂的撇脂时间,可以大幅获利,改善企业整体的盈利能力,如果推出新产品速度慢,每次推出时,都只能随行就市,企业的盈利情况就有可能恶化。奥林巴斯公司在 2004 年陷入巨亏,根本原因就是新产品推出速度慢,产品缺乏差别化优势。这些企业都由于无法享受到撇脂,同时又不能有效降低运营成本而陷入困难的局面。

在某些行业,产品或服务的购买不是一次性的,很多企业就采取连续撇脂定价法,一次一次地撇脂。这种定价法能够使企业利益最大化,但是一旦有采用新的定价方法的竞争对手出现,或者消费者的购买习惯改变,这种定价法就会陷入困境。

Oracle 在进入中国市场最初几年里的收费方式是在软件价格之外,每年再收 20% 的服务费,这让中国消费者很不爽,于是很多竞争对手就针对这一点推出了新的收费方式,大幅降低后续的服务收费,使 Oracle 的市场份额明显下滑,并迫使 Oracle 调低了收费比例。再例如,爱立信等电信设备供应商在欧洲市场销售电信设备时,其价格曲线是阶梯式上升,电信运营商第一次付款只是买到了当前的设备和软件,在使用过程中,还会有各种费用发生,例如买新的功能还要花钱,服务的费用也很高,软件更新也要再付费。如果一个运营商花 400 万欧元购买一套设备,那么在此后 5 年的使用过程中,至少还需要再付出 200 万欧元来购买新功能、软件更新和其他服务。

而华为在欧洲的定价模式则更具竞争力,华为公司的软件升级是免费的,新增功能在一定限度内也不再另外收取费用。这样,电信运营商就可以根据业务需要将很多功能拆出来而不用担心会增加新的成本。华为最开始的价格并不比竞争对手的价格低,但是其一揽子的收费就要便宜很多。

对于电信运营商来说,他们使用华为设备的年限越长就越省钱。这种崭新的定价模式使华为在欧洲打开了一片天地。华为的竞争对手必须修改已有的撇脂定价法,否则必将在华为的新定价模式下受到越来越大的冲击。

企业之间的竞争不仅是产品的竞争,也是定价模式的竞争。企业一方面要善于利用撇脂定价法,在新产品上市之后的一段时期内尽量攫取丰厚的利润,另一方面要及时调整撇脂定价法,以适应竞争对手的步步紧逼。

调整撇脂定价法,不是简单的把价格降下来,而是要与推出新产品相结合,通过丰富产品结构、推出更高性价比的产品的方式积极地调整撇脂定价法。或者把产品和服务打包,在整体上降低客户的购买成本,而不是直接诉诸于低价,以保护自己的盈利能力,就像华为那样。

案例讨论题

1. 苹果公司成功实施撇脂定价法的前提条件是什么?

2. 某些企业和某些行业普遍、长期使用撇脂定价法,请问它适合哪些行业和企业? 对于这些行业和企业来说它是一劳永逸的吗?

3. 华为的定价模式有什么特点? 它给竞争对手带来哪些竞争压力?

第九章 分销渠道策略

产品从生产者到消费者(或用户)的营销过程,是通过一定的渠道实现的。由于生产者同消费者或用户之间存在着时间、地点、数量、品种和所有权等方面的差异和矛盾,生产者只有在适当的时间、适当的地点,以适当的方式把适当价格的产品提供给广大的消费者或用户,才能克服这一矛盾和差异,满足市场需要,实现企业的市场营销目标。分销渠道策略是市场营销组合的四个重要因素之一,选择好分销渠道,是营销工作最重要的决策之一,分销渠道又是决定商品价格的重要因素,直接影响企业的赢利。因此,企业都必须非常重视分销渠道策略,不断研究和调整分销渠道策略。

第一节 分销渠道概述

一、分销渠道的含义与功能

(一)分销渠道的含义

分销渠道又称分配渠道或配销通路,是指某种产品或服务从生产者向消费者(或用户)转移过程中,取得这种产品或服务的所有权或帮助转移其所有权的所有组织或个人,即产品所有权转移过程中所经过的各个环节连接起来形成的通道。

美国著名市场营销学家菲利普·科特勒认为:"分销渠道是指某种货物或劳务从生产者向消费者转移时,取得这种货物或劳务的所有权或帮助转移其所有权的所有企业和个人。因此,分销渠道主要包括商业中间商(因为他们交换所有权)和代理中间商(因为他们帮助转移所有权)。此外,它还包括处于分销渠道的起点和终点的生产者和消费者。"菲利普·科特勒的观点比较清楚地回答了分销渠道这一问题。

在商品经济社会里,产品的价值实现是通过交换过程进行的。产品在其中一般要发生两种形式的运动。一种是作为买卖结果的价值形式的运动,是产品所有权的一次或多次的转移,这是商流。另一种是伴随商流而发生的产品或实体的空间转移,这是物流。但大多数产品的交换并非直接发生在生产者与消费者之间,而是要经过或多或少的中间环节即中间商来进行的,这是社会专业化分工的产物,便于提高营销效率,节约社会劳动。

分销渠道由生产者、消费者和中间商组成,它具有如下特点:

(1)分销渠道的起点是生产者,终点是个人消费者或用户。这反映了某一特定产品价值实现的全过程所经由的通道。

(2)分销渠道是一组线路,其参与者是由商品流通过程中各种类型的组织或个人所组成的。这些组织或个人共同为解决产品价值实现问题而发挥作用,或为共同的利益而结成共生伙伴关系。这些成员通常包括生产者、批发商、代理商、零售商和消费者。其中,各种类型的中间商是分销渠道中最积极、最活跃的因素。

(3)在分销渠道中,产品或服务从生产领域转移到消费领域的前提是所有权的转移,并且所有权至少转移一次。

(4)在分销渠道中,除商品所有权转移方式外,在生产者与消费者之间还隐含其他的物质流动形式,如物流、信息流、货币流等。它们相辅相成,但在时间和空间上并非完全一致。

(二)分销渠道的功能

分销渠道的作用是把产品从生产领域转移到消费领域,通过对这一过程的有效组织,目的在于调和产品、服务与其使用者之间的差异,包括时间差异、地点差异和所有权差异等。分销渠道的主要功能如下:

(1)研究。即收集制定计划和进行交换所必需的信息。

(2)促销。即为了吸引和说服消费者购买产品和服务而进行的沟通活动。

(3)谈判。即达成有关产品的价格和其他条件的最终协议,以实现所有权的转移。

(4)接洽。寻找可能的购买者并与其进行沟通。

(5)融资。收集和分配资金,供分销渠道的不同层次工作的需要。

(6)风险。承担与渠道工作有关的风险。

(7)物流。从事商品实体的运输和储存。

(8)配合。即使所供应的货物符合购买者需要,包括制造、分等、包装等活动。

通过以上功能,分销渠道将为目标顾客提供他们所需要的产品组合。

二、分销渠道的结构类型

分销渠道有各种不同的形式。按其有无中间环节和中间环节的多少,也就是按渠道长度的不同,有四种基本类型。

(一)直接渠道

直接渠道也叫零渠道,指产品不经任何中间环节,直接由生产者供应给消费者。它是一种最简便、最短的渠道。主要形式有上门推销、邮购、电话订购、电视直销、自开门市等。一般来说,生产大型高级消费品或传统小食品的生产企业宜采用这种分销渠道。另外,蔬菜、水果、禽蛋等生鲜农产品也宜采用直接渠道出售给最终消费者。

(二)一层渠道

一层渠道指仅有一个中间机构的渠道。这个中间机构,在消费者市场上通常是零售商,在产业市场上通常是代理商或经纪人。采用这种分销渠道的企业通常生产耐用消费品和高级选购品。

(三)二层渠道

二层渠道指包括两个中间环节的渠道。这两个环节在消费者市场是批发商和零售商,在产业市场则可能是代理商与批发商。这种分销渠道是传统的渠道模式,尤其对于中小企业来说。

(四)三层渠道

三层渠道指包含三个中间环节的渠道。除批发商和零售商外,中间环节应再加一个代理商或一个更大的批发商。有些消费品技术性很强,又需广泛推销时,多采用这种分销渠道。另外,肉类食品及包装类产品的生产企业通常也采用这种渠道。

以上四种类型,是就分销渠道的长度不同而言的,也可概括为直接渠道和间接渠道两大类。直接渠道也称零层渠道,即产品从生产者流向最终消费者或用户的过程中不经过任何中间环节;间接渠道则是在产品从生产者流向消费者或用户过程中经过一层或一层以上的中间环节。消费者市场多采用这种间接渠道。

渠道类型除长度问题外,还有宽度问题。不同层次环节的多少是长短问题,同一层次使用中间商数目的多少是宽窄问题。数目愈多,则渠道愈宽;反之,则愈窄。根据宽度的不同,渠道有三种基本类型:

(1)密集性分销。是指制造商尽可能的通过许多负责任的、适当的批发商及零售商推销其产品,即运用尽可能多的分销点,使渠道尽可能加宽。这种策略可以使产品在更广阔的市场上广泛销售,使消费者随时随地能买到产品。通常,消费品中的便利品和工业品中的标准件或易耗品适于采用这种渠道形式。

(2)选择性分销。即生产企业在某一地区仅通过少数几家经过精心挑选的、比较合适的中间商来经营其产品。这种渠道形式理论上适合于任何产品,尤其是消费品中的选购品、工业品中的零配件更适宜采取选择性分销渠道策略。

(3)独家分销。是指制造商在某一地区只选定一家中间商经销或代销,实行独家经营。独家分销是最极端的形式,通常只对消费品中的特殊品和产业用品中技术要求高、价值高、售后服务要求高的产品。

第二节　中间商

一、中间商的概念及其作用

(一)中间商的概念

中间商是指介于生产者与消费者(或用户)之间,专门从事商品流通活动的经济组织或个人,或者说中间商是生产者向消费者或用户出售产品时的中间环节。

中间商可以从不同角度进行分类,这里主要从两个角度加以区分:一是按是否拥有商品所有权可分为经销商和代理商。经销商是指从事商品交易业务,在商品买卖过程中拥有商品所有权的中间商。代理商是指从事商品交易业务,接受生产企业委托,但不具有商品所有权的中间商。二是按其在商品流通过程中所起的作用不同,又可分为批发商和零售商。

(二)中间商的作用

在现代市场经济条件下,生产者和最终消费者或用户之间存在大量的中间商,是因为生产者和消费者或用户之间客观上存在一些矛盾:

(1)空间分离的矛盾,如生产者集中而消费者分散。

(2)时间分离的矛盾。有些产品是季节性生产常年消费,而有些产品是常年生产季节性消费。

(3)所有权分离。拥有产品所用权的并不消费该产品,而消费该产品的不拥有其所有权。

(4)产品供需数量上的矛盾。大批量生产与小批量购买或零星购买之间的矛盾。

这些矛盾只有通过中间商才能有效解决,因此这些客观矛盾的存在决定了中间商存在的必要性。

利用中间商组织市场营销活动,可以起到以下作用:

(1)减少交易次数,提高工作效率。

(2)节省时间和人力。

(3)降低交易成本,提高经济效益。

二、中间商的类型

批发商和零售商是分销渠道中的重要机构。研究批发商和零售商,将有助于企业进行有效的分销渠道决策。

(一)批发商

1.批发的性质和作用

批发包括一切将产品或服务销售给为了转卖或者商业用途而进行购买的人的活动。从事批发业务的中间商就被称为批发商。

批发商和零售商性质有所不同。首先,批发商不太注重促销、环境和地点,因为他们是与商业顾客而不是最终消费者打交道。其次,批发业务量往往比零售业务量大,覆盖的贸易地区一般也比零售商大。最后,批发商一般集中在大中城市等地区经济中心,数量相对较少且比较集中。

批发商的职能可以概括为购买、销售与促销、分装、仓储、运输、融资、承担风险、提供信息服务和管理咨询服务八个方面,在整个分销渠道中占有重要地位,其作用如下:

(1)批发能卓有成效地为数量众多的零售商提供服务。零售商往往没有能力从制造商那里大批量进货,并且零售商经营的花色品种往往较多,很难一一从制造商进货。批发商因为在从事批发业务上享有规模的经济性,能有效地解决这些问题,并提供融资、运输、储存、信息、货色搭配等方面的服务。

(2)批发商能为制造商完成多方面的职能。制造商的优势在于生产,而对于商品的储存运输、销售以及估计零售商的销售潜力、价格变化、服务需求方面就不占优势。批发商的介入可以有效地解决这些问题。

由此可见,批发商对买卖双方都有重要的作用。在商品流通过程中,批发商的介入可以简化流通过程、降低流通费用,提高流通效率,起到调节市场供求的蓄水池作用。

2.批发商的主要类型

批发商主要有三种类型,即商人批发商、经纪人和代理商、制造商及零售商的分店和办事处。

1)商人批发商

商人批发商也叫独立批发商,指自己进货,取得商品所有权后再批发出售的商业企业。

商人批发商是批发商的主要类型。

商人批发商按职能和提供的服务是否完全来分类,又可分为以下两种类型:

(1)完全服务批发商。这类批发商执行批发商的全部职能,他们提供的服务主要有保持存货、雇用固定的销售人员、提供存货、送货和协助管理等。他们又分为批发商人和工业分销商两种。批发商人主要是向零售商销售,工业分销商向制造商销售。

(2)有限服务批发商。这类批发商为了减少成本费用、降低批发价格,只执行一部分服务。它们又可分为以下六种类型:

①现购自运批发商。它不赊销,也不送货,顾客要自备货车在批发商的仓库选购货物,当时付清货款,自己把货物运回。现购自运批发商经营食品杂货,其顾客主要是小食品、杂货商、饭馆等。

②承销批发商。他们拿到顾客的订货单,就向制造商、矿商等生产者进货,并通知生产者将货物直运给顾客。所以,承销批发商不需要有仓库和商品库存,只要有一间办公室或营业所就行了,因而又叫写字台批发商。

③卡车批发商。他们从生产者那里把货物装上卡车后,立即运送给各零售商店、饭馆、旅馆等顾客。卡车批发商主要经营易腐商品,一接到顾客要货的通知就立即送货上门,执行推销员和送货员的职能。

④托售批发商。他们在超级市场和其他食品杂货商店设置自己的货架,展销其经营的商品,商品卖出后,零售商才付给货款。主要经营家用器皿、化妆品、玩具等。

⑤邮购批发商。全部业务均采取邮购方式。

⑥农场主合作社。为若干个农场主共同所有,负责将农产品组织运到市场上销售、促销,所得利润年终分配给各农场主。

2)经纪人和代理商

代理商是指为委托人服务的批发机构。他们不拥有商品的所有权,只代表委托人与对方洽商,主要功能是促进买卖。产品销售后,按销售量由委托方给付一定的佣金。代理商的优势是熟悉行情,有专业知识,推销努力且收费较低。代理商主要有以下类型:

(1)制造商的代理商。也称为制造商代表,受制造商委托,在一定区域内出售制造商产品。通常,制造商在特定区域可以同时利用几个这类代理商销售产品,代理商也可代理几个制造商的产品,但经营的产品应是相互关联的而不是相互竞争的。这种代理商主要起着补充制造商推销人员的作用。

(2)销售代理商。销售代理商是在签订合同的基础上,为委托人销售某些特定商品或全部商品的代理商,他们不受地区限制,并对定价、销售条件、广告、产品设计等有权处理。这种代理商在纺织、木材、某些金属产品、服装业及部分食品业中常见。每一个制造商只能对全部产品或某一个产品类别使用一个销售代理商,而不得再委托其他代理商代销产品,也不能再雇用推销员去推销。销售代理商则不受地区限制,同时在定价及其他销售条件方面有较大的权力。可见,销售代理商并不像制造商的代理商那样只起补充作用,事实上他是委托人的独家全权销售代理。

(3)采购代理商。采购代理商一般与顾客有长期关系,代他们采购,负责收货、验货、储存并将货物运交买主。采购代理商消息灵通,可向客户提供有用的市场信息,并能以最低的价格买到最好的货物。

(4)佣金商。又称佣金行，是指对商品实体具有控制力，并参与商品销售协商的代理商。大多数佣金商从事农产品代销业务，与委托人之间一般没有长期关系。他们用卡车将农副产品运送到中心市场，以最好的价格出售，然后扣除佣金和各项开支，将余款汇给委托人。

(5)还有一种类似于代理商的经纪人。经纪人对产品没有所有权，也不参与融资或其他风险。经纪人的作用是为买卖双方牵线搭桥，协助他们进行谈判，促成交易。交易完成后，由委托方付给佣金。

3)制造商及零售商的分店和办事处

批发的第三种形式是由买方或卖方自行经营批发业务，而不通过独立的批发商进行。这种批发业务有两种类型：

(1)销售分店和销售办事处。生产者往往设立自己的销售分店和销售办事处，以改进其存货控制、销售和促销业务。销售分店持有自己的存货，多在木材和自动设备零件等行业中经营。销售分店不持有存货，在织物制品和针线杂货业最为突出。

(2)采购办事处。许多零售商在大城市设立采购办事处。这些办事处的作用类似于经纪人或代理商，但属于买方组织的一个组成部分。

(二)零售商

零售包括所有向最终消费者直接销售商品和服务，以供其作个人及非商业性用途的活动。从事这一活动的中间商就叫零售商。零售商是商业流通的最终环节，它们为最终消费者提供服务，将购入的产品拆零出售。

零售商数量庞大，分布广泛，类型繁多，新组织形式层出不穷。通常，我们把它们分为三种类型。

1. 商店零售商

商店零售商又分为若干种类型：

(1)专用品商店。专用品商店经营的产品线较为狭窄，但产品的花色品种较为齐全。例如，服装店、体育用品商店、家具店、花店和书店均属于专用品商店。根据产品线的狭窄程度，可将专用品商店再分类：单一产品线商店，如服装店；有限产品线商店，如男装店；超专用品商店，如男士定制衬衫店。专用品商店能有效地满足特定目标市场的需要。

(2)百货商店。百货商店经营的产品种类很多，商店按产品类别布局和管理，一般都设在城市的闹市区，规模较大，装修考究，能为顾客提供完善的服务，能满足顾客在同一店内选购多种商品的需要。

(3)超级市场。超级市场是规模相当大、成本低、毛利低、销售量大的自我服务的经营机构，主要经营各种食品和家庭日常用品。现在，这种经营方式已广泛扩展到其他行业中去了，尤其是在药品、家庭装饰品、玩具、体育用品、图书和计算机软件等行业。

(4)方便商店。方便商店与超级市场经营的商品类似，也是以经营食品为主，但经营种类有限，商店较小，价格比较高。购买时迅速方便，以及营业时间长是它们的主要特点。

(5)超级商店、联合商店和特级商场。超级商店比传统的超级市场更大，主要销售各种食品和非仪器类日用品。它们通常提供洗衣、修鞋、支票付现、代付账单和廉价午餐等项服务。联合商店的面积比超级市场和超级商店更大，呈现一种经营多元化的趋势，主要向医药和处方药领域发展。特级商场比联合商店还要大，综合了超级市场、折扣商店和仓储零售的经营方针，其花色品种超出了日常用品，包括家具、家用器具、服装和其他许多品种。其基本方法是原装商品陈列，尽量减少商店人员搬运，同时向自我服务的顾客提供折扣。

(6)折扣商店。折扣商店不是指那些有时削价出售商品的商店，也不是指那些低价出售劣质品的商店，一个真正的折扣商店具有如下特征：以低价销售知名品牌的商品，实行自我服务，设备简单实用，商店一般设在租金低的地段。正因如此，折扣商店以低成本保证了低价格，以低价格赢得了较大的销售量和较快的资金周转。

(7)仓储商店。是类似仓库的零售商店。这种商店布置简陋，设在低租金区，场地也多是由仓库改建而成的，经营品种多，规模大，是一种典型的薄利多销的零售方式。仓储商店还实行会员制，作为基本的销售和服务方式；利用先进的计算机管理系统提高管理水平。

【案例】

在深圳，率先吹响仓储式销售进军号角的是百姓购物俱乐部，他们从1994年7月份开始筹资金、找地皮、招员工……争分夺秒地筹建首家仓储式销售中心。据百姓购物俱乐部负责人介绍，该俱乐部将在市区内首先建1家仓储式商场，在此基础上滚动发展，逐步把仓库延伸到宝安、龙岗等区，在深圳开设5间连锁门市。到1995年初，在上海、北京、武汉、广州等地陆续设立连锁分部，下设分店。可见，其经营方针是在各地遍设连锁店，以薄利多销获得规模效益。

百姓购物俱乐部仓储式商场销售的商品是一般零售商品中销量较多的食品、饮料、糖果、洗涤用品、文具、小衣物等。而且这些商品都是质量优良，群众喜爱的名优产品。销售方式采取大包装批发给集团、小商店和普通居民，而销售对象则采用会员制(集团、个人均可)，会员可获得一定幅度的优惠，亦可享受免费或优惠送货上门服务。

深圳经济特区发展公司也紧锣密鼓地筹建这类仓储式商场。该公司将与泰国正大集团合作，在香蜜湖北侧兴建1个仓储式超级批发市场，与百姓购物俱乐部形成"东呼西应"之势。仓储式销售于20世纪60年代源于荷兰，近年来逐渐蔓延到美国、台湾、香港等地。1993年年初，香港兴起首家仓储式销售中心Grand Mart，不足1年时间，这家商号的销售额就已突破2亿港元，且每月递增15%，势头极猛。1992年以此种方式经营的美国最大商家"价格俱乐部(Price club)"年销售额为80亿美元，销售额以25%的增长率逐年递增。

(资源来源：第一营销网)

(8)样品目录陈列室。这类商店将产品目录推销和折扣原则用于品种繁多、加成高、周转快的品牌商品。商品包括珠宝首饰、动力工具、提包、照相器材。这些商店已经成为零售业的最热门形式之一，甚至对传统的折扣商店形成威胁。产品陈列室推销店散发彩色印刷的目录，每本长达数百页，此外还增发季节性的小型增补版，上面标有每一项商品的定价和折扣价。顾客可用电话订货，并支付运费，或开车去陈列室看样选购。

2. 非商店零售商

非商店零售商是一种不设店堂的零售商类型。非商店零售在近年来得到迅速发展，一些发达国家的社会商品零售额中，有三分之一通过非商店渠道实现。

非商店零售商主要有下列分类。

1）直复市场营销

直复市场营销是经营者使用一种或多种广告媒体的交互作用，以求在一定地区范围产生积极反应，达到交易目的的市场营销体系。经营者选择可获最大订货量的媒体作广告介绍商品，顾客可用函电或电话订货，经营者组织送货或邮寄交货。目前，运用较多的形式有以下几种：

(1)商品目录直销。邮寄目录单的零售商，既有货色齐全的百货公司，也有专卖店。一些大公司也设有目录直销业务部。如施乐公司的儿童图书直销部，雅芳公司的化妆品直销部等。但是，大多数商品目录出自众多的专用品目录直销店，它们一般经营非常有吸引力的商品种类，并用四色图表将其展现出来。目录直销店不仅通过邮寄售货，而且提供信用卡和24小时免费电话服务。邮寄目录售货的成功，很大程度上依赖公司管理邮件和顾客名单以及控制存货的能力，并借此树立起以优质的服务供货、使顾客获得最大利益的企业形象。其主要措施包括发送货物样品、开辟特别热线回答问题、向最佳顾客赠送礼品、捐赠部分利润给公益事业。许多成功的目录直销店通过多种渠道吸引新老顾客与之交易，打开了零售销路；另一些目录直销店正试图通过电视图像把商品目录表现给最佳目标客户。这种零售商目前在我国尚不多见。

(2)邮寄直销。一些直销商寄出邮件、传单、文件、录音带、录像带甚至电脑磁盘。一家健身设备公司的邮寄录像则展示了健身器材的使用方法和优点。福特公司寄送一种叫做驾驶练习的磁盘，借助计算机进一步向顾客展示广告上的有关问题，其内容包括特别技术指导、颇具吸引力的汽车图片以及一些常见问题的答案等。通常，邮寄直销人员希望卖出产品和服务，收集并筛选各种信息，为企业销售部提供指南，传递有商业价值的新闻，用礼品回报忠诚的客户。邮寄名单可以从公司编辑的顾客档案中选取，也可通过邮寄经纪人得到。

许多特殊类别的顾客（如巨富、汽车旅馆主、古典音乐爱好者等）的信息都可以从邮寄经纪人那里得到。典型的做法是，直销人员从潜在顾客清单中抽样，看邮件回收率是否足够高。因为邮寄直销具有较高的目标市场选择性，体现厂商个性，且灵活多样，并能事先试验事后检验，所以日益流行。邮寄直销在促销图书、杂志、保险等方面被证明是成功的。在销售小说、礼品、服装、精美食品、工业品等方面也起到越来越大的作用。此外，邮寄直销还被慈善机构广泛采用。

(3)电话直销。20世纪60年代以来，随着双向大范围电话服务的发展，电话直销也在北美发展起来。通过内向电话服务，顾客可从多种渠道（如印刷品广告、广播广告、邮件广告或商品目录等）获得信息，还可以通过销售人员提供的免费号码订货，也可以打电话发牢骚、提建议。通过外向电话服务，销售人员可以直接与消费者或厂商达成交易，引导购买，或服务当前顾客。有关资料表明，每户居民平均每年收到19个推销电话，其中16次达成购买。一些公司引进了完全自动化的电话直销系统，来接受发自顾客的指令。电话直销在生产者市场和消费者市场上的应用迅速普及。

(4)电视直销。电视直销有两种方式。第一种是直复广告，直销商发出电视图像，通常是60 s或者100 s,颇具说服力地描述一种产品,并给出一个免费电话号码让顾客订货。直复广告对于杂志、书籍、小器具、磁带等物品的促销效果明显。另一种方式是居家购物。一些电视节目或整个电视频道都用于销售产品和服务,比较著名的有线电视服务机构是加拿大居家购物俱乐部(Canadian Home Shoppers Club, CHSC),其导购节目专门提供首饰、灯具、小玩具、服装、电力工具、家用电脑等多种商品的最低销售价,观众可以拨通免费电话订购货品,公司接线员将把订货指令直接输入计算机,货品在48 小时内保证送到。

(5)电脑购物。电脑购物有两种方式。第一种方式是双向视频购物系统,借助电缆或电话线,一端连接顾客的电话,另一端是连通卖方的计算机数据库。视频购物系统包括生产者、零售商银行、旅行社等提供的电脑化的产品目录。消费者只要拥有一台装有键盘的普通电视,就可通过双向电缆与卖方接通。第二种方式是应用个人电脑购物,如在当地或国内向零售商订货、与当地银行交往、预订航班、租用汽车、获得头条新闻或电影评论等。电脑购物的使用者数量还相当小,但随着更多的顾客安装有线电视和个人电脑日益普及,电脑购物将得到更加迅速的发展。

(6)电子购货机。一些公司设计了顾客购货存储机(不同于自动售货机),将其放于商店、机场或其他场所。例如,福禄恒(Flortheim)鞋业公司在它的许多店铺放置了该机,顾客输入想要的鞋的型号(装饰或运动)、颜色、尺码,符合要求的福禄恒鞋的图片将展现在屏幕上。如果店内没有某些特殊的鞋,顾客可以拨通身边的电话,告诉对方信用卡号码及鞋应被送到什么地方。另一种应用是机场的电话售货屏,它通过文字向旅行者描述各种商品,例如实业界礼品、幼儿礼品、烈酒等。游客可以触摸屏幕,表明他感兴趣的商品项目,比方说游客喜欢某品牌的旅行包,屏幕上会显示该包的优点。如果他想买,可以再次触摸屏幕表明他是否想把货物包装好,并附上姓名,第二天送货还是指定日期,当屏幕亭电铃响起,她将信用卡放入送卡机,这便完成了交易,货物将被寄到指定地点。

2)直接销售

直接销售主要有挨门挨户推销、逐个办公室推销和举办家庭销售会等形式。推销人员可以直接到顾客家中或办公室进行销售,也可以邀请几位朋友和邻居到某人家中聚会,在那里展示并销售产品。直接销售成本高昂(销售人员的佣金为20% ~50%),而且还需支付雇用、训练、管理和激励销售人员的费用。由于越来越多的妇女在白天要上班工作,直接销售这一方法的前途一时难以断定。

3)自动售货

使用硬币控制的机器自动售货是第二次世界大战后出现的一个主要的发展领域。自动售货已经被用在相当多的产品上,包括经常购买的产品(如香烟、软饮料、糖果、报纸和热饮料等)和其他产品(袜子、化妆品、点心、热汤和食品、书、唱片、胶卷、T 恤、保险和鞋油等)。售货机被广泛安置在工厂、办公室、大型零售商店、加油站、街道等地方。自动售货机向顾客提供24 小时售货、自我服务和无需搬运产品等便利条件。由于要经常给相当分散的机器补充存货、机器常遭破坏、失窃率高等原因,自动售货的成本很高,因此其销售产品的价格比一般水平要高15% ~20%。对顾客来说,机器损坏、库存告罄以及无法退货等问题也是非常令人头痛的。自动售货机提供的服务越来越多,如桌上弹珠机、吃角子老虎(一种赌具)、投币式自动电唱机和新型电脑游戏机。银行也广泛地使用自动出纳机这种高度专业化的机器，它可以为银行顾客提供24小时开支票、存款、提款和资金转账等项服务。

4）购物服务公司

购物服务公司是不设店堂的零售商，专为某些特定顾客，通常是为学校、医院、工会和政府机关等大型组织的雇员提供服务。这些组织的雇员可成为购物服务公司的会员，他们被授权从一批经过挑选的、愿意向这些成员以折扣价售货的零售商那里购货。例如，有一位顾客想买一台录像机，就可以从购物服务公司领一种表格，拿到经过批准的零售商那里以折扣价购买。然后，该零售商要向购物服务公司付一小笔费用。

3. 零售组织

1）连锁商店

连锁商店是20世纪零售业最重要的发展。它又有公司连锁和自由连锁两种主要形式。

公司连锁又称一般连锁，是在共同所有和共同管理之下，分设两个或两个以上统一店名的商店组织形式。其管理制度实行标准化和统一化，组织中各家分店集中采购和销售，在定价、促销以及售货方法上都有统一规定，甚至连建筑风格都相似，以便统一形象。连销店作为一种团体零售形式，由于各分店统一管理，可以扩大销售量、扩大影响，从而形成一种规模的经济性，比起独立商店，享有价格优势。

自由连锁是一些中小零售商在自愿原则下组织起来的，目的是与大商店和公司连锁展开竞争。自由连锁可以由某一个批发商发起，若干个零售商参加，从事大规模购买和统一销售。也可以由若干个零售商自己组织起来，成立一个采购中心，并联合开展销售活动。

连锁商店一般都具有联合购买、统一进货、分散销售的特点。大量采购可以享受价格折扣，并能降低运输成本。连锁商店在市场预测、定价和促销等方面都有较先进的管理方法，各分店还有某种程度的灵活性，这些都保证了其能较好地应付竞争。目前，连锁商店在我国各大中城市正蓬勃发展。

2）特许经营组织

特许经营组织是在特许人（制造商、批发商或服务机构）和特许经营者（独立商人）之间的契约式联合。特许经营组织的基础一般是独特的产品、服务或独特的生产方式、商标、专利或是特许人已树立的良好声誉。

特许经营组织的最大好处是特许人不需自己开设零售店就可以大量销售自己的产品和劳务，特许经营者可以用小本钱做大生意，因而这种组织近来发展十分迅速。

3）消费者合作社

消费者合作社是一种由消费者自身所拥有的零售公司。它发起于英国，盛行于西欧。主要是低收入阶层和政府公务人员，自己入股或由组织出面建立的。目的是为了减少商业经营环节不必要的加价，以较低的价格供应社团成员所需的日用品。消费者合作社不以盈利为目的，但要求保持收支平衡或略有节余，节余部分根据每人购货的多少年终给予惠顾红利。消费者合作社还兼有保护消费者利益、抵制不法或不合理商业行为的功能。

4）协同营业百货商店

有些国家的生产者自己不经营零售业务，而在适当的地点建造高层建筑或宽阔市场，专供小零售商租用，各个零售商协同营业，起到了百货公司的作用，但各小零售商彼此独立。这种零售方式品种齐全，各有特色，服务热情，颇受消费者欢迎。

第三节　分销渠道的设计与管理

一、影响分销渠道设计的因素

分销渠道类型的选择，即决定渠道的长度和宽度问题，是渠道决策中的一个重要内容，对企业营销的成败关系甚大。渠道的长短宽窄是不能随心所欲的，它受多种因素的制约。影响渠道类型选择的主要因素如下。

（一）市场因素

市场因素直接影响产品销售，因此它是影响分销渠道设计的重要因素之一。市场因素主要涉及目标市场范围、顾客集中程度、顾客购买习惯、购买频率、需求的季节性、购买行为以及市场竞争状况。

（二）产品因素

产品因素对分销渠道的选择起很大的影响作用。

产品价格、产品体积与重量、产品时尚性、产品的易腐易毁性、产品的技术与服务要求、产品的标准化程度、产品的市场生命周期等因素均会影响企业的分销渠道决策。

（三）企业自身因素

企业规模和实力、企业的声誉及提供服务的能力、管理能力、控制渠道的愿望等因素会影响分销渠道决策。

（四）中间商因素

设计渠道时，还必须考虑执行不同任务的中间商的优缺点。一般来讲，中间商在执行运输、广告、储运及接纳顾客等职能方面，以及在信用条件、退货特权、人员训练和送货频率等方面，都有不同的特点和要求。

（五）竞争特性

生产企业的渠道设计，还受到竞争者所使用的渠道的影响，因为某些行业的生产者希望在与竞争者相同或相近的经销处和竞争者的产品相抗衡。例如，食品生产企业就希望其品牌和竞争者品牌摆放在一起销售，有时竞争者所使用的分销渠道反而成为生产者所避免使用的渠道。

（六）国家有关的政策、法律法规

国家有关的政策、法律法规对渠道模式的选择也有重要影响。企业在选择分销渠道时，要严格遵守国家的有关政策、法律法规，使用合法的中间商，采用合法的销售手段。

以上是企业在选择分销渠道模式时应考虑的几个主要因素，除此外，还应考虑宏观经济环境特征的情况，当经济繁荣、需求上升时，生产者会考虑增加环节和网点，使用长而宽的渠道；当经济萧条时，企业则减少流通环节，以降低成本。

二、分销渠道的设计

渠道设计问题可以从决策理论的角度加以探讨。一般来讲,要想设计一个有效的渠道系统,必须经过确定渠道目标与限制、明确各种渠道交替方案、评估各种可能的渠道交替方案等步骤。

(一)确定渠道目标与限制

渠道设计问题的中心环节,是确定到达目标市场的最佳途径。每一个生产者都必须在顾客、产品、中间商、竞争者、企业政策和环境等所形成的限制条件下,确定其渠道目标。所谓渠道目标,是指企业预期达到的顾客服务水平以及中间商应执行的职能等。

(二)明确各种渠道交替方案

在确定了渠道的目标与限制以后,渠道设计的下一步工作就是明确各主要渠道的交替方案。渠道的交替方案主要涉及两个基本问题:一个是中间商类型与数目,二是渠道成员的特定任务。

(三)评估各种可能的渠道交替方案

每一渠道交替方案都是企业产品送达最后顾客的可能路线。生产者要解决的问题,就是从那些看起来似乎很合理但又相互排斥的交替方案中选择最能满足企业长期目标的一种。因此,企业必须对各种可能的渠道交替方案进行评估。评估标准有三个,即经济性、控制性和适应性。

1. 经济性标准

在这三项标准中,经济性标准最为重要。因为企业是追求利润而不是追求渠道的控制性与适应性。经济分析可用许多企业经常遇到的一个决策问题来说明,即企业应使用自已的推销力量还是应使用制造商的销售代理商。

假设某企业希望其产品在某一地区取得大批零售商的支持,现有两种方案可供选择:一是向该地区的营业处派出 10 名销售人员,除付给他们基本工资外,还采取根据推销成绩付给佣金的鼓励措施;二是利用该地区制造商的销售代理商(该代理商已和零售店建立起密切的联系),并可派出 30 名推销员,推销员的报酬按佣金制支付。这两种方案可导致不同的销售收入和成本。判别一个方案好坏的标准,不应是其能否导致较高的销售额和较低的成本费用,而是能否取得最大利润。一般来说,利用销售代理商的固定成本较企业自销的成本低,但是当销售额增长超过一定水平时,用销售代理商所费的成本则愈来愈高,原因是销售代理商的佣金率比企业推销员高,如图 9-1 所示。图上的 S_B 点代表两条渠道成本相同时的销售额。当销售水平低于 S_B 时,使用销售代理商合算,当销售水平高于 S_B 时则企业自销有利。一般来说,小企业以及在较小地区从事经营活动的大企业,最好利用代理商推销产品,当销售额达到一定水平后,则宜于自销。

2. 控制性标准

使用销售代理商无疑会增加控制上的问题,自销当然比利用销售代理商更有利。一个不容忽视的事实是,代理商是一个独立的企业,它所关心的是自己如何取得最大利润,而不是某个企业的产品。它可能不愿与相邻地区同一委托人的代理商合作。它可能只注重访问那些与其推销产品有关的顾客,而忽略对委托人很重要的顾客。代理商的推销员可能无心去了解与委托人产品相关的技术细节,也很难正确认真对待委托人的促销资料。

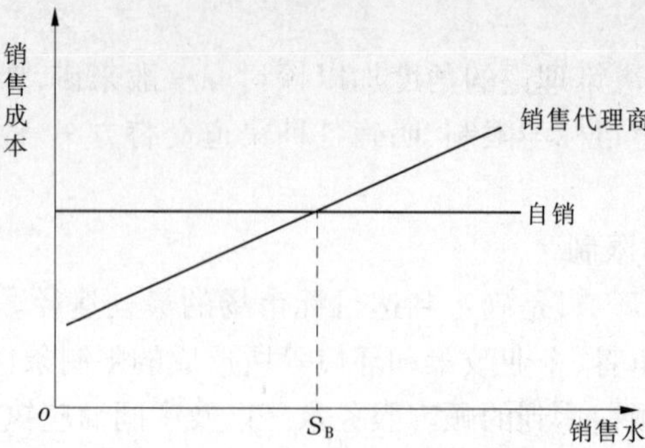

图9-1　销售代理商与自销比较

3. 适应性标准

在评估各渠道选择方案时,还有一项需要考虑的标准,那就是生产者是否具有适应环境变化的能力,即渠道必须能对不断变化的环境有较强的应变力。每个渠道方案都会因某些固定期间的承诺而失去弹性。当某一制造商决定利用销售代理商推销产品时,可能要签订5年的合同。这段时间内,即使采用其他销售方式会更有效,但制造商也不得任意取消销售代理商。所以,一个涉及长期承诺的渠道方案,只有在经济性和控制性方面都很优越的条件下,才可予以考虑。

三、分销渠道的管理

在设计好渠道后,企业还要对渠道进行管理。渠道管理包括选择渠道成员、激励渠道成员和评估渠道成员。

(一)选择渠道成员

生产者在招募中间商时,常处于两种极端情况之间。一是生产者毫不费力地找到特定的商店并使之加入渠道系统。它之所以能吸引经销商前来加入渠道系统,可能是因为它很有声望,也可能是因为它的产品能赚钱。在某些情况下,独家分销或选择分销的特权也会吸引大量中间商加入其渠道。对于那些毫不费力地得到所需数目的中间商的生产者来讲,他所做的工作只是选择适当中间商而已。二是生产者必须费尽心思才能找到期望数量的中间商。例如,某一清凉饮料的生产者好不容易在食品商店找到合适的陈列位置。生产者必须研究中间商如何作购买决策,尤其是在他们制定决策时,对毛利、广告与销售促进、退货保证等的重视程度。此外,生产者还必须开发一些能使中间商赚大钱的产品。

不论生产者遇到上述哪一种情况,它都须明确中间商的优劣特性。一般来讲,生产者要评估中间商经营时间的长短及其成长记录、清偿能力、合作态度、声望等。当中间商是销售代理商时,生产者还须评估其经销的其他产品大类的数量与性质、推销人员的素质与数量。当中间商打算授予某家百货公司独家分销时,生产者尚须评估商店的位置、未来发展潜力以及经常光顾的顾客类型。制造商对中间商的吸引力,取决于制造商本身的声誉好坏和产品销路的大小。有些企业很容易找到合适的中间商,有些企业则很困难。不论遇到哪种情况,企业都必须明确中间商的优劣。一般来讲,生产者要评估中间商历史的长短、成长记录、清偿能力、合作精神、声誉；对于销售代理商，还要评估其经销的其他产品大类的数量与性质、推销人员的素质和数量；对于独家分销商，则要评估商店的位置、未来发展潜力及经常光顾的顾客类型。

（二）激励渠道成员

生产者不仅要选择中间商，而且要经常激励中间商使之尽职。促使中间商进入渠道的因素和条件已构成部分的激励因素，但仍需生产者不断地监督、指导与鼓励。

中间商与制造商所处的地位不同，考虑问题的角度不同，必然会产生矛盾。如何处理好产销矛盾，是一个经常存在的问题。制造商要善于从对方的角度考虑问题，要知道中间商不是受雇于自己，而是一个独立的经营者，有他自己的目标、利益和策略。中间商首先是顾客的采购代理，然后才是制造商的销售代理，只有顾客愿意购买的产品，中间商才有兴趣经营。中间商一般不会对各品牌分别作销售记录，有些原始资料也不一定注意保存，除非给予特别的奖励。因此，制造商要规定一些考核和奖罚办法，对中间商的工作及时考核，奖优惩劣。对经营效果好的，应争取建立长期合作关系，或派专人驻店协助推销并收集信息。

1. 制造商对中间商的批评

激励渠道成员使其具有良好表现，必须从了解各个中间商的心理状态与行为特征入手。许多中间商常受到如下批评：

（1）不能重视某些特定品牌的销售。

（2）缺乏产品知识。

（3）不认真使用供应商的广告资料。

（4）忽略了某些顾客。

（5）不能准确地保存销售记录，甚至有时遗漏品牌名称。

2. 从中间商的角度看生产者的批评

生产者所批评的上述缺点，如果从中间商的角度看，可能很容易理解：

（1）中间商是一个独立的市场营销机构，他逐渐形成了以实现自己目标为最高职能的一套行之有效的方法，并且能自由制定政策而不受他人干涉。

（2）中间商主要执行顾客购买代理商的职能，其次才是执行供应商销售代理商的职能，他卖得起劲的产品都是顾客愿意购买的产品，不一定是生产者叫他卖的产品。

（3）中间商总是努力将他所供应的所有产品进行货色搭配，然后卖给顾客，其销售目标是取得一整套货色搭配的订单，而不是单一货色的订单。

（4）生产者若不给中间商特别奖励，中间商绝不会保存所销售的各种品牌的记录。而那些有关产品开发、定价、包装和激励规划的有用信息，常常是保留在中间商很不系统、很不标准、很不准确的记录中，有时甚至故意对供应商隐瞒不报。

尽管以上四个论点很简单，但确与以往观点不同。激励的首要步骤，就是站在别人立场上了解现状，设身处地为别人着想，而不应仅从自己的观点出发看问题。

3. 激励过分与激励不足

生产者必须尽量避免激励过分与激励不足两种情况。当生产者给予中间商的优惠条件超过他取得合作所需提供的条件时，就会出现激励过分的情况，其结果是销售量提高，而利润量下降。当生产者给予中间商的条件过于苛刻,以致不能激励中间商的努力时,则会出现激励不足的情况,其结果是销售降低,利润减少。所以,生产者必须确定应花费多少力量,以及花费何种力量来鼓励中间商。很多企业采取胡萝卜加大棒政策。一方面利用高利润、特殊优惠、促销折让、销售竞赛等积极手段激励中间商,另一方面对表现不佳的中间商采取减少利润、推迟装运甚至终止合作关系等消极手段予以惩罚。这种方法的缺点在于,生产者处理问题过于简单,没能认真研究经销商的需要、困难及优缺点,自然难以收到预期的效果。

一般来讲,对中间商的基本激励水平,应以交易关系组合为基础。如果对中间商仍激励不足,则生产者可采取两条措施:

(1)提高中间商可得的毛利率,放宽信用条件,或改变交易关系组合,使之更有利于中间商。

(2)采取人为的方法来刺激中间商,使之付出更大努力,例如可以挑剔他们,迫使他们创造有效的销售业绩,举办中间商销售竞赛,加强对最后顾客与中间商的广告活动等。

不论上述方法是否与真正交易关系组合有直接或间接关系,生产者都必须小心观察中间商如何从自身利益出发来看待、理解这些措施,因为在渠道关系中存在着许多潜伏的矛盾点,拥有控制权的制造商很容易无意识地伤害到中间商的利益。

4. 生产者与经销商的关系

生产者在处理他与经销商的关系时,常依不同情况而采取三种方法:合作、合伙和分销规划。

(1)合作。不少生产者认为,激励的目的不过是设法取得独立中间商、不忠诚的中间商或懈怠懒惰的中间商的合作。他们多利用高利润、奖赏、津贴、销售比赛等积极手段激励中间商。如果这些不能奏效,他们就采取一些消极的惩罚手段,例如威胁减少中间商的利润,减少为他们所提供的服务,甚至终止双方关系等。这些方法的根本问题,是生产者从未认真研究过经销商的需要、困难及其优缺点;相反,他们只依靠草率地刺激-反应式的思考,把很多繁杂的手段拼凑起来而已。

(2)合伙。一些老于世故的企业往往试图与经销商建立长期合伙关系。这就要求制造商必须深入了解他能从经销商那里得到些什么,以及经销商可从制造商那里获得些什么,这些都可用市场涵盖程度、产品可得性、市场开发、寻找顾客、技术方法与服务、市场信息等各种因素来衡量。制造商希望经销商能同意上述有关政策,并根据其遵守程度的具体情况确定付酬办法。例如,某企业不直接付给经销商25%的销售佣金,而是按下列标准支付:如保持适当的存货,则付5%;如能达到销售配额,则再付给5%;如能有效地为顾客服务,则再付5%;如能及时报告最终顾客的购买水平,则再付5%;如能对应收账款进行适当管理,则再付5%。

(3)分销规划。是制造商与经销商可能进一步发展的一种更密切的关系。它是一种把制造商和经销商的需要融为一体的、有计划的、实行专业化管理的垂直市场营销系统。制造商可在其市场营销部门中设立一个分部,专门负责规划同经销商间的关系,其任务主要是了解经销商的需要和问题,并作出经营规划以帮助经销商实现最佳经营。双方可共同确定交易目标、存货水平、商品陈列计划、培训计划以及广告和营业推广方案等。

总之,企业对中间商应当贯彻“利益均沾,风险分担”的原则,尽力使中间商与自己站在同一卖方立场,作为分销渠道的成员来考虑问题,而不要使他们站在对立的买方立场。这样,就可以减少与缓和产销之间的矛盾,双方密切协作,提高渠道效率。

(三)评估渠道成员

渠道管理的最后一项工作是对渠道成员的评估。每隔一段时间,制造商就必须考查中间商的配额完成情况、平均库存水平、装运时间、受损货物处理情况、促销合作及为顾客提供服务的情况等。对绩效好的渠道成员要给予适当奖励。而对绩效低于既定标准的渠道成员,则需找出主要原因,并采取适当的补救措施,同时限期改进,否则就要取消它。

1. 契约约束与销售配额

如果一开始生产者与中间商就签订了有关绩效标准与奖惩条件的契约,就可避免种种不愉快。在契约中应明确经销商的责任,如销售强度、绩效与覆盖率、平均存货水平、送货时间、次品与遗失品的处理方法、对企业促销与训练方案的合作程度、中间商必须提供的顾客服务等。除针对中间商绩效责任签订契约外,生产者还应定期发布销售配额,以确定目前的预期绩效。生产者可以在一定时期内列出各中间商的销售额,并依销售额大小排出先后名次。这样可促使后进中间商为了自己的荣誉而奋力上进;也可促使先进的中间商努力保持已有的荣誉,百尺竿头,更进一步。

需要注意的是,在排列名次时,不仅要看各中间商销售水平的绝对值,而且要考虑到它们各自面临的各种不同的环境变化,考虑生产者的产品大类在各中间商的全部产品组合中的相对重要程度。

2. 测量中间商绩效的主要方法

测量中间商的绩效主要有两种方法可供使用:

(1)将每一中间商的销售绩效与上期的绩效进行比较,并以整个群体的升降百分比作为评价标准。对低于该群体平均水平的中间商,必须加强评估与激励措施。如果对后进中间商的环境因素加以调查,可能会发现一些可原谅因素,如当地经济衰退、某些顾客不可避免地失去、主力推销员的丧失或退休等。其中某些因素可在下一期弥补过来。这样,制造商就不应因这些因素而对经销商采取任何惩罚措施。

(2)将各中间商的绩效与该地区基于销售潜量分析所设立的配额相比较。即在销售期过后,根据中间商的实际销售额与其潜在销售额的比率,将各中间商按先后名次进行排列。这样,企业的调整与激励措施可以集中用于那些未达既定比率的中间商。

四、渠道系统策略

渠道系统指一个联系紧密、彼此统一的组织网络,在这个网络系统中,各成员为了共同的经济利益而采取不同程度(纵向或横向)的一体化经营或联合经营。渠道系统是相对于传统渠道而言的。在这个系统中,各渠道成员彼此联系紧密、相互协调、分工协作,能够避免重复经营,并可能实现规模经济,提高整个渠道的竞争能力。

(一)传统渠道与渠道系统

传统的分销渠道是由独立的制造商、批发商和零售商组成的,每个成员都是一个独立的经济实体,各自追求自己利润的最大化,而不考虑整个渠道的利益。所以传统渠道是一个高度分散的网络，在这个网络中，关系彼此疏远的成员为了各自的利益讨价还价，各行其是。由于在传统渠道中，渠道成员之间高度分离，各行其是，这无疑降低了整个渠道的效率。随着竞争的加剧，商业趋于集中和垄断，渠道系统便应运而生。

（二）垂直市场营销系统

垂直市场营销系统是近年来渠道领域最具意义的发展之一，它的出现是对传统渠道的挑战。垂直市场营销系统是由制造商、批发商和零售商组成的统一整体，各渠道成员协调行动，其中一个实力最强的渠道成员拥有或控制其他渠道成员。垂直市场营销系统能够控制渠道行为，消除各渠道成员为追求各自利益而造成的冲突，主要有三种类型。

1. 公司系统

公司系统是指一家公司拥有和统一管理若干工厂、批发机构、零售机构等，控制市场营销渠道的若干层次，甚至控制整个渠道，综合生产、批发、零售业务。根据是由制造商还是由中间商在系统中起主导作用，又分为工商一体化和商工一体化两种经营方式。

2. 管理系统

很多公司往往没有能力、也没有必要拥有整条渠道，管理系统便应运而生，它是通过某一规模大、实力强的渠道成员，把不在同一所有权下的生产部门和分销部门联合起来，统一管理、统一行动。

3. 契约系统

契约系统指由不同层次的独立制造商和分销商为了实现单独经营所不可能获得的经济效益和销售业绩，而以契约为基础进行联合。这种渠道系统一般有三种形式：特许经营组织、批发商倡办的自愿连锁和零售商合作组织。

（三）水平市场营销系统

同一层次的几个制造商、批发商或零售商之间往往也采取横向联合经营的方式，形成水平市场营销系统。由于单个企业面对一个有吸引力的市场营销机会时，会缺乏资金、技术、生产设备或市场营销资源，或者它不想单独冒险，或者它期望与另一家公司合作会带来巨大的协同效应，这时两个或两个以上的独立公司就可能统一它们的资源和计划来开发一个新的市场营销机会，称为共生市场营销。

（四）多渠道市场营销系统

通常，一家公司只通过一条渠道进入一个市场。随着竞争的加剧，市场的细分化和潜在渠道的增加，越来越多的公司采用多渠道系统来销售产品。所谓多渠道市场营销系统，是指一家公司利用两个或两个以上的渠道到达一个或几个细分市场。

多渠道系统又叫双重分销。通过增加渠道，公司可以提高市场覆盖率、降低渠道成本或者能更好地满足顾客的需要。当然，新的渠道也会产生渠道冲突和渠道控制问题。当两个以上的渠道为同一细分市场服务时，渠道冲突就在所难免；而当新渠道独立性较强、合作困难时，控制问题也会出现。所以，多渠道对渠道管理提出了更高的要求。

五、渠道冲突管理

（一）渠道冲突的含义

渠道冲突指的是渠道成员发现其他渠道成员从事的活动阻碍或者不利于本组织实现自身的目标。

这可不能与渠道竞争相互混淆。竞争是一种间接的、不受个人情感因素影响的、以目标为中心的行为；而冲突是一种直接的、受个人情感因素影响的、以对手为中心的行为。两者之间的最重要的区别在于是否有干预对方的行为。渠道冲突的冲突方通常以挫败对方为目标来实现自己的目标。

（二）渠道冲突原因

引起渠道冲突的原因很多，如市场定位、角色对立、沟通失败、意识形态差异、对现实的理解不同等，但总的来说可分为根本原因和直接原因两类。

1. 渠道冲突的根本原因

（1）制造商与中间商目标不同。制造商和中间商的目标常常是不一样的，这会引起渠道冲突。

（2）渠道成员的权利和任务不明确。例如，有些公司由自己的销售队伍向大客户供货，同时它的授权经销商也努力向大客户推销。地区界限、销售信贷等方面任务和权利的模糊不清会导致诸多冲突。

2. 渠道冲突的直接原因

（1）存货水平。制造商和分销商为了自身的经济利益，都希望把自己的存货水平控制在最低。因此，存货水平若不合理，很容易产生渠道冲突。

（2）价格原因。各级批发价的价差常是渠道冲突的诱因。制造者常抱怨分销商的销售价格过高或过低，从而影响其产品形象与定位。而分销商则抱怨给其的差价折扣过低而无利可图。

（3）大客户原因。制造商与分销商在为争夺大客户产生矛盾。

（4）技术咨询与服务问题。

（5）分销商经营竞争对手产品。制造商大多不希望其分销商同时经营竞争企业产品，但分销商常常希望经营两到三家制造商的产品，以扩大其经营规模获得更多的利润，同时避免受制于唯一的制造商，以降低其经营的风险。

（6）争占对方资金。制造商希望分销商先付款、再发货，而分销商则希望能先发货、后付款，当双方在争占对方资金时冲突就会产生。

（三）渠道冲突的类型

通常将渠道间的冲突分为水平渠道冲突、垂直渠道冲突和渠道系统间冲突三类。

1. 水平渠道冲突

水平渠道冲突指的是同一渠道、同一层次渠道成员之间的冲突。产生水平冲突的原因大多数是制造商没有对目标市场的中间商数量以及他们各自分管区域作出合理的规划，使得中间商为各自的利益互相倾轧。

2. 垂直渠道冲突

垂直渠道冲突是指在同一渠道中不同层次渠道成员之间的冲突，这种冲突比水平渠道冲突要更常见。垂直渠道冲突也称做渠道上下游冲突。

3. 渠道系统间冲突

随着市场细分和可利用的渠道不断增加，越来越多的企业采用多渠道营销系统。渠道系统间冲突指的是当制造商在建立多渠道营销系统后，不同渠道服务于同一目标市场时所产生的冲突。要避免出现渠道系统间的冲突，制造商就必须重视引导渠道成员之间进行有效的竞争，并加以协调，防止过度竞争。

（四）渠道冲突的管理

虽然适当的渠道冲突对制造商可能有益，但渠道管理者还是应该尽量避免渠道冲突的发生，以免渠道冲突激化，影响整个渠道体系的正常运转。一般来讲，可以从以下几个方面出发，避免渠道冲突的发生。

1. 渠道一体化

渠道一体化是避免渠道冲突的根本方法。制造商为了加强对市场的控制，降低其与其他渠道成员之间因签订合同、履行合同所产生的交易费用，降低终端零售价格，必然缩短销售渠道，从而逐步缩短直至取消批发环节。在这种情况下，如果某批发商建立起自己庞大的销售网络，一旦我国的代理法正式实施，就可以与制造商建立获取佣金的代理关系。随着代理关系的发展，制造商为了进一步降低交易成本，将具有较大销售网络的代理公司购买过来或控股，从而拥有了自己的销售网络，制造商才可能真正控制市场，并彻底解决窜货乱价问题。

因此，对处于过剩经济期的生产型企业来讲，今后投资的重点应从设备等固定资产的硬投资转到市场网络建设的软投资。对商业企业来讲，尽快建立自己的销售网络，是适应我国市场经济代理时代的重要生存方式。

2. 渠道扁平化

渠道扁平化是在我国的一种传统销售渠道中的经典模式：制造商—总经销商—二级批发商—三级批发商—零售店—消费者，传统的销售渠道呈金字塔式的体制，因其强大的辐射能力，确实为制造商的产品占领市场发挥了巨大的作用。但是，在目前供过于求、竞争激烈的市场环境下，传统渠道存在着许多不可克服的缺点，对制造商来讲，多层次的渠道格局不仅使制造商难以有效地控制销售渠道，多层次渠道中各层次价差，更是垂直冲突的主要诱因。因而，许多企业正将销售渠道改为扁平化的结构，即销售渠道越来越短、销售网点则越来越多。销售渠道短，增加了企业对渠道的控制力；销售网点多，则增加了产品的辐射面和销售量。

例如，戴尔越过以二级分销商为代表的渠道中间层实施直销方式，缩短了供应链，从而降低了渠道成本，使它的产品销售额和利润稳步上升。戴尔电脑在美国通过直销，价格比同类产品低27%，然而在中国直销的优势没有在美国那么明显。究其原因，是因为中国国内市场区域广阔，地方经济发展不平衡，各地区人文特点差异较大，靠厂商独立推广产品，无法针对不同的区域特点有的放矢，往往花费很大代价，却得不到预期的效果。因此，通常认为，核心代理是中国渠道模式不可或缺的。至于渠道扁平化在中国应该做到什么程度，还值得大家在实践中进一步探讨。

3. 包装差别化

包装差别化指制造商对相同的产品，采取不同地区不同外包装的方式，可以在一定程度上控制窜货。

4. 约束合同化

可以通过签订不窜货协议，为加大处罚力度提供法律依据。该协议是一种合同，一旦签订，就等于双方达成契约，如有违反，就可以追究责任。关于处罚方式，对本公司业务员，厂方加大内部办事处的相互监督和处罚力度，一经查出恶意窜货，就地免职，厂内下岗。

在众合同当中，尤以“总经销合同”最为重要，它是用来约束总经销商的市场行为的工具。

5. 货运监管制度化

在运货单上，标明发货时间、到达地点、接受客户、行走路线、签发负责人、公司负责销售人员等，并及时将该车的信息通知沿途不同地区销售人员或经销商，以便进行监督。

6. 管理区域化

首先，要划分经销商业务地区，依据所在地区的行政地图，将所在地区根据道路、人口、经济水平、业务人员数量，划分成若干个分区。依据城市地图，按照街道分区，将终端零售店全部标记出来。根据两张地图，将自己所负责的业务地区，细化为若干个分区。然后，通过与竞争对手的比较分析，发挥自己的竞争优势，以此找准突破点，以点带面。

其次，对价格进行管理。对于所有分区，作为内部业务管理制度，必须实行价格统一。实际上，对客户来讲，保证或增加盈利的最重要的措施，并不是价格高低，而是保持地区价格稳定。为了保持地区价格稳定，要在销售网络内部实行严格的级差价格体系。

最后，还要在人员管理方面下工夫。加强销售人员管理，对销售人员建立奖惩制度，控制窜货发生。

复习思考题

1. 选择分销渠道应考虑哪些因素？
2. 如何设计分销渠道？
3. 渠道冲突的管理手段有哪些？
4. 目前零售商业业态有哪些重要的新形式？

案例分析

美格渗透渠道

厂商与下游合作伙伴采用何种模式进行合作效果最佳？这是一个至今没有定论的问题。美格将自己的人员完全融入到地区代理商中的做法，在显示器销售中无疑是极为大胆的尝试,能否成功,最后还是要以销售业绩作为评判标准。

如果有人留心的话就会发现,在2001年上半年的时候,美格显示器的市场宣传从广州到北京的调门不仅不一致,反而有很大的差异。广告声音的不同,使得美格显示器在用户心目中的形象也出现了混乱,对于一个重要的显示器品牌来说,这显然不是一件好事情。

1. 乱起萧墙

导致这种不协调声调出现的根本原因,就是厂商将所有市场推广和广告宣传的工作完全交给渠道去做,而各地代理商由于对市场的理解不同,投入的力度也不相同,因此各地宣传口径混乱也就不足为奇了。要改变这种状况,厂商必须要介入到渠道管理中去,但是对于当时的美格来说,问题已经不仅仅是出在渠道上了。

自1996年进入大陆市场以来,美格始终一帆风顺,谁知到了2001年,这条大船却险些倾覆。由于和上游显像管供应商SONY的矛盾,美格在显示器核心部件供应上遇到了前所未有的困难。同时,出于种种原因,公司高层人员相继离职,当同年6月执行副总裁俞翠薇走马上任的时候,第一把火又烧向了本已脆弱不堪的渠道,一时间,曾经风光无限的美格显示器似乎走到了崩溃的边缘。

回顾那段日子,俞翠薇感慨不已,当时的美格显示器除还有一个品牌外,其他的都没有了。

那么,如果可以重新进行选择的话,俞翠薇是否还会在渠道上大动干戈呢?

对此,俞翠薇的回答非常干脆:当然,如果不对渠道进行改革,其他的一切都是在做无用功。

传统架构的渠道层次分明,看上去虽然有很大的合理性,但是对于厂商来说,却是挡在自己和用户之间的一堵墙,厂商对墙那边的情况一无所知。在市场宣传方面,基本都是委托各区域总代理来做,由于地域差异和总代理投入力度不同,美格显示器在各地的声音也不同,严重影响了品牌的整体形象。在显示器市场竞争逐渐走向白热化的时候,过多的渠道层次不仅会极大削弱产品的竞争力,同时这和俞翠薇"未来渠道扁平化"的思考结果,显然是背道而驰的。或许正是出于这些考虑,俞翠薇带领美格在2001年11月开始进行了一次渠道冒险。

2. 专卖+代理

美格渠道改造的第一步是砍掉作为中间商的分销商层次,要求各地区总代理直接面对装机商,将中间环节降至最少,并由厂商直接参与到渠道的每个环节中。于是俞翠薇开始尝试连锁直营+区域代理的模式。

美格最早在2001年7月份就开了第一家专卖店,第一家专卖店非常成功,并很快在全国进行推广。

专卖店是由美格全资或合作伙伴投资的专门用来销售和演示、展览美格产品的店面。专卖店店面统一风格、产品价格、服务标准。加盟店是指申请并达到美格加盟标准的装机商和分销商,经过美格的信誉考核和资金考核后,加盟店享受一系列的支持。美格提供给加盟商展厅布置、统一设计,以加盟价格提供产品,并享受各种活动支持。美格现在全国一共有150多家专卖店,5 000多家加盟店。连锁直营方式通过店面直接将产品展示给消费者，是美格面对用户的窗口，也是美格事业平台与用户之间的最佳通路。

俞翠薇认为，开专卖店能够给用户带来很强的视觉冲击力，统一的装潢、布置本身就是美格的广告，专卖店对于美格的活动能够不折不扣地执行，不会有原来各个渠道商执行力度不一的弊病。

以往的渠道基本上是一种刀耕火种的状态，厂商把产品提供给总代理，就基本上不管其他的工作了，至于说促销、宣传等方面的工作都是由总代理来完成的，厂商并不了解自己的产品在市场中的具体情况。对于美格新的渠道管理体系，俞翠薇想要达到厂商管理和渠道管理统一的境地，于是美格在 2002 年 1 月对华东地区做美格事业平台的试点工作，到了 5 月份，短短四个月的时间，华东地区就做到了美格产品全国销量第一位。

在华东试点成功后，美格开始了在华中、东北、西北的推广，并在 2002 年 7 月在北京设立了华北区的事业平台，负责整个华北区的业务。经过近 10 个月的渠道建设，目前已经有 12 家事业平台，美格和合作伙伴都得到了很大的发展。俞翠薇认为，这是一个三赢的模式，既能保障厂商的利益，又能保证渠道伙伴的利益，还能更好地满足消费者的需求。

俞翠薇认为，目前美格渠道的优点在于：首先，厂商与用户之间的层次减少，大大加强了渠道反应能力和反馈速度；其次，提高了代理商的利润率；最后，专卖店统一的形象促进了产品的销售，加强了服务的力量和速度。

3. 渗透渠道

在美格的渠道体系中，事业平台是一个极为特殊的渠道管理机构，在职能上，事业平台担当着分公司和区域总代理的双重角色。在这个平台当中，实际上有两批人员在共事，一方面是美格自己的人员，另一方是当地代理商的人员。

在事业平台中，所有活动执行、业务实施、渠道管理、物流体系，包括人员等各方面都有美格的人员亲自参与。当地的合作伙伴在事业平台中更多的是扮演投资方和企业行政管理者的角色。在所有的业务中，美格和合作方是相互渗透，共同参与和完成的。事业平台的所有数据，包括销售数据甚至是财务数据都是对美格开放的。通过全国的事业平台，俞翠薇每天都能拿到当天的销售数据。

对于美格来说，自己现在已经完全“渗透”到下面的渠道当中去了，能够在如此紧密的合作中管理渠道，无疑是厂家梦寐以求的。但是对于渠道来说，情况是否也是如此呢？

一般认为，渠道似乎更希望能够与厂商保持一定距离。但是俞翠薇并不这样认为：对于渠道来说，盈利是唯一的目的，所以在事业平台上大家是各取所需，只要美格可以带给投资者满意的回报率就可以了。如果美格可以通过事业平台保证他们获取更多利润，他们没有理由拒绝这种合作方式。她同时表示，目前显示器渠道面临的一个最大问题就是自身的管理水平急需提升。但是对于这些在销售一线打拼的企业来说，掌握现代企业的管理手段并不是一件容易做到的事情，和美格合作，企业可以毫无保留地将这方面的经验和他们分享。

事实也确实如此，虽然在管理过程中，美格与渠道彼此都有一个磨合期，但从销售情况来看，渠道调整之后，美格显示器的销售情况不断提升，给这种合作作了一个最好的注解。

由此看来，无论是对于美格显示器，还是对于俞翠薇本人来说，这次渠道冒险已经取得了预想中的成果。

(资料来源:中国营销网)

案例讨论题

1. 2001 年前后美格的销售渠道的最大区别是什么?

2. 结合上述资料,美格是如何进行渠道变革的?

3. 谈谈美格渠道变革对你的启示。

第十章　促销策略

成功的市场营销活动，不仅需要制定适当的价格、选择合适的分销渠道向市场提供令消费者满意的产品，而且需要采取适当的方式进行促销。促销策略是四大营销策略之一。正确制定并合理运用促销策略是企业在市场竞争中取得有利的产销条件、获取较大经济效益的必要保证。

第一节　促销与促销组合策略

一、促销的含义

促销(Promotion)是促进产品销售的简称，从市场营销的角度看，促销是企业通过人员和非人员的方式，沟通企业与消费者之间的信息，引发、刺激消费者的消费欲望和兴趣，使其产生购买行为的活动。从这个概念不难看出，促销具有以下几层含义：

(1)促销工作的核心是沟通信息。企业与消费者之间达成交易的基本条件是信息沟通。若企业未将自己生产或经营的产品和劳务等有关信息传递给消费者，那么消费者对此则一无所知，自然谈不上认购。企业只有将提供的产品或劳务等信息传递给消费者，才能引起消费者注意，并有可能产生购买欲望。

(2)促销的目的是引发、刺激消费者产生购买行为。在消费者可支配收入既定的条件下，消费者是否产生购买行为主要取决于消费者的购买欲望，而消费者购买欲望又与外界的刺激、诱导密不可分。促销正是针对这一特点，通过各种传播方式把产品或劳务等有关信息传递给消费者，以激发其购买欲望，使其产生购买行为。

(3)促销的方式有人员促销和非人员促销两类。人员促销，亦称直接促销或人员推销，是企业运用推销人员向消费者推销商品或劳务的一种促销活动，它主要适合于在消费者数量少、比较集中的情况下进行促销。非人员促销，又称间接促销或非人员推销，是企业通过一定的媒体传递产品或劳务等有关信息，以促使消费者产生购买欲望并发生购买行为的一系列促销活动，包括广告、公关和营业推广等。它适合于在消费者数量多、比较分散的情况下进行促销。通常，企业在促销活动中应将人员促销和非人员促销结合运用。

二、促销的作用

促销在企业营销活动中是不可缺少的重要组成部分，因为促销有如下功能：

(1)传递信息，提供情报。销售产品是市场营销活动的中心任务，信息传递是产品顺利销售的保证。信息传递有单向和双向之分。单向信息传递是指卖方发出信息，买方接收信息，它是间接促销的主要功能。双向信息传递是买卖双方互通信息，双方都是信息的发出者和接受者，直接促销有此功效。在促销过程中，一方面，卖方(企业或中间商)向买方(中间商或消费者)介绍有关企业现状、产品特点、价格及服务方式和内容等信息,以此来诱导消费者对产品或劳务产生需求欲望并采取购买行为;另一方面,买方向卖方反馈对产品价格、质量和服务内容、方式是否满意等有关信息,促使生产者、经营者取长补短,更好地满足消费者的需求。

(2)突出特点,诱导需求。在市场竞争剧烈的情况下,同类商品很多,并且,有些商品差别微小,消费者往往不易分辨。企业通过促销活动,宣传、说明本企业产品有别于其他同类竞争产品之处,便于消费者了解本企业产品在哪些方面优于同类产品,使消费者认识到购买、消费本企业产品所带来的利益较大,消费者乐于认购本企业产品。生产者作为卖方向买方提供有关信息,特别是能够突出产品特点的信息,能激发消费者的需求欲望,变潜在需求为现实需求。

(3)指导消费,扩大销售。在促销活动中,营销者循循善诱地介绍产品知识,一定程度上对消费者起到了教育指导作用,从而有利于激发消费者的需求欲望,变潜在需求为现实需求,实现扩大销售的功效。

(4)形成偏爱,稳定销售。在激烈的市场竞争中,企业产品的市场地位常不稳定,致使有些企业的产品销售此起彼伏、波动较大。企业运用适当的促销方式,开展促销活动,可使较多的消费者对本企业的产品滋生偏爱,进而稳住已占领的市场,达到稳定销售的目的。对于消费者偏爱的品牌,即使该类商品需求下降,也可以通过一定形式的促销活动,促使对该品牌的需求得到一定程度的恢复和提高。

三、促销组合及其影响因素

(一)促销组合的含义

促销组合是指企业根据产品的特点和营销目标,对广告、营业推广、公共关系与人员推销等各种促销方式进行适当的选择、编配和运用。促销组合是促销策略的前提,在促销组合的基础上,才能制定相应的促销策略。因此,促销策略也称促销组合策略。

由于每种促销方式都有不同的长处和短处,促销的重点在不同时期、不同商品上也有区别,因此在实际制定促销组合时,就需要根据企业现实要求,对四种促销方式进行适当选择、编配,形成不同的促销组合策略。

(二)制定促销组合需要考虑的影响因素

企业在制定促销组合时,需考虑多种影响因素。

1. 产品的类型

产品的类型主要是指产品是消费品还是生产资料。对于生产资料和消费品市场,各种促销手段的重要性是不同的(见图 10-1)。从图 10-1 中可见,对于消费品,广告是最主要的促销方式,营业推广次之,然后是人员推销、公共关系。而对于生产资料,则最主要的促销方式是人员推销,营业推广次之,然后是广告、公共关系。对于两种类型的产品,广告和人员推销的相对重要性相差很大。虽然广告在生产资料市场中不及人员推销重要,但它在建立知晓、增进理解、有效提示、提供线索、证明有效、再度保证等方面仍能发挥很大作用。另外,在消费品营销中,人员推销也能够发挥巨大作用,主要表现在减小存货、培养热情、宣传性销售等方面。

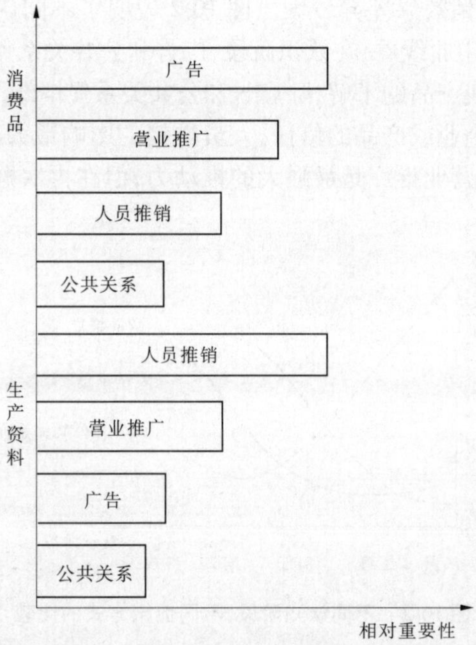

图 10-1　不同类型产品各种促销方式的相对重要性

对于同一类型的不同产品，所使用的促销组合也相差较大。如对于消费品中的家用电器，根据对北京市居民的抽样调查，居民在选购电冰箱和空调器时，除亲朋的推荐外，广告的影响居第一，其次是推销人员和专家的推荐。可见广告和人员推销的作用相对要大，而营业推广的作用则相对要小。对于生产资料中的主要设备和标准零部件，主要设备主要是靠人员推销，而标准零部件则应较多地利用广告。所以，不管是对消费品还是生产资料，人员推销对于结构复杂、价格昂贵、购买者较少、购买量较大、经营风险较大的产品，都是主要使用的促销方式。

2. 促销目标

企业在不同时期及不同的市场环境下都有其特定的促销目标，致使促销组合也就有差异。在一定时期内，有的企业的营销目标是在某一市场迅速增加销售量，扩大企业的市场份额；而另一些企业的总体营销目标是在该市场上树立企业形象，为其产品今后占领市场赢得有利的地位。显然，前者的促销目标强调的是近期效益，属短期目标，由此促销组合的选择、配制将更多地使用广告和营业推广；而后者属长期目标，需制定一个较长远的促销方案方能实现。因此，宣传报道、建立广泛的公众关系及与之适应的公共关系则显得非常重要。

3. 顾客与市场特性

对于顾客的特性，通常是根据顾客对企业或产品的认知深度来划分的。对于认知深度，一般可以划分为三个阶段，即认识阶段，动情阶段，行为阶段。认识阶段是指顾客对企业或产品从开始认识到了解这个阶段。动情阶段是指顾客对企业或产品开始产生兴趣，并且逐步信任这样的阶段。行为阶段是顾客进行购买的阶段。对于处于不同认知阶段的顾客,不同促销方式的促销效果差异较大。图 10-2 说明了不同认知阶段、不同促销方式的促销效果。从图 10-2 中曲线看,在认识阶段,广告和公共关系促销起着最主要的作用。而为了促进顾客对企业或产品的了解,除广告和公共关系促销外,人员推销也起着重要的作用。为了增强顾客对企业或产品的信任,人员推销的影响最大。在促成顾客购买和再次购买阶段,人员推销和营业推广是最强大的推动力,但在再次购买阶段,广告和公共关系促销的作用又在提高。

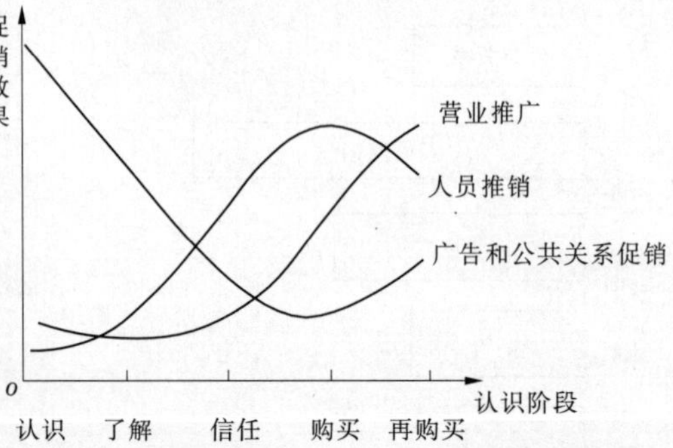

图 10-2　不同认知阶段、不同促销方式的比较

企业所面对的市场不同,各种促销方式的作用大小也不同,另外,不同市场对不同促销方式的接受程度也不同。如在我国东部一些地区,顾客选购产品时比较信赖推销人员的推荐,这时人员推销就显得重要。而在法国,一般消费者对广告常持不信任态度,广告效果则明显不高。对于有的市场,有时还受某些特定条件的限制,有的促销方式就无法使用。因此,在促销方式的选择中,首先必须对所面对的市场特点有比较充分的了解,然后选用与该市场相适应的促销组合。

4. *产品生命周期阶段*

在产品生命周期的不同阶段,各种促销方式的促销效果也相差较大。图 10-3 为产品生命周期各阶段不同促销方式的促销效果。

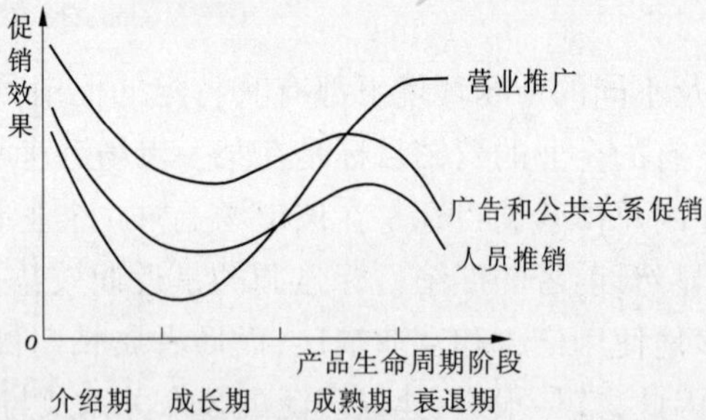

图 10-3　产品生命周期各阶段不同促销方式的促销效果

在介绍期,促销的目的主要是建立产品的知名度,让更多的顾客认识并了解这一新产品,所以广告和公共关系在这方面具有最显著的作用。在成长期,由于有了介绍期强大的促销攻势,整体促销水平在降低,但影响最大的促销方式仍是广告和公共关系促销。在成熟期,因为顾客对产品已经比较熟悉,所以广告和公共关系促销虽仍然具有较强的促销效果,但营业推广的作用已开始超过广告和公共关系促销。在衰退期,除营业推广的效果继续进一步提高外,其他各种促销方式的效果都在显著下降。因此,在产品生命周期的不同阶段,应根据不同促销方式的相对效果,选择相应的促销组合。

5. 促销预算

一个企业的决策人员很难判断他所花的促销费用哪一部分没有产生效果。因此,促销预算的决定是企业在市场营销决策中所面临的重要问题,对企业促销组合策略的制定也具有重要的影响。

对于促销所花的费用,不同行业相差较大。在化妆品行业,促销费用可能高达销售额的30% ~50%;而在机械行业却只占10% ~20%。同一行业内部差距也较大。企业促销预算常用的方法有以下几种:

(1)量入为出法。即企业在确定促销预算时,根据企业自身的承受能力,企业能拿出多少钱,就用多少钱为企业作促销宣传。

(2)销售百分比法。即根据企业目前或预测的销售额的百分比决定促销费用的大小。

(3)竞争对等法。即企业在决定促销预算时,以竞争对手所花费的促销费用来决定本企业的促销费用支出,保持与竞争对手相同的销售额百分比。

(4)目标任务法。这种方法是企业首先确定其促销目标,然后根据所要完成的促销目标决定促销预算。如企业今年的促销目标是要增加10万顾客为本企业的用户,而每增加一个用户需花促销费用50元,则企业今年的促销预算就应为500万元。

对上述促销预算的确定方法,不同企业应根据本企业的特点、营销战略与营销目标,从中选择合适的促销预算决定方法,以为企业作出比较合理的促销预算。

6. 经济前景

企业应随经济前景的变化,及时改变促销组合。例如,在通货膨胀时期购买者对价格反应十分敏感。在这种情况下,企业至少可采取如下对策:

(1)提高营业推广相对于广告的分量。

(2)在促销中特别强调产品价值与价格。

(3)提供信息咨询,帮助顾客知道如何明智地购买。

企业的促销组合是一个很复杂的系统,其影响因素也很多,且每种影响因素也是相互作用的。因此,企业在制定促销组合时,应综合考虑各种影响因素,制定出最佳的促销组合。

四、促销组合策略的类型

美国市场营销学家菲利普·科特勒认为:企业促销的基本策略一般有两种,即“推”的策略和“拉”的策略(见图10-4)。

(一)“推”的策略

“推”的策略主要是运用人员推销和营业推广手段将产品推向市场,即从制造商推向批发商,从批发商推向零售商,直至最终推向消费者或用户。实行“推”的策略,要求推销人员针对不同商品、不同对象采用不同的推销方法。常用的策略有以下几种:

(1)产品推销员携带样品或者产品目录走访顾客,进行送货推销、巡回推销或访问

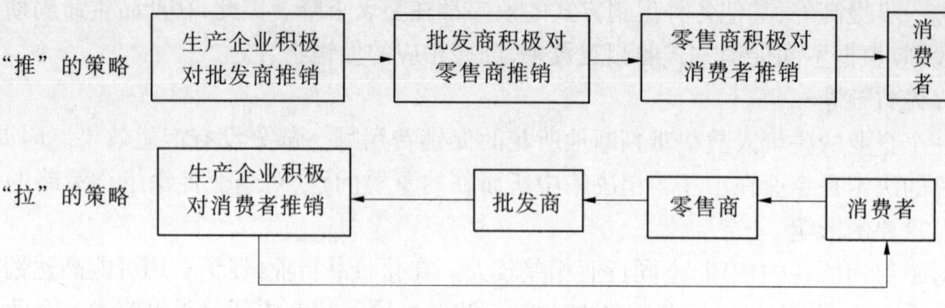

图 10-4 "推"与"拉"的策略

销售。

(2)建立健全产品销售网点,扩大销售。

(3)通过售前、售中和售后服务促进销售。

(4)举办产品技术应用讲座与实物推销。

【案例】

内蒙古伊利集团在开发东北市场时,派了许多业务员到东北市场。业务员到了市场以后,就挨家挨户向经销商介绍他们的产品,调动经销商的积极性。当经销商的积极性调动起来后,他们的产品就铺入了市场,也就占领了市场。

(二)"拉"的策略

"拉"的策略主要指企业将大量的费用运用于广告、公共关系及营业推广上,激发消费者对商品的兴趣,产生购买欲望,从而吸引经销商主动进货并经销企业的产品。常用的"拉"的策略有以下几种:

(1)通过广告宣传促进销售。

(2)组织产品展销会、订货会促进销售。

(3)通过代销、试销方式促进销售。

(4)通过创名牌、树信誉、实行三包,增强消费者对产品和企业的信任,以促进产品的销售。

第二节 人员推销

人员推销是企业最基本的一项营销活动,也是企业最主要的一种促销方式。在美国,人员推销所花的费用几乎是广告的 2 倍;在我国,人员推销所花的费用比广告要高更多倍。所以有人认为,人员推销是企业成败的关键因素。

一、人员推销的概念和特点

(一)人员推销的概念

人员推销是指企业派出推销人员或委派专职推销机构向目标市场的消费者和用户推销商品或劳务的经营活动。人员推销既是一种古老的售货方式,也是现代产品销售的一种重要方式。从事推销工作的人员通常称为推销员,目前多采用推销人员或销售代表等来称呼从事此项工作的人员。有时也称销售顾问、地区代表、代理商、行销代表、厂家代表等。

（二）人员推销的特点

人员推销与其他促销手段相比具有不可代替的作用。人员推销有以下特点：

(1)针对性强，灵活多变。推销人员一般携带样品、说明书等直接登门与顾客联系。可以根据各类潜在用户的需求、动机及购买行为，有针对性地进行推销，介绍产品的性能、使用、安装和保管方法。也可立即获知顾客的反应，并据此适时地调整推销策略和方法，及时回复和澄清顾客的疑问，使买主产生信任感，促成购买。

(2)选择性强，成功率高。在每次推销之前，可以选择具有较大购买可能的顾客进行推销，并可事先对未来顾客作一番研究，拟订具体的推销方案、推销策略及方法，以提高成功率。这是广告推销所不及的。

(3)当面推销，增进友谊。面对面推销，容易使双方从单纯的买卖关系发展到建立深厚友谊，彼此信任，互相谅解，从而有利于长期合作。

(4)及时反馈，完善自我。推销人员在推销产品或劳务的同时，可及时听取和观察买方对产品和劳务的态度，收集市场情况，了解市场动态，并迅速予以反馈，使企业经营更适合消费者的需要，完善自身管理。

但是，人员推销也有不足之处，其成本费用比较高，在市场范围广阔而买主又较为分散的状态下，显然不宜采用此法。

二、推销人员的素质要求

人员推销是一个综合的复杂过程。它既是信息沟通过程，也是商品交换过程，又是技术服务过程。推销人员的素质决定了人员推销活动的成败。

推销人员一般应具备如下素质：

(1)态度热忱，勇于进取。推销人员是企业的代表，有为企业推销产品的职责，同时又是顾客的顾问，有为顾客的购买活动当好参谋的义务。企业促销和顾客购买都离不开推销人员。因此，推销人员要具有高度的责任心和使命感，热爱本职工作，不辞辛苦，任劳任怨，敢于探索，积极进取，耐心服务，同顾客建立友谊，这样才能使推销工作获得成功。

(2)求知欲强，知识广博。广博的知识是推销人员做好推销工作的前提条件。较高素质的推销员必须有较强的上进心和求知欲，乐于学习各种必备的知识。一般来说，推销人员应具备的知识有以下几个方面：①企业知识。要熟悉企业的历史及现状，包括本企业的规模及在同行中的地位、企业的经营特点、经营方针、服务项目、定价方法、交货方式、付款条件和保管方法等，还要了解企业的发展方向。②产品知识。要熟悉产品的性能、用途、价格、使用知识、保养方法以及竞争者的产品情况等。③市场知识。要了解目标市场的供求状况及竞争者的有关情况，熟悉目标市场的环境，包括国家的有关政策、条例等。④心理学知识。了解并适时适地地运用心理学知识，来研究顾客心理变化和要求，以便采取相应的方法和技巧。

(3)文明礼貌，善于表达。在人员推销活动中，推销人员推销产品的同时也是在推销自己。这就要求推销人员要注意推销礼仪,讲究文明礼貌,仪表端庄,热情待人,举止适度,谦恭有礼,谈吐文雅,口齿伶俐,在说明主题的前提下,语言要诙谐、幽默,给顾客留下良好的印象,为推销获得成功创造条件。

(4)富于应变,技巧娴熟。市场环境因素多样且复杂,市场状况很不平稳。为实现促销目标,推销人员必须对各种变化反应灵敏,并有娴熟的推销技巧,能对变化万千的市场环境采取恰当的推销技巧。推销人员要能准确地了解顾客的有关情况,能为顾客着想,尽可能地解答顾客的疑难问题,并能恰当地选定推销对象;要善于说服顾客(对不同的顾客采取不同的技巧);要善于选择适当的洽谈时机,掌握良好的成交机会,并善于把握易被他人忽视或不易发现的推销机会。

三、人员推销的形式、对象与策略

(一)人员推销的基本形式

一般来说,人员推销有以下三种基本形式:

(1)上门推销。是最常见的人员推销形式。它是由推销人员携带产品的样品、说明书和订单等走访顾客,推销产品。这种推销形式可以针对顾客的需要提供有效的服务,方便顾客,故为顾客所广泛认可和接受。此种形式是一种积极主动的、名副其实的正宗推销形式。

(2)柜台推销。又称门市推销,是指企业在适当地点设置固定的门市,由营业员接待进入门市的顾客,推销产品。门市的营业员是广义的推销人员。柜台推销与上门推销正好相反,它是等客上门式的推销方式。由于门市里的产品种类齐全,能满足顾客多方面的购买要求,为顾客提供较多的购买方便,并且可以保证商品安全无损,因此顾客比较乐于接受这种方式。柜台推销适合于零星小商品、贵重商品和容易损坏的商品。

(3)会议推销。是指利用各种会议向与会人员宣传和介绍产品,开展推销活动。例如,在订货会、交易会、展览会、物资交流会等会议上推销产品均属会议推销。这种推销形式接触面广,推销集中,可以同时向多个推销对象推销产品,成交额较大,推销效果较好。

(二)人员推销的推销对象

推销对象是人员推销活动中接受推销的主体,是推销人员说服的对象。推销对象有消费者、生产用户和中间商三类。

(1)向消费者推销。推销人员向消费者推销产品,必须对消费者有所了解。为此,要掌握消费者的年龄、性别、民族、职业、宗教信仰等基本情况,进而了解消费者的购买欲望、购买能力、购买特点和习惯等,并且要注意消费者的心理反应。对不同的消费者,施以不同的推销技巧。

(2)向生产用户推销。将产品推向生产用户的必备条件是熟悉生产用户的有关情况,包括生产用户的生产规模、人员构成、经营管理水平、产品设计与制作过程以及资金情况等。在此前提下,推销人员还要善于准确而恰当地说明自己产品的优点,并能对生产用户使用该产品后所得到的效益作简要分析,以满足其需要;同时,推销人员还应帮助生产用户解决疑难问题,以取得用户信任。

(3)向中间商推销。与生产用户一样,中间商也对所购商品具有丰富的专门知识,其购买行为也属于理智型。这就需要推销人员具备相当的业务知识和较高的推销技巧。在向中间商推销产品时,首先,要了解中间商的类型、业务特点、经营规模、经济实力以及他们在整个分销渠道中的地位;其次,应向中间商提供有关信息,给中间商提供帮助,建立友谊,扩大销售。

(三)人员推销的基本策略

在人员推销活动中,一般采用以下三种基本策略:

(1)试探性策略。也称为刺激-反应策略。这种策略是在不了解顾客的情况下,推销人员运用刺激性手段引发顾客产生购买行为的策略。推销人员事先设计好能引起顾客兴趣、能刺激顾客购买欲望的推销语言,通过渗透性交谈进行刺激,在交谈中观察顾客的反应;根据其反应采取相应的对策,并选用得体的语言,再对顾客进行刺激,进一步观察顾客的反应,以了解顾客的真实需要,诱发购买动机,引导产生购买行为。

(2)针对性策略。是指推销人员在基本了解顾客某些情况的前提下,有针对性地对顾客进行宣传、介绍,以引起顾客的兴趣和好感,从而达到成交的目的。因推销人员常常在事前已根据顾客的有关情况设计好推销语言,这与医生对患者诊断后开处方类似,故又称针对性策略为配方-成交策略。

(3)诱导性策略。是指推销人员运用能激起顾客某种需求的说服方法,诱发引导顾客产生购买行为。这种策略是一种创造性推销策略,它对推销人员要求较高,要求推销人员能因势利导,诱发、唤起顾客的需求,并能不失时机地宣传介绍和推荐所推销的产品,以满足顾客对产品的需求。因此,从这个意义上说,诱导性策略也可称诱发-满足策略。

四、顾客异议处理

销售人员在与顾客接触的过程,顾客经常会提出各种问题,甚至反对意见,并可能会遭到拒绝。当销售人员努力施展各种推销手段来极力地推销自己的产品时,部分顾客却极有可能在不屑一顾的神情中迎头泼上一盘冷水,对其所推销的商品提出这样或那样的不同意见来,这是正常的现象。排除异议的核心任务是激发愿望。当顾客发生兴趣之后,心理活动进一步发展,进入评价阶段。评价是一种犹豫不决的状态,因为还有这样那样的疑虑和异议,不排除这些疑问、异议,就难以激发顾客的愿望。因此,在处理顾客的异议时,销售人员需要做到以下几点:

(1)保持冷静,不要与消费者反驳,避免产生争吵,给消费者留下不好印象。

(2)轻松自如,充满自信,对待各类问题要尽量予以解答。对于不能解答的问题要婉转解释,并要尽快回复消费者。

通常,异议有五种分类方法以及相应的排除对策:

(1)不需要。遇到这种异议,你必须检讨自己的介绍有何不足,或通过提问检查你的介绍出了什么问题,并进行补充介绍。必须尽力说服,使其相信尽管以前他不曾想到自己有这种需要,但现在情况变了,生活水平提高了,工作节奏加快了,再没有就不方便了等。

(2)对产品不满。关键的办法是提供证明,用证据说明产品的优点和长处。另外,也可能需要使用对比方法去说服顾客。

(3)对价格不满。这时首先设法探索价格太高异议后面的真正原因,然后有针对性地进行说明。下面是一些典型的应答语:

①我们的产品强调高质量,而不是价格,为了保证高质量和企业的竞争地位,价格难以再降低。

②)我很珍视这笔生意和我们的合作关系,我们再看看是否能为你节省些钱,您想在我们的产品里可以减去哪些项目,以便能满足你的要求?

③如果您订货批量大,我们可以作些让步。

(4)对企业不满。对这种不满,推销人员一定要态度诚恳地向消费者证明,情况已经改善,今后不会再有类似的情况发生。扭转消费者的印象,应相信坚持不懈的努力一定会使消费者回心转意。

(5)对推销员不满。这就要求推销员提高自身素质,如果实在不行,可以另换一个推销员前去拜访。

五、推销人员的报酬和激励

推销人员的工作是富有创造性和挑战性的工作,如果没有合适的报酬与激励机制,推销人员的潜力就很难完全发挥。

对推销人员的计酬办法,既要能体现推销人员的工作效果,又要对推销人员具有一定的吸引力。目前,国内外企业对推销人员的报酬支付办法可划分为以下三种。

(一)薪金制

薪金制是指推销人员的基本收入按固定的薪金支付,另外再根据所执行的各项任务给予一定的补贴或奖金。薪金制的好处是推销人员拿固定的工资,心理上有一种安全感;另外,便于企业对推销人员进行调动。但其缺点是不易刺激推销人员更加努力地工作。

(二)佣金制

佣金制是指推销人员根据完成的销售量或利润额的比例领取报酬的一种方法。佣金制的优点是可以最大限度地刺激推销人员多销售产品,易于发挥推销人员的潜能。但其比较明显的缺点是对推销产品以外的工作不易引起推销人员的关心。

(三)混合制

混合制是薪金与佣金混合使用的推销人员报酬的支付方法。混合制可以吸收薪金制和佣金制单独使用的优点,并在一定程度上克服其缺点,因而目前在企业中使用较多。但对于薪金与佣金两者的比例关系的制定,对使用这种报酬支付办法是否成功关系很大,因而必须认真研究解决。

要充分发挥推销人员的才能,除制定合理的报酬支付办法外,采取适当的激励方法也是必不可少的。对推销人员的激励方法可分为物质奖励与精神激励两种。物质奖励如提薪、奖金、其他的奖品等。精神激励如表扬、给予各种荣誉、提职等,这样可以激发推销人员的事业心与成就感。在美国,各大公司的总经理有四分之一最早都是从事营销和销售工作的,这一点对从事推销工作的人员刺激较大。

第三节 广告促销

一、广告的概念与分类

(一)广告的概念

广告有广义与狭义之分。广义的广告可分为经济广告和非经济广告。经济广告,又叫商业广告,是为推销商品和服务而进行的宣传。非经济广告是指除商业广告外的一切广告,如各种公告、启事、声明或文化广告、交通广告、公益广告等。狭义的广告则是指经济广告。市场营销学研究的广告是指经济广告。广告是广告主以付费的形式,利用一定的媒体向目标顾客传递商品或劳务信息的促销行为。

(二)广告分类

上面讲到广告有广义与狭义之分。按照不同的广告分类标志,可以将广告划分成许多不同的类型。

1. 按广告内容不同划分

(1)告知性广告。主要用于介绍产品用途、特点或使用方法以及生产企业的情况和所能提供的服务。这类广告常用于产品的投入期,希望能引起消费者的注意。

(2)说服性广告。它旨在培养消费者的品牌偏好、鼓励消费者使用本企业产品、改变消费者对产品特性的认识、说服消费者购买本企业产品。在产品的成长期,这类广告特别适用。

(3)提示性广告。用来提醒消费者注意企业的产品,加深记忆,提高重复购买率,在产品成熟期经常被使用。

2. 按广告目的不同划分

(1)商品广告。即用于传播商品信息,激发顾客需求,具有推销目的。

(2)企业广告。侧重于介绍企业历史、成就、经营范围等,旨在加深社会印象,推动经营事业的发展。

3. 按广告性质不同划分

(1)商业性广告。目的在于推销商品或提供劳务,以谋取经济利益。

(2)公共服务性广告。目的在于通过某种社会活动或社会公共利益活动,以提高企业的知名度和美誉度。

4. 按所使用的媒体不同划分

(1)报纸广告。

(2)杂志广告。

(3)广播广告。

(4)电视广告。

此外,还有电影广告、幻灯片广告、包装广告、广播广告、海报广告、招贴广告、POP 广告、交通广告、直邮广告等。

随着新媒介的不断增加,依据媒介划分的广告种类也越来越多。

（三）广告在市场营销中的地位和作用

从市场营销学角度来看，广告是市场营销活动中的重要环节，是企业进行市场推广活动的重要手段之一。广告主要起到促销的作用，这是不言而喻的。企业通过广告传播商品信息，提高商品知名度，强化商品的个性形象，可以有效地刺激消费者的购买欲望，从而增加销售量，加快商品的流通速度，提高商品的市场占有率，借助销售额的提升实现市场利润。这也是企业进行广告投放的重要原因。

例如，哈尔滨制药集团原是一个亏损企业，哈药集团就是利用大范围、高密度、地毯式的广告传播，在很短时间内迅速占领了国内医药市场。从1997年起，哈尔滨制药集团的广告投入以每年3倍以上的速度递增，而巨额的广告投入也给哈尔滨制药集团带来了巨大的收益。仅以哈尔滨制药集团下属的三精药业为例，1997年广告投入1 000万元，销售额1亿元；1998年投入2 000万元，销售额2.2亿元；1999年投入2亿元，销售额8.6亿元；到2000年销售额达到14亿元。整个哈尔滨制药集团2000年以11亿元的广告支出创造了80亿元的销售业绩。

二、广告的设计与创作

（一）广告的设计原则

要使广告传播取得良好的促销效果，首先就是要设计、制作出一个高质量的广告。一般应该遵循下列原则。

1. 真实性

真实是对广告的根本要求，虚伪、欺骗广告必然会丧失企业的信誉。广告设计必须以客观事实为依据，广告内容要真实可靠，广告艺术表现手法也要得当，符合事实。

2. 合法性

广告传播内容必须遵循相关的法律法规，例如我国《广告法》第二章第七条就规定广告不得使用我国国旗、国徽、国歌；不得使用国家级、最高级、最佳等用语；不得含有民族、种族、宗教、性别歧视的内容等。

3. 针对性

由于各个消费者群体都有自己不同的购买习惯和行为方式，广告的内容和形式要有针对性。对不同的产品、不同的目标市场要有不同的内容，采取不同的表现手法。

4. 简明性

消费者的时间是有限的，使消费者在较短的时间内接受到信息对企业广告传播来说是至关重要的。优秀的广告应该能使消费者在较短的时间理解广告的传播意图，了解广告所表现的产品个性，而不应给消费者带来视觉和听觉上的辨别压力。

5. 艺术性

广告是一门科学，也是一门艺术。广告设计应把真实性、合法性、针对性寓于艺术性之中。这就要求广告要具有较强的艺术魅力与较高的审美情趣。广告应该成为精美的艺术作品，给人以很高的艺术享受，使人受到感染，增强广告的效果。可以说，广告应该是艺术形式与商品、服务内容的高度统一。

（二）广告创作

广告传播要解决的重要问题是创作出具有促销力的广告作品来。除要坚持上文讲到的原则，我们还应该了解一些基本的广告创作策略。

1. USP理论（独特销售主张）

美国广告专家罗瑟·里夫斯（Roseer Reeves）提出的USP理论（Unique Selling Proposition）是较为普遍使用的有效创作方法。该理论主张广告要把产品与众不同的、独一无二的优势或特点表现出来，以此吸引消费者的注意。如宝洁公司生产的舒肤佳香皂广告就采用这种方法，它提出了自己独一无二的主张："洁肤杀菌，唯一通过中华医学会认可"。这就突出了舒肤佳香皂的杀菌功效。该广告播出后，其销售量与力士香皂比，很快就达到了7:3。再比如，生力啤酒在香港销售量第一，但美国蓝带啤酒在香港推出的广告中却突出自己的优势："蓝带啤酒是香港最畅销的美国啤酒，香港最畅销的罐装啤酒"，从而找到蓝带啤酒独一无二的特点，以此来打动消费者购买。

2. 品牌形象理论

广告大师大卫·奥格威（David Ogilvy）于20世纪60年代倡导了品牌形象理论，伴随着劳斯莱斯汽车、万宝路牛仔形象的空前成功被广告界普遍接受。该理论主张广告应该为产品塑造起一个特殊形象——品牌形象，以增加消费者的感性认识，使人们对该产品产生信赖和好感，从而吸引消费者购买。塑造品牌形象的方法主要有名人形象、普通人形象等，例如李宁为健力宝运动型饮料和体育用品作的广告，就很快地提升了健力宝的品牌形象，吸引了消费者的注意。

（三）广告诉求

广告是一门说服的艺术。所谓说服，就是以某种刺激给予顾客一个动机，使之改变态度或意见，并依照说服者预定意图采取行动。广告的说服，是通过诉求来达到目的的。所谓诉求，是指外界事物促使人们从认识到行动的全心理活动过程。广告诉求，就是要告诉消费者有些什么要求，如何去满足，并敦促他们为满足要求而购买产品。广告诉求有如下形式。

1. 理性诉求

理性诉求是指在广告中侧重于运用说理的方式，直接陈述产品的好处、特点或企业的优点、长处，让消费者自我作出判断进而获得其在理性上的共识，最终采取购买行动。其步骤为：

（1）确定说服重点，它以产品定位或企业形象定位以及消费者心理特征为基础，要求言简意赅、重点明确、极富说服力。

（2）确定是单向还是双向信息传播，若广告目标对象的文化程度较低，接受广告的经验不丰富，以单向信息诉求为宜；若广告目标对象的文化水准普遍较高，接受广告的经验非常丰富，宜采用双向信息诉求，因为较高的理性分析能力使他们感到任何产品、任何企业都是既有优点，又有缺点，促使其意识到广告较为客观、较为可信，在广告诱导下产生购买行为。

2. 情感诉求

情感诉求是采用富有人情味的方式，着重强调人们的情感，诱发其购买动机，以满足人们“自我形象”要求作为诉求重点。古人云:感人心者,莫先乎情。一般来说,凡能符合要求的对象引起的主观体验具有积极的性质,表现为喜悦、愉快等;反之,引起的主观体验就具有消极作用,诸如失望、愤怒之类。它有以下方法:

(1)赋予广告作品以亲切动人的感情色彩,即以情感人,使消费者产生感情上的共鸣。

(2)赋予广告作品以美的情趣和色彩,因为对美的追求和渴望是人类的天性。

(3)利用晕光效应,选用明星或权威来做广告模特儿。运用此法时需要注意,一是所选名人最好与广告中的产品多少有点联系;二是所选名人应具有独特的代表性,只代表唯一的广告主。

3. 道德诉求

道德诉求指为使接受者感到某事是正确的且属于份内义务的诉求。

三、广告策略的制定

广告策略的制定主要包括广告信息、广告媒体和广告时间三方面的决策。

(一)广告信息的决定

不同的广告信息可以引起目标接受者的不同反应,因而也会产生不同的广告效果。因此,在企业的广告决策中,必须明确要向目标接受者提供什么样的信息。

1. 广告信息的产生

对于广告信息的产生方法,一般必须通过大量的调查研究,了解消费者对产品所追求的利益和通过什么方式才能唤起顾客购买产品。这样,广告信息的产生可以通过征询消费者、中间商、竞争者或者有关专家的意见,让他们对广告应向顾客传递的信息提出建议。另外,广告信息的产生也可通过对顾客的消费心理进行分析,首先了解顾客使用产品时期望得到的利益和不同使用阶段对可能得到的利益的体验,然后根据这两方面决定向顾客提供什么信息。在广告信息中,对于顾客使用结果的体验必须实事求是,否则将使顾客产生不信任感。例如,对于一种洗涤剂,如果顾客属于理智型的购买动机,要求的是产品的去污功能,他使用以后感到去污效果很好,这时广告信息可以突出它的去污功能。但如果顾客使用后感到去污功能一般,则过分宣传它的去污功能是不明智的。

2. 广告信息的评价

在广告信息的确定中,究竟什么样的信息才能对顾客产生较大的感召力,这就要求对各种广告信息进行评价。对广告信息的要求是必须具有明确的主题,这样便于顾客对产品产生印象,提高广告效果。在对广告信息进行评价时,一般应从满意性、独特性、可信性三方面考虑。广告信息所表达的内容只有能为顾客提供某方面的满足,才可能引起顾客接受信息的兴趣;广告信息只有用独特的方式表达,表现出与众不同之处,才能使顾客产生较深的印象,激发顾客的购买欲望;广告信息还必须具有可信性,这样才能使顾客对产品产生信赖。

对广告信息经过以上三个方面的分析以后,还应选择一部分有代表性的市场或顾客进行试验,以检查所传递的广告信息是否能够达到预期的效果。只有经过这样的分析试验以后,所选择的广告信息才可以具体付诸实施。

3. 广告信息的表达

同样的广告主题表达方式不同，可能产生的效果就不同，如同样的广告主题，由名人表达产生的感召力就比由一般人表达产生的感召力大；使用科学证据来表达产品的功能比一般介绍产品的功能效果也要明显；在某种特定环境气氛下表达某些广告主题比在一般环境条件下表达对顾客的感染力也要强得多。因此，对广告信息的表达，除文字能简单、明确地表达广告主题外，还要求表达的人物、环境条件、色彩、格式等与要宣传的产品相匹配，使人们看到广告能够产生深刻的记忆，丰富的联想，以提高广告的效果。

（二）广告媒体的选择

所谓广告媒体，就是企业与广告宣传对象之间起连接作用的媒介物。如果没有广告媒体，广告所要给予消费者的信息是无法传出的，也就不可能使消费者认识和了解商品，从而导致购买商品的行动。因此，选择并决定采用何种广告媒体把商品信息传向市场，就显得非常重要。

1. 广告的媒体

（1）新闻媒体。以报纸、杂志、广播、电视等手段为广告媒体，传播网络遍及国内外，迅速及时，影响面广，在广告媒体种类中占重要地位，也称四大新闻媒体或四大广告媒体。

（2）户外媒体。指装置在路旁或建筑物上的大小广告牌、店铺招牌、霓虹灯、橱窗以及广告亭等。其特点是色彩缤纷、鲜艳夺目、闪烁诱人。

（3）交通媒体。指利用各种交通工具如火车、轮船、汽车、出租车等，在车厢内外可设置精巧的广告标志和广告牌等，具有影响面广，针对性强等特点，这种以交通工具做媒体的广告也叫流动广告。

（4）文娱广告。在电影院、戏院、体育场等娱乐场所制作广告，把广告宣传寓于文娱体育之中。

（5）赠品媒体。这种媒体形式主要用于中低档日用品或副食品。以小商品加制简单广告图文，赠送给消费者。赠送方式有随卖带送、奖品和纪念品等。赠品媒体可以引发人们的感情，增加广告效果。只要商品质量的确过硬，得到馈赠的人大多都会代为传颂的。这种出自消费者之口的广告，对广大顾客来说当然是更为可信的。

（6）包装媒体。精明的厂商在包装上印上简单的产品介绍，就成了包装广告。近几年，许多厂商干脆在商品的外包装（如塑料提袋等）上加印自己生产或经营的主要商品，从而扩大了包装广告的作用。

（7）样本说明书。习惯上当做技术资料，实质上是广告品种。

此外，还有店铺媒体、邮政媒体以及电影广告、音响广告、明星广告等多种多样的广告形式。

2. 广告媒体的特点

前面介绍了各种不同的广告媒体，它们各有不同的特点，起不同的作用。其中最常用的、影响面最大的是报纸、杂志、广播、电视四大新闻媒体。其优缺点主要有以下几方面：

（1）报纸。是应用最广泛的媒体。其优点是宣传面广，读者众多，传播速度快，时效性较强。还可选择某类报纸，且可精读和泛读，有较高的可信性。缺点是不易保存；不易从造型音响方面创新，各报费用差异大。同时登载内容多，分散了对广告的注意力。

在我国，报纸又可以分为全国性报纸和地方性报纸，宣传性报纸和娱乐性报纸，日报、晚报与周报等。企业应根据不同报纸广告效果和财力进行选择。

(2)杂志。杂志的优点是可信度和权威性较高，能加强广告的说服力。专门化程度高，能提高广告的针对性；有较长的时效性，可以反复阅读、过期阅读；比报纸在色彩、造型方面有创新的良好条件。缺点是缺乏灵活性，出版周期长，发行量有限和读者面窄，专业性杂志尤其如此。

(3)广播。是一种通过听觉产生效果的广告媒体。其优点是传播速度快，传播范围广，制作简单，通俗易懂，费用低廉。缺点是较难保存，听众过于分散，有声无形，转瞬即逝，相对于电视来说，创新形式受到限制。

(4)电视。是一种集声、形、色于一体的最佳广告媒体。其优点是形象逼真、感染力强、表现手法丰富，艺术性较高，对企业有很强的吸引力。传播范围广，老少皆宜。缺点是选择性比较低，针对性不强，竞争者较多，价格昂贵，广告时间短，易受其他节目和广告的干扰。

3. 广告媒体的选择应考虑的因素

广告媒体选择总的要求是，根据企业或产品的特点和促销目标，以最少的费用，获得最佳的促销效益。不同的广告媒体有不同的特点，在选择时应重点考虑以下因素：

(1)产品的性质。工业品和消费品，高技术性能产品和一般性产品，应分别选用不同的媒体。如服装广告，重要的是显示其式样、颜色，最好在电视和杂志上用彩色画面做广告，可以增加美感和吸引力。高技术性能的机械电子产品，则宜用样本做广告，以便更富有针对性和说服力。

(2)目标市场顾客的习惯。不同的媒体传播的区域和范围不同，能使信息达到目标市场的媒体就是最有效的媒体。对于妇女用品的广告，在妇女杂志和电视上做广告，效果较好，也可以布置橱窗或展销。对学龄前儿童的广告，最好的媒体是电视。

(3)媒体的传播范围。不同媒体传播的范围有大小之分，能接近的人口有多少之别。市场的地理范围也影响到媒体的选择，销往全国的产品，宜在全国性的报刊、电台、电视台做广告；地区性销售的产品，可选用地方性报刊或霓虹灯、路牌等广告媒体。

(4)媒体的影响力。报刊杂志的发行量，广播、电视的听众、观众的数量，媒体的频率及声誉，是媒体影响力的标志。媒体的影响力应达到目标市场的每个角落，但越出目标市场的广告又是浪费。不同媒体的影响力不同，如果广告信息只要求听到，就可以选择电台广告媒体，如果不仅要看到，还希望保留较长时间那就要选择广告牌、霓虹灯、橱窗陈列等为媒体。如果不仅要听到、看到，还要有动作表现那就必须选择电视或电影作为媒体。

(5)媒体的成本。在选择广告媒体时也要考虑费用。如销售额和费用开支额较大的商品，可以选用一些效果好，但费用也较高的媒体作广告，如电视、电影等。如销售额小、费用开支相对不多的商品，应选择费用较低的媒体。总之，企业在选择广告媒体时，应力求在一定的费用开支条件下，达到最好的广告效果。

以上是广告媒体选择中应考虑的几个基本因素。在实际对广告媒体的选择中，一方面要综合考虑上述因素选择合适的广告媒体；另一方面因不同的媒体有不同的优点和局限性，因而在广告媒体的选择中，企业往往要选择几种广告媒体同时使用，形成企业的广告媒体组合，以提高广告的总体效果。

4. 具体媒体的选择

由于同类的广告媒体又分别有许多种，因此在考虑上述因素决定选择某一类或某几类的广告媒体后，还要对具体采用哪一家的媒体进行选择。在决定具体选用哪一种广告媒体时还应考虑以下方面：

(1)接触媒体人数(对于报纸、杂志等可传阅媒体，往往接触人数大于发行量)。

(2)有效接触人数。指接触媒体的具有目标顾客特点的人数。

(3)接触成本。接触成本通常用每千人接触媒体的费用计算，计算公式如下

$$千人接触成本 = \frac{广告费用 \times 1\,000}{接触人数}$$

对于接触人数，可以用接触媒体人数，也可以用有效接触人数，具体选用哪一个要根据企业的广告目标而定。

(三)广告时间的决定

广告时间的决定是指对广告发布的时间和广告的使用方式的规划安排。

对广告时间的安排，一般可以分为集中时间安排、连续时间安排和间歇时间安排三种方式。

(1)集中时间安排。是指将广告费用集中于一段时间使用，以在短时间内迅速形成强大的广告攻势。这种广告时间安排方式常有新产品上市、开拓新市场、集中销售，或为配合其他营销手段的使用时采用。

(2)连续时间安排。是指在一定时期内均匀地安排广告的发布时间，使企业的广告经常性地反复在目标市场出现，以逐步加深消费者对本企业产品的印象。这种广告时间安排方式对顾客不因季节变化而购买的产品，或对主要在理智购买动机驱使下购买的产品中经常使用。对于连续时间安排方式，一般要求根据顾客对产品认知深度的变化，在广告内容上要适时进行调整，以提高顾客接受广告信息的兴趣。

(3)间歇时间安排。是指间断使用广告的一种方式，即做一段时间广告，然后停一段时间，这样反复进行。这种广告时间安排方式在季节性产品或广告费用不足的企业经常使用。对于季节性产品，在应用间歇时间安排方式作广告时，应注意产品销售相对于广告的滞后性。因此，对于广告开始时间应安排在产品开始销售之前，广告的高峰时间应安排在产品销售的高峰时间之前。对于因广告费用不足而采取这种时间安排方式的，应考虑顾客对品牌的遗忘速度。在遗忘速度快的情况下，间歇时间应短些；而在遗忘速度慢的情况下，间歇时间可长些。

对于广告发布时间内广告的使用方式，一般可以分为四种方式：水平式、上升式、下降式和交替变化式。

水平式是指在广告发布的时间内均匀地使用广告的一种方式。上升式是指广告作用强度开始较小，然后逐步增强的一种方式。下降式是指广告开始使用强度最大，然后逐步递减的一种方式。交替变化式是指广告的使用强度交替变化的一种方式。

对于广告时间内广告使用方式的选择，目前还很难找到有说服力的选择依据。一般的选择方式是根据经营者对购买者的认识和经验决定。

以上是对广告时间安排和广告使用方式的一般分类方法和选择的基本原则。但在实际应用中还常根据目标顾客情况的变化对时间安排方式和使用方式进行相应的变化，以实现更佳的广告效果。

【案例】

农夫山泉成功的广告运作

农夫山泉运动型包装出来以后，养生堂公司首先选择了中小学生这一消费群体作为一个市场切入点，以包装中的运动盖为重点去引导他们。中小学生天性好奇又好动，最容易接受新事物。养生堂公司在中央电视台最先投播的是农夫山泉"课堂篇"广告。一女生上课时因欲喝农夫山泉而拉动瓶盖引起了"哆哆"声，受了惊，其表情十分丰富，老师的告诫更使一些上课爱搞小动作恶作剧、具有逆反心理的调皮学生心情急切，跃跃欲试，购买农夫山泉的欲望强烈。创意者用此小计，传递了一个产品包装上与众不同的信息，将无声之水变有声，揭示了包装上的吸引力，响声同时又起到了提醒和强化记忆作用。

农夫山泉的广告语"农夫山泉有点甜"，体现了农夫山泉味道甘甜的特点。其诉求角度也是独特的。天然水是农夫山泉的主体，通过对天然水这一核心概念的诠释，将环境(水源)、绿色、环保、野趣等回归自然的理念统摄在自己的旗下。在水本体上的纯净、矿物质、微量元素、销量第几等诉求点的表现显得苍白无力，养生堂公司在这个角度上几乎无法捕捉到水的卖点。最后，他们找到并确认了"有点甜"这一闪光点。就像乐百氏纯净水的广告语"二十七层净化"一样，实际上严格的纯净水都要经过二十七层净化，只不过你先提出，别人就不能鹦鹉学舌，否则只有给别人做免费广告了。农夫山泉突出了"天然水"有点甜的这一特性，水和广告的品味都随这一广告语而凸现出来。

1998年，正逢四年一度的世界杯足球赛，养生堂公司借世界杯东风，从四月中旬开始在中央电视台体育频道和中央台一套少儿节目"大风车"栏目投放广告。在体育频道播放频率较高，使许多足球迷和体育爱好者对农夫山泉印象深刻。特别是世界杯开幕后，养生堂公司又巧搭便车，出巨资买下中央电视台世界杯足球赛演播室空间，经过精心布置，极大地提高了产品的知名度。世界杯结束后，又正逢我国长江、松花江、嫩江流域发生大规模洪灾。养生堂公司又积极参加中央电视台"我们万众一心"义演捐助活动，并和中央电视台、背景未来广告公司一起联合推出"抗洪抢险紧急援助"的公益广告，在中央电视台几套节目中密集插播，树立了良好的企业形象。

四、广告效果的测定

广告讲求经济效果，要提高广告宣传的经济效果，首先必须对广告效果进行测定。测定广告效果，可以从广告引起的销售效果和广告的传播效果两个方面来进行。

(一)广告销售效果(直接经济效果)

广告销售效果是以广告对商品促销情况的好坏来直接判定广告效果，是以广告费用的支出和销售额的增加这两个指标为主要测量单位。由于广告的目的在于推销商品，因此销售效果是衡量广告效果大小的主要依据。但是广告的销售效果也是很难确定的，这是因为：

(1)广告只是影响销售额的因素之一。其他各种市场因素,如产品质量、分销渠道、人员推销、价格等,都影响着销售额。销售效果不能只用广告效果来评价。

(2)广告对销售额的影响效果是长期的。有些广告的效果要经过一定时间才能表现出来,想通过销售数据来了解广告的销售效果,必须在广告播出一定时间之后取得的数据才说明问题。尽管如此,广告的销售效果还是很有参考价值的。通常用广告效果率来衡量

$$\text{广告效果率} = \frac{\text{销售额增加率}}{\text{广告费用增加率}} \times 100\%$$

此时,要注意排除本企业广告以外的其他因素作用,应该尽量记录有关其他因素的变动情况,在分析广告效果时予以修正。

(二)广告传播效果(间接经济效果)

广告传播效果不是以销售情况好坏作为直接评定广告效果的依据,而是以广告的收视收听率、产品的知名度、记忆度、理解度等广告本身的效果为依据。当然,广告本身效果最终也要反映在产品销售上,但它不以销售额多少作为衡量指标,而是以广告所能产生的心理性因素为依据。具体包括以下内容:

(1)注意度测定。指对各种媒体广告的读者度、收听率、视听率的测定。

(2)记忆度测定。指消费者对广告重点内容的记忆,如企业名称、商品名称、商标、商品性能等,其中主要是知名度的测定,目的是了解消费者对广告印象的深刻程度。

(3)理解度测定,指消费者对广告所表达的内容和信息的理解程度的测定,从中可以检查广告设计与制作的效果如何。

(4)购买动机形成测定。即测定广告对消费者从认知到行动究竟起多大作用。

广告自身效果的测定,可采取市场调查、试验以及专家评价等形式。当然,仅仅对广告的经济效果测定还不够。广告传播范围广、影响面大,因此对广告社会效果的测定也应包括在内。

广告的社会效果如何,主要看它是否对社会负责,具有社会责任感。广告的社会责任包括以下方面:

(1)实事求是。广告宣传一定要实事求是,切不可作欺骗性宣传。

(2)不可诽谤。广告要受法律责任的约束。

(3)造福社会。从社会道德观念出发,以增进社会福利为准则,同时要尊重不同民族的风俗习惯。

(4)遵守国家政策法令、法规。

第四节　营业推广

所谓营业推广,是指企业运用各种短期诱因,鼓励购买或销售企业产品或服务的促销活动。它作为一种最直接,且对推广对象最具刺激的促销方式,在国内外越来越被企业重视。在十多年前,美国广告和营业推广的比例是60:40。今天,在许多美国日用消费品公司里,情况已经发生了改变,营业推广已占总预算的50%~70%。和广告每年7.6%的增

长率相比，营业推广费用每年增长12%。在我国，营业推广也越来越引起企业的重视，各种营业推广方式随处可见，营业推广的发展势头越来越高。

营业推广促销之所以能引起企业的广泛重视，一是因为企业的高层决策人员已充分认识到了营业推广作为促销组合的一个必不可少的部分对企业产品销售的重要性；二是运用刺激手段才能促进产品销量的进一步扩大；三是广告促销效果的降低，使得企业把竞争的重点逐步向更能直接刺激扩大产品销量的促销方式上转移。因此，营业推广在企业促销中的地位不断提高，营业推广策略的制定也已成为企业促销决策中的一项重要内容。

一般来讲，企业营业推广策略包括确定目标、选择方法、制定方案、实施和控制方案，以及营业推广效果评价等内容。

一、确定营业推广目标

营业推广目标是企业开展营业推广活动的出发点和归宿。营业推广目标是由基本的市场营销沟通目标推演出来的，而后者又是由产品的更基本的市场营销目标推演出来的。从这个角度讲，营业推广的特定目标将依目标对象的不同而有所差异。对消费者的营业推广活动，营业推广的目标经常是鼓励老的消费者多购买，刺激没有使用过本企业产品的顾客试用本企业的产品，促使竞争者品牌的忠诚者改变品牌观念，对付竞争者的营业推广活动等；对中间商的营业推广活动，营业推广的目标是鼓励中间商销售新产品、协助企业开展某些营销活动和提高存货水平，促进中间商在销售淡季进行购买，提高中间商的品牌忠诚度，吸引新的中间商加入本企业的销售渠道等；对推销人员的营业推广活动，营业推广的目标主要是鼓励他们积极推销新产品，支持企业的新产品开发活动，扩大企业的产品销量等。

二、选择营业推广的方法

有许多不同的营业推广方法可以用来实现不同的目标，而且各种不同的新方法仍不断地被发掘出来。选择营业推广的方法，必须充分考虑营业推广方法的成本效益等各种因素。

（一）针对消费者的营业推广

（1）样品赠送。即在新产品上市或商品还不为消费者所认知时，把商品分装成小包装或公开广泛分送，或借助于特定的条件赠送，从而让市场广泛接触商品。

（2）销售奖励。即在一段时间内，对购买数量达到一定标准或购买某些企业指定商品的顾客，给予一定的货币或商品奖励，以吸引顾客，扩大销量。

（3）现场示范。现场实地介绍商品用途、性能和使用方法给顾客观看，刺激其购买欲望。

（4）特殊包装。即利用商品的包装向消费者提供一种附加利益，最终吸引其购买的做法。如在包装中附加一张代价券，凭券在以后的购买中给予一定的折扣或金额减免；也可以在习惯使用精装的商品中增加简装或小包装品种；还有的可在包装内放置彩票，以吸引顾客，扩大销量。

（5）廉价包装。商品包装上标明折价率，消费者凡购买过这种商品时，可按包装的折价率打折付款。比如商品包装说明折价10%,购买时只付原价的90%。

(6)赠品。通过赠送便宜商品或免费品,以此介绍产品的性能、特点、功效等,这样既可以使顾客得到实惠,又可以刺激顾客的购买行为。如赠送印有本企业名称、地址、经营宗旨的日历、台历、挂历、打火机等。馈赠方式也灵活多样,有随货赠送、批量购买赠品、随货中彩奖品等多种形式。

(7)展销会。厂商通过资助举办产品展销会增强消费者对产品的了解与关注。

(8)服务促销。通过周到的服务使顾客得到实惠,促进销售。

(9)消费信贷。通过赊销等方式向消费者推销商品。采用这种方式,消费者不用支付现金却可购买商品,具体有分期付款、信用卡等形式。

(二)针对中间商的营业推广

(1)销售折扣。即对长期合作或销售努力的中间商给予一定的折扣。销售折扣包括批量折扣、现金折扣和季节折扣。

(2)资助奖励。生产企业为鼓励中间商经营本企业产品,采用资金奖励或补贴形式。其中包括经销补贴,即当中间商第一批订货或大量订货时,给予购买补贴、展品补贴,即免费赠送橱窗、柜台的陈列样品;此外,还有广告津贴、清货津贴、降价津贴等。

(3)节日公关。在节日来临之际,集中举办各类招待会、免费旅游等活动,邀请中间商参加,以加强彼此的合作。

(4)业务会议。即每年在销售旺季来临之前,举行多方参加的购销业务会议,在短期内集中订货,促成大量交易。

(5)代销。企业的任何产品都可以代销,其中对新产品、进行市场渗透的产品、企业滞销的产品开展代销业务对企业利益最大。代销的形式有两种:一是企业寻找合适的代理商;二是企业委托经销商开展本企业产品销售的代理业务。

(三)针对推销人员的营业推广

(1)销售红利。即事先规定推销人员的销售指标,对超指标的推销人员按比例提成,以鼓励推销员多推销商品。

(2)推销竞赛。即在推销人员中发动销售竞赛,对推销产品有功的人员或销售额领先的推销员给予奖励,用以鼓励推销员,调动推销员的积极性。

(3)特别推销金。企业给予推销人员一定的现金、礼品或本企业的产品,以鼓励其努力推销本企业的产品。

三、制定营业推广方案

在企业选定了具体的营业推广方式以后,还必须对如何实施营业推广活动作出安排,制定出营业推广方案。营业推广方案实际上是对营业推广的诱因大小、参与者条件、传播媒体的分配、时间的选择和营业推广预算等作出具体的决策。

(一)诱因的大小

企业必须确定使企业成本/效益效果最佳的诱因规模。一般来说,诱因规模越大,对推广对象产生的刺激越大,可能产生的营业推广效果越大。但诱因的提高与效果的提高并不呈线性关系。事实上,销售反应函数一般都呈S形,也就是说,诱因规模很小时,销售反应也很小,一定的最小诱因规模才足以使促销活动开始引起足够的注意。当超过一定点时,较大的诱因以递减率的形式增加销售反应。通过考察销售和成本增加的相对比率,市场营销人员可以确定最佳诱因规模。

(二)参与者的条件

营业推广的另一个重要内容,就是决定参与者的条件。参与者条件是由产品的性质、营销途径、推广的规模等多种因素决定的。参与者可以选择目标市场的一部分,也可以选择整个目标市场。一般应严格限制本企业的职工或其家属的参与。通过确定参与者条件,企业可以有选择地排除那些不可能成为商品固定使用者的人。

(三)营业推广促销媒体的分配

企业还必须决定如何将营业推广方案向目标市场贯彻。假如营业推广是一张减价15 元的折价券时,则至少有四种途径可使顾客获得折价券:一是放在包装内,二是在商店里分发,三是邮寄,四是附在广告媒体上。每一种途径的到达率和成本都不相同。

(四)营业推广的时间

营业推广的时间决策包括营业推广活动的日程安排和持续的时间长短。对于营业推广活动的日程安排,要求选择的时间要适当,如对在节假日需求量大的产品,选择的时间应是节假日到来前的某一日期,而选择其他日期可能会大大降低营业推广的效果。对于营业推广活动持续的时间,不能太短,也不能太长。持续的时间太短,许多可能参与的顾客可能会失去参与的机会,影响营业推广的效果;持续的时间太长,将可能产生自贬身价的结果。一般认为,每次营业推广时间的长度应与平均购买周期的长度相当。

(五)营业推广预算

营业推广预算的制定可以采取两种方法。一是综合分析法,即根据营业推广目标、营业推广法和营业推广方案的其他各方面,分别算出在营业推广活动各环节所需要的费用,以这个费用总和作为总预算;二是总促销预算百分比法,即根据企业的促销组合策略,将总促销预算在不同促销方式上,以一定的比例关系进行分配,这种方法是目前使用较多的一种营业推广预算的确定方法。

四、营业推广方案的试验、实施与控制

营业推广方案制定好以后,应通过试验确认所选用的工具是否适当,诱因规模是否最佳,实施的途径效率如何。如果经试验认为合适,则可将所定方案正式实施。

营业推广方案的实施是指企业制定实施营业推广方案的计划,以及按照计划完成企业的营业推广任务。对于实施计划,应对实施营业推广方案各环节所需的时间及每段时间应完成的任务做出具体安排,以保证营业推广方案有条不紊地执行。对于营业推广方案的控制,主要是对营业推广方案实施的各个环节加以控制,并对实施过程中出现的各种问题及时进行调整,以保证实现预期的营业推广效果。

五、营业推广效果评价

营业推广效果好坏的评估,对整个市场营销战略的实施具有重要意义,它可以为今后的市场营销活动提供依据。常用的评价方法有以下两种。

(一)销售量变化比较评价法

销售量变化比较评价法是通过比较营业推广前、中、后各时期销售量的变化情况,以评价推广效果的一种方法。

(二)参与者调查评价法

参与者调查评价法是通过对营业推广的参与者进行调查,了解参与者对营业推广促销的反应和行动,以评价营业推广效果的一种方法。

营业推广促销虽在短时间内可以刺激产品销售量迅速提高,并能吸引新的试用者。但从长期效果看,营业推广促销不可能建立品牌忠诚度,也不可能拯救产品的衰退,因而其长期效果一般不是太大。另外,营业推广促销不可频繁使用,以免影响企业声誉。所以,对具有竞争优势的名牌产品应谨慎使用。

在使用营业推广促销时,应特别注意与其他促销方式的配合。没有其他促销方式的配合,营业推广促销的作用很难充分发挥。

第五节　企业形象策划与促销

一、企业形象的基本概念及其特征

企业形象策划是企业对自身的理念文化、行为方式及视觉识别进行系统地革新,统一地传播,以塑造出富有个性的企业形象,获得内外公众组织认同的经营战略,即 CI 战略。

我们可以总结出以下企业形象的几个特性。

(一)差别性

企业形象的差别性不仅体现在企业的视觉标识上,如商标、标准字、标准色、广告、招牌、徽章等,而且表现在企业的产品、经营宗旨、目标以及企业风格、企业文化和企业战略上。这种差别性,不仅是企业相关组织或个人识别的基础,也是企业在这一瞬息万变时代的生存之道。

(二)标准性

标准性是指 CI 必须在企业整体上得到贯彻,并施行标准化的管理,如标准字、标准色的使用都应有严格的规范。

(三)传播性

传播性是指 CI 必须借助各种媒体和渠道进行传播,使企业得到社会的认同,如消费者的欣赏、政府的支持、关系企业和组织的协助等,从而达到企业实施 CI 的目的。

(四)系统性

CI 可以说涵盖了企业的各个方面,是一项复杂的系统工程。一般认为 CI 分三部分:①理念识别(Mind Identity,简称 MI),包括企业的经营哲学,精神信条,特性,风格等;②行为识别(Behavior Identity,简称 BI),包括企业经营管理的各个方面,如教育培训、研究发展、福利制度、公害对策、公共关系、市场营销、沟通对策等;③视觉识别(Visual Identity,简称 VI),包括企业标志、标准字、标准色、标准规范、使用方法、事务用品、广告设计、传播媒介、制服、交通工具等。这三个方面可以说系统地涵盖了企业的整个层面。

(五)战略性

由于CI是深入到企业灵魂(即企业文化)的革命,因而设计CI、导入CI均不应仓促行事,而应把它作为一项企业的长期战略来实施。一般企业CI的循环作业,可由1~3年不等,在日本有的甚至长达10年、20年的酝酿和计划。同时,企业形象也有一定的周期,一项CI作业30年、40年后很可能就陈旧落伍,这时便应及时调整更换,这就要求企业应把CI提置于战略性的高度。

二、CI的功能

CI对企业的具体功能可分为企业内部功能和企业外部功能。CI的企业内部功能是指CI对企业内部经营管理的作用,这主要表现在企业文化的建设,企业凝聚力的提高,技术、产品的竞争力的增强以及企业多角化、集团化经营优势的取得上。

(一)CI的内部功能

1. 有利于重建企业文化

企业文化是企业成员所追求的固有价值、思维方式、行为方式和信念的综合,它是企业成员在企业长期的生存斗争中逐渐汲取经验和教训而发展起来的。作为企业生命的一个因素,它对企业的现在和未来有着巨大的影响,是企业对付挑战和变化的力量源泉。一个企业组织,如果没有坚强有力的企业文化,那么它必然是一盘散沙,一事无成。企业文化最大的作用便是强调企业目标和企业成员工作目标的一致性,强调群体成员的信念,价值观念的共同性,强调企业成员的吸引力和成员对企业的向心力,因此它对企业成员有着巨大的内聚作用,使企业成员团结在组织内,形成一致对外的强大力量。

为了适应环境的振荡变化,企业文化也应不断发展。企业通过推行CI,有利于企业文化的更新和重换,不断保持青春和活力。

2. 有利于增强产品竞争力

CI通过给人印象强烈的视觉识别设计,有利于创造名牌,建立消费者的品牌偏好。如万宝路(Marlboro)烟,本来是专对妇女市场开发的,取名称就是取"Man always remember lovely because of romantic only"(男人总是忘不了女人的爱)一组单词中的头一个字母而合成,但销路并不见好,于是由著名的李奥·贝纳广告公司重新设计形象,用象征力量的红色作为外盒的主要色彩,并在广告中用硬铮铮的美国西部牛仔形象,结果吸引了无数爱好、欣赏和追求这种气概的顾客,成为当今世界最为畅销的香烟。

3. 有利于多角化、集团化、国际化经营

我国的许多企业目前正在向多角化、集团化、国际化的经营迈进,目的是使企业各个经营项目之间共同利用某些资源,产生协同效果,增强企业适应不同市场环境变化的能力,使企业营运更加稳健、安全。在这种多角化、集团化、国际化的经营中,最关键的是要取得集团各关系企业的认同。因为这种经营战略的核心便是如何协同利用经营资源,也就是如何追求协同效应。在新、旧经营项目之间寻找多处资源共享的环节,使得一种资源产生多种效用,从而把各经营项目联结起来,相互助长。企业运用CI战略,可以有效地使集团各关系企业互相沟通与认同。相互协作与支持,使协同效应发挥到最大。

（二）CI 的外部功能

CI 的企业外部功能，主要表现在有利于企业经营资源的运用，有利于消费者的认同以及有利于企业的公共关系等方面，为企业创造出一个良好的经营环境，使企业与政府、供应商、推销商、股东、金融机构、大众传播媒介、地方社区、消费者等企业相关的组织或个人都保持良好的关系。

1. 有利于企业经营资源的运用

企业的经营资源，不外乎人、财、物三方面，推行 CI 后，企业的经营资源能处于活化状况而发生神奇的变化。

（1）CI 利于企业稳定职工队伍，不断吸收招揽到优秀人才。

（2）CI 有利于企业的融资，扩大社会资金的来源，增强股东的投资信心。CI 塑造的良好企业形象，有利于增强投资者的安全感和信任感，获得银行的支持以及股民的信赖，扩大企业的融资能力。

（3）CI 有利于争取到更多的供应商和推销商，扩大企业的流通渠道。

2. 有利于获得消费者的认同

名牌，在消费者眼中，是信任的标志，是荣耀的象征，名牌所引伸出来的气派和身价，让消费者感觉即使花费在同类商品高出很多倍的价格也值得购买。通过产品，CI 对消费者产生如下作用：

（1）创建产品的文化品位，使消费者感受到产品的舒适、温情、美感等感性享受，这是 CI 对企业标识、包装及广告等视觉识别上精心构筑的结果。

（2）建立消费者的品牌偏好对产品重复购买。

（3）对同一品牌或企业的其他产品产生信任。

优良的企业形象，可以为新产品的市场登陆战铺好一条通向消费者的道路，因为消费者的品牌偏好影响，他们对企业的新产品也会保持信任和欣赏。

3. 有利于企业公共关系的运转

企业导入 CI，有助于信息传递的可信性、真实性和统一性，使企业的公共关系活动得到顺利发展。企业的公共关系类型，可分为员工关系、顾客关系、金融界关系、供销关系、政府关系、社区关系、新闻界关系等。各种关系的形式均有所不同，但 CI 都能发挥独特的作用。

三、CI 的构成要素

在 CI 理论中，企业形象作为一个整体，称为 CIS（Corporate Identity System），即企业识别体系。企业识别体系（CIS）的构成因素由五方面构成：

（1）企业理念识别（Mind Identity，简称 MI）。

（2）企业行为识别（Behavior Identity，简称 BI）。

（3）企业视觉识别（Visul Identity，简称 VI）。

（4）听觉识别（Audio Identity，简称 AI）。

（5）环境识别（Environment Identity，简称 EI）。

在构成 CI 的三个因素 MI、BI、VI 中，MI 是 CI 的最高决策层，是 CI 战略的策略面，可以比做企业的“心”；BI 是 CI 的动态识别形式，是 CI 战略的执行面，可以比做企业的

"手";VI 是 CI 的静态识别符号系统,是 CI 战略的展开面,可以比做企业的"脸"。

(一)企业理念识别(Mind Identity,简称 MI)

CIS 中的灵魂是企业理念,企业理念中的价值观念、精神观念和理想追求可以比喻为 CIS 设计中的种子,CIS 的生成,就是某种价值观念、精神境界、理想追求的发育与成熟,就是它们的展开与实现,它们虽然是一些无形的东西,但却体现在一切有形的东西之中。没有它们,企业形象就没有生气,没有活力。

(二)企业行为识别(Behavior Identity,简称 BI)

企业的行为识别可以说几乎涵盖了整个企业的经营管理活动,它包括对内和对外两部分,对内包括干部教育、员工教育(服务态度、电话礼貌、迎接技巧、服务水准、作业精神)、生产福利、工作环境、内部修缮、生产设备、废弃物处理、公害对策,研究发展等。对外包括市场调查、产品开发、公共关系、促销活动、流通政策、代理商、金融业、股市对策、公益性、文化性活动等。

(三)企业视觉识别(Visul Identity,简称 VI)

企业的视觉识别系统分为基本系统、应用系统和辅助应用。

1. 视觉识别基本系统

视觉识别基本系统的组成主要有:

(1)企业标志;

(2)企业标志的意义;

(3)企业标志的画法;

(4)企业精神标志的使用规范;

(5)企业标准字(中文);

(6)企业标准字(外文);

(7)企业标准字的意义;

(8)企业应用字使用规范;

(9)企业象征、应用图形;

(10)企业象征、应用图形的意义;

(11)企业象征、应用图形使用规范;

(12)企业标志 + 企业标准字体组合系统及使用规范;

(13)企业精神标志 + 企业标准字体 + 企业应用图形的组合系统及使用规范;

(14)企业色彩计划(标准色);

(15)企业色彩计划(辅助色);

(16)企业色彩计划解说;

(17)企业吉祥物。

基本系统是应用系统中使用的基准,因而对标志、标准字及标准色的应用有着极严格的使用规定,如选用某种字体、某种编排方法后,就不能在使用中任意改变。

2. 视觉识别应用系统

视觉识别应用系统的组成主要有:

(1)事务用品。名片、店片、识别证、中式信封(信纸)、西式信封(信纸)、便条纸、邀请函、贺卡、证书、奖牌、名信片、吊卡(牌)、有价赠券(卡)、票券(卡)、入场券(卡)、会员卡、贵宾卡、特殊信封、书笺、贴纸、文具用品、赠品、公文卷宗、公文封、公文纸、中(英)文报表、笔记本、资料夹、公文表格、茶杯、旗帜、各类财务单据、合同工作证、介绍信、公章、卫生桶、茶具、碗、碟、烟缸、毛巾等。

(2)媒体广告。报纸广告、杂志广告、DM 广告、车厢广告、墙壁广告、日历广告、月历广告、年历广告、海报广告、速成(手续)海报、火柴盒广告、汽球广告、户外广告、户外指示牌、拎袋、电视媒体(动态)、电视媒体(静态)、电影媒体(动态)、电影媒体(静态)、电台媒体、多媒体产品设计摄影等。

(3)交通运输。大客货车、大客车、工程车、轿车、旅行车、小巴士、大货车、小货车、油罐车、飞机、火车、机车、自行车、手推车、传达带、集装箱、周转箱等。

(4)制服设计。男女夏季服饰、男女冬季服饰、男女夏季工作服、男女冬季工作服、办公服装(男)、办公服装(女)、运动服(夏季)、运动服(冬季)、服饰设计、制服(运动服)、制服与配件、安全配备、公事包、领带、钮扣、厂徽、帽徽、胸卡等。

(5)室内设计。灯饰、办公室设备、盆景、室内造型设计、室内设计、橱窗布置、标示牌、部门牌、会议牌、记事表牌、公告栏等。

(6)建筑设计。建筑外观、建筑群落、风景设置、装饰点缀。

(7)展示设计。会场设计、展示牌、指示牌、线路标志、指示标志。

(8)包装设计。胶带、封套、录像带、包装纸手提袋、包装箱、包装盒。

3.视觉识别辅助应用

辅助应用是指标准字和标准色特殊的使用规格,样本的使用法等其他附加使用。

(四)听觉识别(Audio Identity,简称 AI)

从传播学的角度来讲,人们从外界获取信息的 80% 来自视觉,20% 来自于听觉等要素。听觉识别系统亦称听觉形象统一化,它是将企业的理念、精神、行为等内化在特殊的声音中,凸显企业个性、特点,便于公众对企业辨识判定。

(五)环境识别(Environment Identity,简称 EI)

企业环境识别,亦称环境统一化,是一种静态的综合识别系统,包括企业内部、外部环境设施的布局、风格及生态环境的质量、特色等。它体现企业活动所处的环境氛围和条件。EIS 的目的是要创造出人所能感受到的所有良好的环境系统。

四、CI 战略所能解决的问题

CI 战略其实是企业经营的一个重要组成部分。它所能解决的问题,依企业的性质有所不同,但大致可归纳如下:

(1)企业名称陈旧老化,易被误认、误解。

(2)随着企业向多角化经营发展,企业形象的一贯性、统一性逐渐丧失。

(3)与其他公司合并后,必须重新塑造企业形象。

(4)企业名称与商品的形象不符。

(5)与同行业竞争的企业比较起来,自身的活动性似乎较差;在形象的竞争力及认知程度上,明显地处于不利的地位。

(6)知名度过低。

(7)企业形象不好,员工士气低落。

(8)企业形象因某种事故受损。

(9)旧企业形象成功打入新市场有障碍。

(10)缺少能代表全公司的统一性标志。

(11)企业某种特定商品的形象,成为其他商品的障碍。

(12)招聘、录用的人才,皆较其他企业差,企业对人才的吸引力不够。

(13)已上市的股票显示,公司正属于劣势或遇到障碍。

(14)商品和商标形象之间,出现不合理的分歧现象。

(15)企业形象产生低落、陈腐化的倾向。

(16)赶不上国际化形象的潮流。

(17)当前的经营战略与企业形象无法配合。

第六节　公共关系

公共关系(Public Relations),顾名思义,是指与社会公众的关系。在市场营销活动中,公共关系是一种以长期目标为主的间接促销手段,尽管公共关系不能在短时期带来明显的直接促销效果,但它对于企业的意义在于通过媒介向公众传播企业的使命和价值观,增加公众对企业的产品或服务的公信度,从而在整体上塑造良好的企业形象,而后者的提升,将大大有助于企业的目标的达成,相应地,企业的利润也会提高。例如,在海尔的品牌塑造和传播过程中,公共关系发挥了巨大的作用。砸冰箱、打擂台、“激活休克鱼”理论、登上哈佛大学讲坛、赞助2008年北京奥运会、宣传中国第一位CEO(首席执行官)张瑞敏的传奇故事,为建立海尔品牌的知名度和美誉度,促销海尔的产品起到了重要作用。

一、公共关系概述

公共关系是指企业通过公共传播和对特殊事件的处理,使自己与公众保持良好关系的活动。美国营销学专家菲利普·科特勒认为:公共关系就是通过赢得有利宣传与有关公众建立良好关系,树立良好企业形象并及时处理不利于企业的传闻或事件。从上述定义中可以看到公共关系的内容主要是通过举办或参与一系列的社会公共活动以及处理企业危机事件以建立企业的良好社会关系。为此,企业要认真处理好与各类社会公众之间的关系,包括消费者、供销商、新闻媒体、政府相关部门、内部员工、社会公众、竞争对手等。只有处理好与这些公众的关系,企业和产品才能塑造良好的形象,在市场营销活动中处于有利环境,从而促进产品的销售。

二、公共关系的对象与关系维护

公共关系的对象主要是企业所面临的各种社会关系。企业必须科学地分析、处理和维护各种社会关系,为企业的发展创造最佳的社会环境。为此,企业需要从以下七个方面来考虑。

（一）消费者

消费者满意是企业一切活动的中心环节。正如美国通用电器公司的首席执行官杰克·韦尔奇所说："公司不能为你们提供稳定的工作，只有消费者可以。"因此，企业首先要使目标消费者或潜在消费者对本企业产生良好的印象，以良好的企业形象和信誉吸引消费者。企业应从三个方面做好工作：

（1）为消费者提供优质产品和服务，这是建立良好公共关系的首要条件和根本保证。

（2）与消费者定期进行有效的沟通，收集消费者信息。目前，比较流行的做法是开展消费者教育活动，即通过包装、免费杂志、讲座、组建消费者俱乐部、培训班等方式，对目标消费者或潜在消费者进行引导和教育，以此来促进产品的销售和良好企业形象的树立。例如，IBM 提出的"先教电脑，再卖电脑"，要求公司必须首先对消费者进行免费产品培训，使其掌握产品的基本功能操作后，方可向其销售产品。

（3）正确处理与消费者的纠纷，避免与消费者正面争吵。对待问题消费者应耐心、诚恳。如果消费者的投诉合理，在确认后应及时处理，使消费者感觉到受到尊重。即使出现一些不能解决的问题，也应耐心向消费者解释，争取消费者的谅解，化解矛盾。

（二）供销商

为了保障企业正常的生产和销售，企业要与供应商以及销售商建立良好的关系。要时刻关注供应商和销售商，通过一系列公共活动保持与双方的信息互换和友好关系，是企业在生产、销售环节保持优势地位。

（三）新闻媒体

新闻媒体是企业最特殊的公众，企业的公共关系活动通常要借助一定的宣传媒体向外界发布，以扩大活动影响力。因此，企业要与各新闻媒体单位保持密切的关系。要积极与新闻媒体接触，提供可供选择的新闻素材，并欢迎媒体单位的采访报道。另外，对待媒体的负面报道，企业要冷静、谨慎，首先要认真核实新闻报道内容，迅速查清事实真相。如果是企业自身的问题，要尽快改正，并将改进后的情况及时通报新闻媒体，争取挽回不良影响。如果新闻报道有失偏颇，与事实不符，企业要立即通过新闻媒体说明真相，或举办新闻发布会澄清事实，并可要求发布不实报道的新闻媒体作出公开更正，以免影响企业形象。

（四）政府部门

政府及相关职能部门同样是企业的公众之一。企业的生存和发展离不开政府的支持和帮助。政府及相关职能部门通过一系列的法律、法规直接或间接地对企业的经营活动产生影响。因此，企业必须经常与政府部门沟通，及时了解相关的政策、规定，并使之能尽量有利于本企业的发展。

（五）社区

社区是指企业所在地的区域范围。企业要与所在地的其他企业、学校、医院、团体、居民等发生各种各样的联系。企业应与社区各界保持友好关系，积极支持社区公益活动和经济建设以此获取社区的理解，为企业发展提供多方面的便利条件。

（六）竞争者

处理好与竞争者的关系也是企业公共关系工作的重要环节。那种同行是冤家的狭隘思想已经无法在现代市场经济环境中通行。双方的殊死拼争,其结果往往是两败俱伤,不如携手共进,实现双赢。比如,美国著名的西尔斯百货公司要求,如果消费者在该公司买不到所需商品,咨询人员应向消费者指明附近哪一家商场可能有售。而所提及的商场往往是西尔斯的竞争对手。尽管消费者可能转向其竞争对手,但是西尔斯公司认为,这样做只有好处,既解决了消费者的问题,又赢得了竞争对手的尊重,使其在遇到同类问题时能同样向消费者推荐西尔斯公司。

(七)企业内部员工

在企业内部,搞好员工的思想工作,增强员工的凝聚力和团队精神,对企业来说,同样是至关重要的。企业可以通过一系列手段,做好企业内部的公共关系:

(1)内部渠道的信息沟通,如建立内部网络、广电交流平台、发行内部刊物等,宣传企业优秀文化,培养员工的自豪感、归属感。

(2)定期举办各类集体活动,如旅游、参观、聚餐、文体活动等,融洽员工之间的关系。

三、公共关系促销的作用

公共关系促销作为一种促销方式,虽与其他促销方式具有类似的作用,但在某些方面的作用要比其他促销方式大得多,有时其他促销方式无法达到的促销目标可以借助于公共关系促销实现。公共关系促销在企业促销中的特殊作用主要反映在以下方面。

(一)营造外部环境

公共关系应不断强化企业与社会公众的联系,这是公共关系活动的出发点。公共关系的一系列活动就是要促使企业不断地保持与社会公众的沟通,与顾客、竞争者、合作者、政府、新闻界等公众建立并保持融洽的关系,为企业产品销售创造良好的外部环境。

(二)协调企业决策

公共关系部门不是企业的决策部门,但是通过传播手段,实现企业与社会公众之间的双向沟通,既及时将企业的有关决策公布于众,促进公众对企业的了解和支持,又及时收集公众信息,反馈外界意见,向决策层提出忠告与建议,以便及时调整企业决策。

(三)塑造企业形象

良好的公共关系活动的开展,有利于提高企业知名度和美誉度,塑造企业的良好形象。而良好的形象必然会带来产品销售量的增加,可谓是"曲径通幽处"。因此,公共关系活动实质上也是一种软推销活动。

(四)激发顾客兴趣

企业营销部门或公关部门针对顾客兴趣,可开展丰富多彩的公关活动,寓教于乐。通过公关活动的开展,广大顾客的参与,增进了顾客对本企业及其产品的了解,激发了其购买欲望,从而直接促进产品的销售。

四、公共关系促销方式

(一)新闻宣传

发现或创造对企业或产品有利的新闻,这是企业公关人员的一项主要任务。一项具有影响力的新闻,对树立企业形象、扩大产品销量具有不可估量的作用。在利用新闻进行公关宣传时,与有关新闻媒介建立良好的关系,以将新闻及时传播出去是新闻宣传活动取得成效的关键。

(二)演讲

通过各种演讲活动开展宣传,也是公关促销的一种手段。对于一个企业来说,可以利用的演讲机会很多,如产品订货会、学术讨论会、推销演示与讲解等,这些类型的演讲都可以对企业或产品进行直接宣传,起到促进产品销售的作用。在利用各种演讲机会进行宣传时,演讲者必须经过认真的准备,以提高演讲的宣传效果。

(三)事件

企业可以安排特殊事件来吸引对新产品及公司其他事务的注意。这包括新闻发布会、讨论会、旅游、展览、竞赛和比赛、周年纪念、对体育和文化事业提供资助等可接触到目标公众的方式。如健力宝集团通过赞助体育,其产品已成为国内第一饮料;重庆国光集团通过在湖南搞新闻发布会,重奖湖南高考状元,其产品和公司在湖南已达到家喻户晓。

(四)印制各种资料

企业可以通过印制各种宣传资料,如年度报告、报刊、小册子、企业与产品简介、企业的重大活动信息、视听资料等,以介绍企业、宣传产品、树立企业形象。企业还可以通过能够传播信息的其他工具,如业务名片、企业建筑物、厂徽、厂服、企业的交通工具等,以展示企业的特征,吸引公众的注意。

(五)提供各种服务

企业可以通过开展一些服务活动,如电话信息服务、用户咨询服务等,使顾客从中得到所需的有关信息和服务,加强与顾客的联系。

五、公共关系的实施步骤

公共关系促销决策的实施步骤包括以下几方面。

(一)确定公关促销目标

企业在开展每次公关活动时,都必须制定明确的公关目标。对于公关促销目标的确定,一般应以企业的总体促销目标为基础,从建立企业或产品的知名度、树立企业形象、迅速扩大市场、刺激产品销售等方面考虑。

(二)选择公关信息和工具

根据企业的公关促销目标选择适当的公关信息和工具,是保证实现企业公关目标的重要条件。对于公关信息的选择,可以收集企业中已经具有的信息,从中选择与公关促销目标相符合的进行宣传;在企业所具有的信息不能满足要求的条件下,还需要公关人员通过创造事件(创造新闻),来创造适合于公关目标要求的信息。在选择到合适的信息以后,还要将这些信息通过有关的媒介传播出去,使所选择的信息能够在企业所要求的范围内广泛传播。

(三)公关促销效果评价

公关促销是使用相对较少的一种促销方法,并且经常与其他促销方法同时使用,因而要单独衡量公关促销的效果比较困难。但是,企业可以根据所确定的公关促销,从公关信息的出现次数、公关信息的接触人数、顾客对公关信息的印象、顾客认知深度的变化、销售额和利润额的变化等方面进行分析，根据这些方面的有关评价指标的大小或变化来评价公关促销的效果。

公关促销方法虽在目前使用较少，但对促销的作用已逐渐被企业的营销人员所认识。一项经过周密策划的公关活动，不但会直接产生很大的促销效果，而且还可以使其他促销方法的效果大大提高，有效地提高企业促销的总体效益。因此，企业应正确把握各种可以利用的公关机会，以充分发挥公关在企业促销中的作用。

复习思考题

1. 选择促销组合策略应考虑的因素？
2. 人员推销过程中如何进行顾客异议处理？
3. 广告媒体选择时应考虑哪些主要因素？
4. 企业常用的营业推广方式有哪些？
5. CI 的构成要素有哪些？
6. 公共关系的对象及其主要促销方式有哪些？

案例分析

哪种促销方案可行？

22 岁的 Seth 从一所长春藤大学拿到了 MBA 后，来到宝洁公司（P&G）的包装肥皂和洗涤剂部门的 Cheer 品牌组上班。从部门厚厚册子中了解到 Cheer 牌的洗涤剂是专门为开顶式洗衣机设计的一种白色并有蓝色和绿色微粒的洗涤产品。

在以百亿美元计算的美国洗涤品市场上，宝洁公司的汰渍（Tide）独占鳌头，远远领先其他产品，排名第二的 Cheer 虽然比不上老大哥，却也排名第二。而在全球范围内，三巨头瓜分了大部分市场：美国的宝洁（P&G）、高露洁－棕榄（Colgate-Palmolive），还有一家是欧洲的联合利华（Unilever）。研究表明，大多数顾客在走进商店时，要买什么牌子的洗涤品心中早就想好了。因此，它们都创造了几十个眼花缭乱的品牌来占据客户内心最首要的位置。为此，各式各样的折扣、优惠券、小礼品是它们进行激烈却司空见惯的厮杀工具。

这天，公司促销部的 Sonya 想和 Seth 谈谈 Cheer 新促销方案的事。

在促销部里，Seth 被琳琅满目的小礼品惊呆了："这么多五花八门的玩艺儿，怎么知道哪个适合 Cheer 啊？Cheer 也不常采用小礼品来促销的，我不知道部门的同事会怎么想呢。Cheer 适不适合礼品促销，什么礼品适合它？"

"完全正确，"Sonya 回答，"但是至少值得一试吧，我们这儿有完善的测试手续，每个产品都有它自己独特的地方，我请你来就是希望你能选择几个你觉得适合 Cheer 的小礼品，也许能够促进 Cheer 的销售呢？"Seth 坐下来，仔细察看每个小礼品，它们从毛巾、烹饪书到小玩具，什么都有。他越看越觉得 Cheer 不适合这样的促销手段，Sonya 也有些灰心了。

正当Seth要离开的时候,某个蓝绿色交织有红斑纹长腿的小玩艺儿吸引了他的注意:“这是什么?”“噢,这是新来的样品,一种橡胶玩具,给很小的小孩的,它们无毒,又足够大让小孩子无法吃下去,安全经用。”Seth把它抓在手里:“我带这个回去给大伙儿看看。”

面对这个小玩意儿,部门的同事有不同的看法。Skip看了一眼,就说:“纯粹浪费时间。”然后扬长而去。Lorinda是三个小孩的母亲,她说“我带回去给我的孩子们看看有什么反应。”经理Tom觉得这么做是个好主意。

第二天,Lorinda却很兴奋地跑来说她的孩子们爱不释手,这让Seth觉得很鼓舞,如果能够成功,他就可以成为公司引人注目的人物了,晋升也是十拿九稳的事情。他赶紧和Sonya联系,她答应用这个产品以及另外4个参照作一系列测试。一个月后,就在Seth觉得这事可能没戏了时,Sonya打来电话告诉他令人震惊的结果:不仅这个玩具很受欢迎,而且是整个公司历史上最畅销的三个促销礼品之一。Seth简直手舞足蹈了,他给它命名为Cheery怪物,并仔细考虑各种的促销选择。

根据采购部门的估计,这个玩具的成本大约每个6分钱,这包括制造成本和从亚洲的产地运到辛辛那提的运费。Seth的设想是每个大包装的Cheer放三个Cheery怪物来促销。那么,一盒就要增加18分的成本,如果增加销售的效果好的话,抵消这部分损失绰绰有余。Seth分析了所有能想到的促销方式:

(1)邮寄促销。让顾客把洗涤剂包装盒上的UPC寄到公司换取礼品。这样的方式对生产毫无影响,但无疑会减少礼品的吸引力,邮寄和等上两三个礼拜来收取小玩意儿实在是一件烦琐的事情。预计增加销量:200 000盒;成本增加:每三个礼品的包装邮寄处理费用是75分。

(2)放在包装内。礼品放在包装内,那么包装外面就必须有醒目的提示。包装过程不受影响,但是包装盒制造要修改一下,况且设计吸引顾客的提示也是个问题,另外消极因素是,顾客不能直接看到可爱的小怪物。预计增加销量:500 000盒;成本增加:改变包装的额外花费不会高于1.30元。

(3)包装外面,但是和产品捆在一起。用真空包装膜将礼品和Cheer洗涤剂捆在一起,这要看工厂有没有专门的设备了。但是爱占便宜的客户可能会将礼品扯下偷走,而不买产品。不过放在外面的直观性要强多了。预计增加销量:至少750 000盒;成本增加:外包其他包装厂将礼品捆绑在产品外:1.75元,由于增加体积导致每大包装内盒数减少产生的费用:45分。

(4)随产品派送。别打产品包装的主意了,在购买点即时奉送好了。这要求零售商安排额外人员,而且,也许某些小的零售店就干脆贪污了这些小礼品或者拿出来卖……预计增加销量:600 000盒;成本增加:每300个Cheery怪物运费是25元。全国有超过8 000家零售商。

(5)互联网上促销:Seth没能马上想到如何用互联网来促销,但是他觉得这也许是条路子。无论如何,不能不考虑互联网的潜在作用。

案例讨论题

在向上司Tom作出详尽汇报之前,Seth需要作出选择和决定。Seth的促销计划应该怎样作?这些方案各有什么利弊?应该如何选择?

参考文献

[1] 菲利普·科特勒. 营销管理[M]. 梅清豪,译. 上海:上海人民出版社,2005.

[2] 吴健安. 市场营销学[M]. 北京:高等教育出版社,2000.

[3] 郭国庆,成栋. 市场营销[M]. 北京:中国人民大学出版社,2002.

[4] 万后芬. 市场营销管理[M]. 北京:高等教育出版社,2003.

[5] 兰苓. 现代市场营销学[M]. 北京:首都经济贸易大学出版社,2003.

[6] 克里斯多夫·洛夫洛克. 服务营销[M]. 北京:中国人民大学出版社,2001.

[7] 韩德昌. 市场营销理论与实务[M]. 天津:天津大学出版社,2001.

[8] 经理人培训项目组. 营销工具箱[M]. 北京:企业管理出版社,2006.

[9] 徐育斐,孙玮琳. 市场营销策划[M]. 沈阳:东北财经大学出版社,2002.

[10] 郑方华. 营销策划技能案例训练手册[M]. 北京:机械工业出版社,2006.

[11] 陈放,谢弓. 营销策划学[M]. 北京:时事出版社,2000.

[12] 高哲鹏,等. 渠道管理实操细节[M]. 广州:广东经济出版社,2006.

[13] 刘芳. 促销管理实操细节[M]. 广州:广东经济出版社,2006.

[14] 陈友新. 汽车营销艺术通论[M]. 北京:北京理工大学出版社,2003.

[15] 陆丽明. 如何进行客户服务管理[M]. 北京:北京大学出版社,2004.

[16] 张启杰. 销售管理[M]. 北京:电子工业出版社,2005.

[17] 张众宽,武亮. 客户服务人员的100个细节[M]. 深圳:海天出版社,2006.

[18] 张梅. 客户投诉管理[M]. 北京:人民邮电出版社,2006.

[19] 杨莉惠. 客户关系管理实训[M]. 北京:中国劳动社会保障出版社,2006.

[20] 胡志勇. 市场营销学[M]. 北京:中国商业出版社,2003.

[21] 艾·里斯,杰克·特劳特. 定位论[M]. 李正栓,等,译. 北京:中国财政经济出版社,2002.

[22] 唐·舒尔茨. 整合营销传播[M]. 何西军,等,译. 北京:中国财政经济出版社,2003.

[23] 艾·里斯,杰克·特劳特. 营销战[M]. 李正栓,等,译. 北京:中国财政经济出版社,2002.

[24] 胡志刚,等. 营销致胜——20家中国企业的顶级营销模式[M]. 北京:机械工业出版社,2004.